高职高专建筑设计专业技能型规划教材

建筑装饰CAD
项目教程

主　编　郭　慧
副主编　董远林　乔　冰　高　瑞
参　编　刘建红　何迎春　于　博
　　　　戚晓鸽　贾一哲
主　审　焦　涛

北京大学出版社
PEKING UNIVERSITY PRESS

内 容 简 介

本书以建筑装饰施工图为线索，遵循"在做中学"的原则，循序渐进地介绍了 AutoCAD 2010 的基本操作方法和实用绘图技巧，图文并茂，内容丰富，具有极强的实用性。

本书共分为 6 个项目，分别介绍了 AutoCAD 2010 使用入门、办公楼底层平面图的绘制(一、二)、餐厅平面布置图和顶棚镜像平面图的绘制、餐厅立面图和节点详图的绘制及三维图形的绘制。本书以一套建筑装饰施工图为引线，将 AutoCAD 2010 的基本命令、使用技巧和专业知识三者有机地结合起来，从二维平面图的绘制到三维实体模型的建立均做了详细介绍。同时本书配有附录及参考答案，并在网上提供"素材压缩包"的下载，可供读者学习参考。

本书可以作为高职高专建筑及建筑装饰类专业的教材，以及建筑设计、装潢设计和建筑设备等行业专业技术人员的参考书，还可以作为计算机培训班的辅导教材。同时对于希望快速掌握 AutoCAD 软件的初学者，也是一本不可多得的参考书。

图书在版编目(CIP)数据

建筑装饰 CAD 项目教程/郭慧主编. —北京：北京大学出版社，2013.1

(高职高专建筑设计专业技能型规划教材)

ISBN 978-7-301-20950-9

Ⅰ. ①建⋯　Ⅱ. ①郭⋯　Ⅲ. ①建筑装饰—建筑设计—计算机辅助设计—AutoCAD 软件—高等职业教育—教材　Ⅳ. ①TU238-39

中国版本图书馆 CIP 数据核字(2012)第 154631 号

书　　　　名：	建筑装饰 CAD 项目教程
著作责任者：	郭　慧　主编
策 划 编 辑：	赖　青　杨星璐
责 任 编 辑：	杨星璐
标 准 书 号：	ISBN 978-7-301-20950-9/TU・0249
出 版 发 行：	北京大学出版社
地　　　　址：	北京市海淀区成府路 205 号　100871
网　　　　址：	http://www.pup.cn　新浪官方微博：@北京大学出版社
电　　　　话：	邮购部 010-62752015　发行部 010-62750672　编辑部 010-62750667
电 子 信 箱：	pup_6@163.com
印 刷 者：	北京虎彩文化传播有限公司
经 销 者：	新华书店

787 毫米×1092 毫米　16 开本　18.5 印张　433 千字

2013 年 1 月第 1 版　　2023 年 1 月第 8 次印刷

定　　　　价：35.00 元

前　言

AutoCAD 在建筑设计和装饰设计领域有着广泛的应用。使用 AutoCAD 绘制建筑和装饰施工图可以提高绘图精度和速度、缩短设计周期。因此，熟练掌握 AutoCAD 绘图软件已经成为大、中专院校相关专业学生和建筑装饰从业人员的一项基本技能要求。

本书以某办公楼的建筑平面图和餐厅的装饰施工图为线索，本着"在做中学"的原则，将 AutoCAD 的基本命令融合到具体的案例中进行介绍，这样就避免了由于单一地介绍命令造成学生虽对基本命令很熟悉，但绘制施工图时却不知所措，理论和实际相脱节的问题。本书详细描述了建筑平面图、餐厅平面布置图、餐厅顶棚镜像平面图、餐厅立面图和装饰节点详图等二维图形和建筑三维模型的绘制命令与技巧，以及 AutoCAD 模板的建立和使用、多重比例的出图、打印出图的方法和注释性功能等内容。编者结合多年的教学经验，在编写过程中对命令的使用做出尽可能详细的描述，并专门针对学生难以理解的命令做了总结和分析。同时，操作步骤配有大量真实的屏幕截图，详尽地展示了各种命令的操作过程及效果，从而让读者循序渐进地掌握 AutoCAD 的绘图方法和技巧。

本书由 6 个项目和 3 个附录组成，河南建筑职业技术学院郭慧担任主编，威海职业学院董远林、哈尔滨铁道职业技术学院乔冰、天津城市建设管理职业技术学院高瑞担任副主编，安阳市市政污水管理处刘建红、河南建筑职业技术学院何迎春、于博、戚晓鸽和贾一哲参编，河南建筑职业技术学院焦涛担任主审。具体编写分工如下：贾一哲和于博编写项目 1，郭慧编写项目 2，董远林和高瑞编写项目 3，戚晓鸽和刘建红编写项目 4，乔冰编写项目 5，何迎春和于博编写项目 6。焦涛对本书进行了审读并提出很多宝贵意见，在此表示感谢。

本书的教学任务建议安排 64 学时，通过理论教学和上机实践，使学生掌握 AutoCAD 的基本绘图、编辑方法与技巧，各个学校可根据不同专业情况灵活安排。具体的学时分配建议见下表。

教学单元	课程内容	学时分配		
		总学时	理论学时	实践学时
项目 1	AutoCAD 2010 使用入门	6	3	3
项目 2	办公楼底层平面图的绘制(一)	14	6	8
项目 3	办公楼底层平面图的绘制(二)	12	6	6
项目 4	餐厅平面布置图和顶棚镜像平面图的绘制	14	6	8
项目 5	餐厅立面图和详图的绘制	10	4	6
项目 6	绘制三维图形	8	6	2
课程总学时		64	31	33

为了方便读者学习，本书配套的电子课件及案例的过程图已整理成素材压缩包，可供

网上下载(http://www.pup6.cn)，读者可以利用这些素材分阶段自学，教师也可以将案例的过程图作为学生训练的条件图使用。另外，素材压缩包中还收录了模板图，读者可以将其另存到自己安装的 AutoCAD 软件的 Temple 文件夹中。同时，素材压缩包中也收录了较为完备的 AutoCAD 字体库，希望能给读者带来方便。

　　本书在编写过程中，参考和引用了国内外大量与 AutoCAD 相关的文献资料，吸取了很多宝贵的经验，在此谨向其作者表示衷心的感谢。由于编者水平有限，书中的不妥之处敬请广大读者批评指正。联系 E-mail：guohui_1996@126.com。

编　者

2012 年 10 月

目　　录

项目1

AutoCAD 2010 使用入门

教学目标

通过学习 AutoCAD 2010 的基础知识，了解 AutoCAD 2010 的用户界面，掌握命令的启动方法、观察图形的方法和选择对象的方法，为以后能够方便快捷地进行 AutoCAD 绘图打下坚实的基础。

教学目标

能力目标	知识要点	权重
了解 AutoCAD 2010 的用户界面	标题栏、菜单栏、工具栏、命令行、状态栏	10%
掌握命令的启动方法	图标启动、菜单启动、命令行启动及启动刚刚使用过的命令	25%
掌握观察图形的方法	平移、范围缩放、窗口缩放、前一视图、实时缩放、动态缩放、重画和重生成	30%
掌握选择对象的方法	拾取、窗选、交叉选、全选、栅选、快速选择及从选择集中剔除	35%

1.1 CAD 技术和 AutoCAD 软件

CAD 即计算机辅助设计(Computer Aided Design)，是指利用计算机在各类工程设计中进行辅助设计的技术总称，而不单指某个软件。CAD 技术一方面可以在工程设计中协助完成计算、分析、综合、优化和决策等工作，另一方面也可以协助工程技术人员绘制设计图样，完成一些归纳和统计工作。

AutoCAD 是美国 Autodesk 公司推出的通用计算机辅助设计和绘图软件包，是当今世界上应用最为广泛的 CAD 软件。它集二维、三维交互绘图功能于一体，在工程设计领域的使用相当广泛，目前已成功应用到建筑、机械、服装、气象和地理等各个领域。自AutoCAD V1.0 版本起，AutoCAD 经历了多次重要的版本升级，现在的最新版本为AutoCAD 2013。

AutoCAD V1.0 版本于 1982 年正式发行。最初的 AutoCAD 软件在功能和操作上都有很多不尽如人意之处，因此它的出现并没有引起业界的广泛关注。然而，AutoCAD V1.0 的推出却标志着一个新生事物的诞生，是计算机辅助设计的一个新的里程碑。

AutoCAD 的发展可分为初级阶段、发展阶段、高级发展阶段、完善阶段和进一步完善阶段。各阶段版本的发行时间和大致特点见表 1-1。

表 1-1 AutoCAD 版本发展历程

发展阶段	版本	发行时间	特点
初级阶段	AutoCAD V(ersion)1.0	1982.11	正式发行，容量为一张 360KB 的软盘，无菜单，需要手工输入命令，其执行方式类似 DOS 命令
	AutoCAD V1.2	1983.4	具备尺寸标注功能
	AutoCAD V1.3	1983.8	具备文字对齐和颜色定义功能，以及图形输出功能
	AutoCAD V1.4	1983.10	图形编辑功能加强
	AutoCAD V2.0	1984.10	增加了图形绘制及编辑功能，如 MSLIDE、VSLIDE、DXFIN、DXFOUT、VIEW、SCRIPT 等。至此，在美国许多工厂和学校都有 AutoCAD
发展阶段	AutoCAD V2.17- V2.18	1985.5	出现了屏幕菜单，命令不需要手工输入，Autolisp 初具雏形，发行时为两张 360KB 软盘
	AutoCAD V2.5	1986.7	Autolisp 有了系统化语法，使用者可改进和推广，出现了第三方开发商的新兴行业，发行时为五张 360KB 软盘
	AutoCAD V2.6	1986.11	新增 3D 功能。AutoCAD 已成为美国高校的必修课程
	AutoCAD R(Release)9.0	1988.2	出现了状态行下拉式菜单。至此，AutoCAD 开始在国外加密销售
高级发展阶段	AutoCAD R10.0	1988.10	进一步完善 R9.0，Autodesk 公司已成为千人企业
	AutoCAD R11.0	1990.8	增加了 AME(Advanced Modeling Extension)，但与 AutoCAD 分开销售
	AutoCAD R12.0	1992.8	采用 DOS 与 Windows 两种操作环境，出现了工具栏

续表

发展阶段	版本	发行时间	特点
完善阶段	AutoCAD R13.0	1994.11	AME 纳入 AutoCAD 之中
	AutoCAD R14.0	1998.1	适应 Pentium 机型及 Windows 95/NT 操作环境，实现与 Internet 连接，操作更方便，运行更快捷，拥有丰富的工具栏，实现中文操作
	AutoCAD 2000 (AutoCAD R15.0)	1999.1	提供了更开放的二次开发环境，出现了 Vlisp 独立编程环境。同时，3D 绘图及编辑更方便
进一步完善阶段	AutoCAD 2002 (R15.6)	2001.6	在整体处理能力和网络功能方面，都比 AutoCAD 2000 有了极大的提高。整体处理能力提高了 30%，其中文档交换速度提高了 29%，显示速度提高了 39%，对象捕捉速度提高了 24%，属性修改速度则提高了 23%。AutoCAD 2002 还支持 Internet/Intranet 功能，可协助客户利用无缝衔接协同工作环境，提高工作效率和工作质量
	AutoCAD 2004(R16.0)	2003.3	AutoCAD 2004 在速度、数据共享和软件管理方面有显著的改进和提高。在数据共享方面，AutoCAD 2004 采用改进的 DWF 文件格式——DWF6，支持在出版和查看中安全地进行共享；并通过参考变更的自动通知、在线内容获取、CAD 标准检查、数字签字检查等技术提供了方便、快捷、安全的数据共享环境。此外，AutoCAD 2004 与业界标准工具 SMS、Windows Advertising 等兼容，并提供免费的图档查看工具 Express Tools，在许可证管理、安装实施等方面都可以节省大量的时间和成本
	AutoCAD 2005(R16.1)	2004.3	增加了新的绘图和编辑工具，使用图纸集管理器、增加了表格等工具
	AutoCAD 2006(R16.2)	2005.3	增加了动态图块的操作功能，在数据输入和对象选择方面更简单；增强了图形注释功能，能够更有效地填充图案；进一步增强了绘图和编辑功能、自定义用户界面等
	AutoCAD 2007(R17.0)	2006.3	将直观强大的概念设计和视觉工具结合在一起，促进了 2D 设计向 3D 设计的转换。同时它有强大的直观界面，可以轻松而快速地进行外观图形的创作和修改
	AutoCAD 2008(R17.1)	2007.3	1. 注释性对象：可以在各个布局视口和模型空间中自动缩放注释，可以为常用于注释图形的对象打开注释性特性等 2. 多重引线对象是一条线或样条曲线，其一端带有箭头，另一端带有多行文字对象或块 3. 字段：包含说明的文字，这些说明用于显示可能会在图形生命周期中修改的数据。字段可以插入到任意种类的文字(公差除外)中。激活任意文字命令后，将在快捷菜单上显示"插入字段" 4. 动态块中定义了一些自定义特性，可应用在位调整块，而无需重新定义该块或插入另一个块 5. 表格对象可以把块属性提取为一个明细表格，并且可以实时更新，也可以将表格数据链接至 Microsoft Excel 中的数据

发展阶段	版本	发行时间	特点
进一步完善阶段	AutoCAD 2009(R17.2)	2008.3	1. 图层对话框：新的图层对话框能够让图层特性的创建和编辑工作速度更快、错误更少 2. ViewCube 与 SteeringWheels 功能：ViewCube 是一款交互式工具，能够用来旋转和调整任何 AutoCAD 实体或曲面模型的方向。新的 SteeringWheels 工具还提供对平移、中心与缩放命令的快速调用。SteeringWheels 是一项高度可定制的功能，可以通过添加漫游命令来创建并录制模型漫游 3. 菜单浏览器：支持浏览文件和缩略图，并可提供详细的尺寸和文件创建者信息。此外还可以按照名称、日期或标题来排列近期使用过的文件 4. 快速属性：可轻松定制的快速属性菜单通过减少访问属性信息的所需步骤，能够确保信息针对特定用户与项目进行优化，从而极大提升工作效率 5. Action Recorder(动作记录器)：可以快速录制正在执行的任务，并添加文本信息和输入请求，之后即可快速选择和回放录制的文件 6. Ribbon(功能区)：Ribbon 能够通过减少获取命令所需的步骤，帮助用户提高整体绘图效率。条状界面以简洁的形式显示命令选项，便于用户根据任务迅速选择命令 7. 快速视图：快速视图功能支持用户使用缩略图而非文件名称，能够更快速地打开所需图形与布局，减少打开不必要的图形文件所耗费的时间
	AutoCAD 2010(R18.0)	2009.3	AutoCAD 2010 版本继承了 AutoCAD 2009 版本的所有特性，新增动态输入、线性标注子形式、半径和直径标注子形式、引线标注等功能，并进一步改进和完善了块操作，如块中实体可以像普通对象一般参与修剪延伸、参与标注、参与局部放大功能中去等
	AutoCAD 2013(R19.0)	2012.3	命令行界面得到革新，包括颜色、透明度，还可以更灵活地显示历史记录和访问最近使用的命令。阵列增强功能可帮助用户以更快、更方便的方式创建对象。图案填充编辑器也得到增强，可以更快且更轻松地编辑多个图案填充对象。即使用户选择多个图案填充对象，也会自动显示上下文"图案填充编辑器"功能区选项卡。光栅图像两色重采样的算法已经更新，以提高范围广泛的受支持图像的显示质量。改变了外部参照功能。用户可以在"外部参照"选项板中直接编辑保存的路径

AutoCAD 是我国建筑设计领域最早接受的 CAD 软件，几乎成为默认的设计软件，主

要用于绘制二维建筑图形。由于 AutoCAD 具有易学易用、功能完善、结构开放等特点，因此它已经成为目前最流行的计算机辅助设计软件，特别是在建筑设计领域，它极大地提高了建筑设计的质量和工作效率，已经成为工程设计人员不可缺少而且必须掌握的技术工具。本书以 AutoCAD 2010 版本讲解建筑装饰 CAD 制图教程。

AutoCAD 2010 是在对以往版本继承和创新的基础上开发出来的，由于其具有轻松的设计环境，强大的图形组织、绘制和编辑功能以及完整的结构体系，使得 AutoCAD 2010 使用起来更加方便。为了使读者系统地掌握 AutoCAD 2010 并为后面的学习打下良好的基础，下面先来学习 AutoCAD 2010 的入门知识。

1.2　AutoCAD 2010 的用户界面

AutoCAD 2010 有二维草图与注释、三维建模、AutoCAD 经典和初始设置工作空间这四个工作空间。初次打开 AutoCAD 2010，进入初始设置工作空间，如图 1.1 所示。其中"AutoCAD 经典"工作空间延续了从 AutoCAD R14 一直保持至今的工作界面，下面使用"AutoCAD 经典" 工作空间界面来介绍 AutoCAD 2010。

图 1.1　AutoCAD 2010 初始工作界面

单击工作界面右下角【初始设置工作空间】右侧下拉按钮(黑三角)，打开工作空间菜单，如图 1.2 所示，选择【AutoCAD 经典】后进入"AutoCAD 经典"工作空间，如图 1.3 所示。

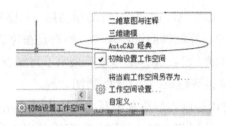

图 1.2 AutoCAD 2010 工作空间菜单

"AutoCAD 经典"的用户界面是 Windows 系统的标准工作界面，包含标题栏、菜单栏、工具栏、命令行、状态栏等元素。

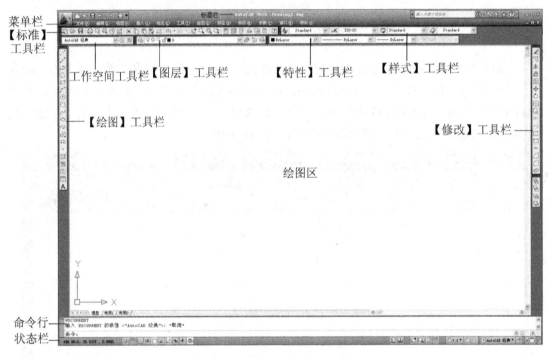

图 1.3 AutoCAD 2010 经典界面

1. 标题栏

AutoCAD 2010 的标题栏是 AutoCAD 2010 应用窗口最上方的灰色条，用于显示软件的名称和当前操作的图形名称。

2. 菜单栏

AutoCAD 2010 的菜单栏是 Windows 应用程序标准的菜单栏形式，包含【文件】、【编辑】、【视图】、【插入】、【格式】、【工具】、【绘图】、【标注】、【修改】、【参数】、【窗口】和【帮助】等菜单。

3. 工具栏

工具栏包含的图标代表用于启动命令的工具按钮。这种形象而又直观的图标形式，能方便初学者记住复杂繁多的命令。通过单击工具栏上的图标来启动相应的命令,是初学者常用的方法之一。

一般情况下,AutoCAD 2010 的用户界面显示的工具栏有【标准】工具栏、【绘图】工具栏、【修改】工具栏、【图层】工具栏、【样式】工具栏和【对象特征管理器】等。用户可以对工具栏做如下操作。

1) 显示工具栏按钮的提示信息

当想知道工具栏上某个图标的作用时,可以将鼠标指针移到这个图标上,此时会出现提示,显示该工具按钮的名称与具体用法,如图 1.4 所示。

2) 展开嵌套式按钮组

有些工具按钮旁边带有黑色小三角符号,表示它是由一系列相关命令组成的嵌套式按钮,将鼠标指针指向该按钮并

图 1.4　工具栏按钮的提示信息

按住鼠标左键便可展开该按钮组,如图 1.5 所示。在嵌套式按钮中,通常把刚刚使用过的按钮显示在最上面。

3) 显示、关闭及锁定、解锁工具栏

(1) 显示工具栏:将鼠标指针指向任意一个工具栏的按钮并右击,将显示工具选项菜单。注意,在工具选项菜单中带"√"标志的都是当前在窗口中已经存在的工具栏。选择所需工具栏的名称,即可在窗口中显示该工具栏,如图 1.6 所示。

图 1.5　嵌套式按钮

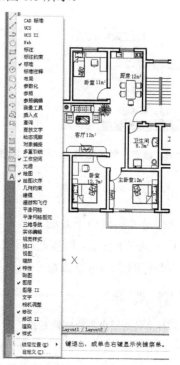

图 1.6　工具选项菜单

(2) 关闭工具栏:将窗口中已经存在的工具栏拖到绘图区域的任意位置,使其变成浮动状态后,单击工具栏右上角的【关闭】按钮✖即可关闭该工具栏,如图 1.7 所示。

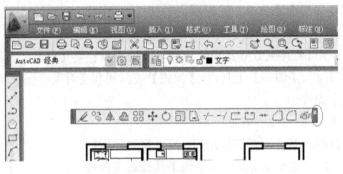

图 1.7 关闭工具栏

(3) 锁定、解锁工具栏：锁定、解锁工具栏有以下两种方法。

① 将鼠标指针指向状态栏右侧的锁定图标并右击，将显示工具栏和窗口的控制菜单，选择【固定的工具栏】选项可以将当前显示的全部工具栏锁定或解锁。当工具栏被锁定时，只有解锁后才能够将工具栏关闭，这样可以避免因误操作而关闭，如图 1.8 所示。

② 选择菜单栏中的【窗口】|【锁定位置】命令，也可以对工具栏进行锁定、解锁操作，如图 1.9 所示。

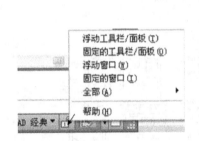

图 1.8 锁定、解锁工具栏　　　　图 1.9 通过【窗口】菜单中的命令对工具栏进行锁定或解锁操作

4. 命令行

命令行是绘图窗口下方的文本窗口，它的作用主要有两个：一是显示命令的步骤，提示用户下一步该干什么，所以在刚开始学习 AutoCAD 时就要养成看命令行的习惯；二是可以通过命令行的滚动条查询命令的历史记录。

⬤ 特 别 提 示

● 标准的绘图坐姿为双腿直立，左手放在键盘上，右手放在鼠标上，眼睛不断地看命令行。

按 F2 键可将命令文本窗口激活(如图 1.10 所示)，可以帮助用户查看更多的信息，更便于查询命令的历史记录。再次按 F2 键，命令文本窗口即可消失。

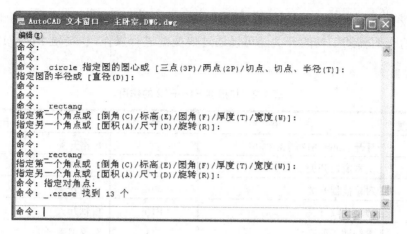

图 1.10　命令文本窗口

5. 状态栏

状态栏位于 AutoCAD 2010 窗口的最下端，如图 1.11 所示。

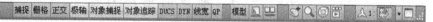

图 1.11　状态栏

(1) 状态栏的左侧，显示当前光标所处位置的坐标值，按 F6 键可以控制坐标值是否显示。

特　别　提　示

● 在默认状态下，状态栏上显示的是绝对坐标。Coords 值可以控制坐标系的显示，在命令行内输入 "Coords" 命令后按 Enter 键，在输入 COORDS 的新值：提示下，输入 "0" 后按 Enter 键将关闭坐标的显示，输入 "1" 后按 Enter 键则显示绝对直角坐标。

(2) 在状态栏的中间，显示【正交】、【极轴】、【对象捕捉】、【对象追踪】等重要的作图辅助工具的开关按钮。这些作图辅助工具将在后面的内容中边用边学。

特　别　提　示

● 状态栏上的【正交】等作图辅助工具开关按钮，蓝色为打开状态，灰色则为关闭状态，单击一次可打开，再次单击即可关闭。
● 将鼠标指针指向状态栏上的任何一个作图辅助工具开关按钮并右击，在弹出的快捷菜单中选择【使用图标】选项(如图 1.12 所示)后所有的作图辅助工具被切换到图标显示状态。

图 1.12　作图辅助工具开关按钮显示切换

连续按 F8 键，会发现【正交】按钮的颜色在不断地蓝、灰交替变化。也就是说，状态栏上的作图辅助工具的开关还可以通过快捷键进行操作，快捷键 F1～F12 的作用见表 1-2。

表 1-2　快捷键 F1～F12 的作用

快　捷　键	作　　用	快　捷　键	作　　用
F1	打开 AutoCAD 的帮助功能	F7	栅格开关
F2	文本窗口开关	F8	正交开关
F3	对象捕捉开关	F9	捕捉开关
F4	数字化仪开关	F10	极轴开关
F5	等轴测平面开关	F11	对象追踪开关
F6	坐标开关	F12	动态输入开关

1.3　命令的启动方法

下面以绘制矩形为例介绍命令的启动方法。

(1) 单击工具栏上的图标启动命令。这是最常用的一种方法。绘制矩形时，单击【绘图】工具栏上的【矩形】图标 ▭ 即可启动【矩形】命令。

(2) 通过菜单启动命令。选择菜单栏中的【绘图】|【矩形】命令，可以启动【矩形】命令。

(3) 通过命令行启动命令。在命令行输入"Rec"后按 Enter 键即可启动【矩形】命令。常用命令的快捷输入法见附录 A。

⬤ 特 别 提 示 ⋯⋯⋯⋯⋯⋯⋯⋯⋯⋯⋯⋯⋯⋯⋯⋯⋯⋯⋯⋯⋯⋯⋯⋯⋯⋯⋯⋯⋯⋯⋯⋯⋯⋯⋯⋯

- 通过命令行启动命令时应关闭中文输入法，输入的英文字母不区分大小写。除了在文字输入状态下，一般情况下按空格键与按 Enter 键的作用相同，按 Esc 键可中断正在执行的命令。

(4) 启动刚刚使用过的命令。

① 在绘图区内右击，通过快捷菜单来启动刚刚使用过的命令，如图 1.13 所示。

⬤ 特 别 提 示 ⋯⋯⋯⋯⋯⋯⋯⋯⋯⋯⋯⋯⋯⋯⋯⋯⋯⋯⋯⋯⋯⋯⋯⋯⋯⋯⋯⋯⋯⋯⋯⋯⋯⋯⋯⋯

- 在 AutoCAD 2010 中右击是非常有意义的操作。AutoCAD 2010 对该操作的定义是："当你不知道如何进行下一步操作时，请单击鼠标右键，它会帮助你。"

② 在命令行为空的状态下，按 Enter 键或空格键会自动重复执行刚刚使用过的命令。例如，如果刚才执行过【矩形】命令，按 Enter 键或空格键则会重复执行该命令。

图 1.13 通过快捷菜单来启动刚刚使用过的命令

1.4 观察图形的方法

在绘制图形的过程中经常会用到视图的缩放、平移等控制图形显示的操作，以便更方便、更准确地绘制图形。AutoCAD 2010 提供了很多观察图形的方法，这里只介绍最常用的几种。打开素材压缩包中的文件"住宅标准层平面图.dwg"，下面以该图为例来学习观察图形的方法。

1. 平移

使用【实时平移】命令相当于用手将桌子上的图纸上下左右来回挪动。

学习对"住宅标准层平面图"进行平移：单击标准工具栏上的【实时平移】 🖑 图标或在命令行输入"P"后按 Enter 键，这时光标变成"手"的形状，按住鼠标左键并拖动即可上下左右随意挪动视图。

2. 范围缩放

使用【范围缩放】命令可以将图形文件中的所有图形居中并占满整个屏幕。

学习对"住宅标准层平面图"进行范围缩放：前面将视图用【实时平移】命令做了上下左右随意挪动，这时可以在命令行输入"Z"后按 Enter 键，然后输入"E"后按 Enter 键，或者单击标准工具栏上嵌套式按钮中的【范围缩放】图标，如图 1.14 所示，即可执行【范围缩放】命令，此时

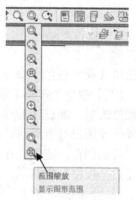

图 1.14 嵌套式按钮中的【范围缩放】图标

会发现刚才被移动的图形居中并占满整个屏幕。

特别提示

- 【范围缩放】命令会执行重生成操作，所以对于大型的图形文件，此操作所需时间较长。对于无限长的射线和构造线来说，【范围缩放】命令不起作用。

3. 窗口缩放

使用【窗口缩放】命令放大局部图形是常用的操作。

学习对"住宅标准层平面图"进行窗口缩放：前面对图形执行了【范围缩放】命令，单击标准工具栏上嵌套式按钮中的【窗口缩放】图标 或在命令行输入"Z"后按 Enter 键，再输入"W"后按 Enter 键。然后在如图 1.15 所示的 A 处单击，将光标向右下角移动，移至 B 处后单击，窗口所包含的图形居中并占满整个屏幕。窗口缩放的对象窗口是由任意一个角点拉向它的对角点形成的。

图 1.15　窗口缩放的对象窗口

4. 前一视图

使用【前一视图】命令可以使视图回到上一次的视图显示状态。当图形相对复杂时，【前一视图】命令经常和【窗口缩放】命令配合使用，用【窗口缩放】命令放大图形，进行观察或修改后，通过【前一视图】命令返回。然后再用【窗口缩放】命令放大其他部位，观察或修改图形后再返回。

学习返回前一视图：在上一步执行了【窗口缩放】命令后，下面单击【标准】工具栏上的【前一视图】图标 ，就会返回到第 2 步范围缩放的视图。

5. 实时缩放

使用【实时缩放】命令可以将图形任意地放大或缩小。

学习对"住宅标准层平面图"进行实时缩放：单击【标准】工具栏上的【实时缩放】图标 🔍，这时鼠标指针变成"放大镜"的形状，按住鼠标左键将鼠标向前推则图形变大，向后拉则图形变小。

● **特 别 提 示** ⋯⋯⋯⋯⋯⋯⋯⋯⋯⋯⋯⋯⋯⋯⋯⋯⋯⋯⋯⋯⋯⋯⋯⋯⋯⋯⋯⋯⋯⋯⋯⋯⋯

- 按住鼠标的中键，鼠标指针会变成"手"的形状，可执行【平移】命令；上下滚动鼠标的滚轮则可执行【实时缩放】命令。

⋯⋯⋯

6．动态缩放

执行【动态缩放】命令后，视图中显示出的蓝色虚线框标注的是图形的范围，当前视图所占的区域用绿色虚线显示，实线黑框是视图控制框，可通过改变视图控制框的大小和位置来实现移动和缩放图形。下面来学习对"住宅标准层平面图"进行动态缩放。

(1) 在命令行输入"Z"后按 Enter 键，然后输入"D"后按 Enter 键，启动【动态缩放】命令，此时显示如图 1.16 所示的蓝色的图形范围、绿色的当前视图所占的区域和黑色的视图控制框。移动光标，黑色的视图控制框会随着光标的移动而移动。

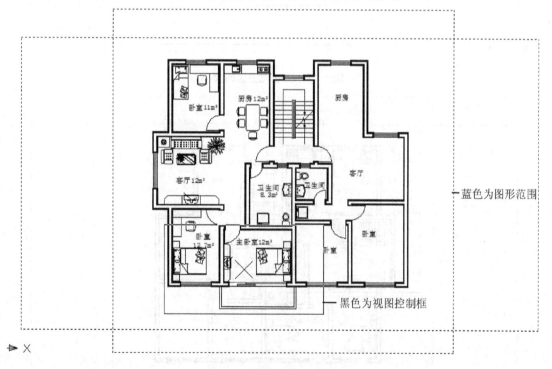

图 1.16 动态缩放的显示

(2) 在视图控制框中单击，视图控制框中的"×"变成一个箭头，移动鼠标可以改变视图控制框的大小，如图 1.17 所示。

(3) 调整视图控制框的大小后，将其放到将要观察的区域(如图 1.18 所示，将视图控制框放到"客厅"位置),按 Enter 键,则视图控制框所框定的区域占满整个屏幕,结果如图 1.19 所示。

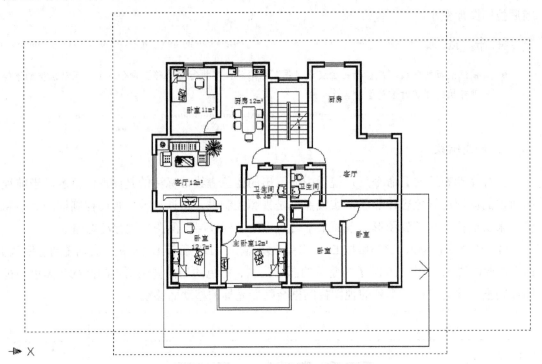

图 1.17　改变视图框的大小

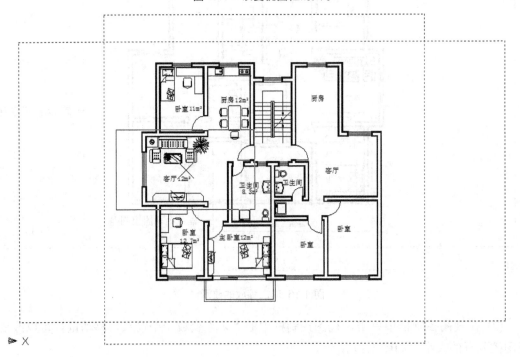

图 1.18　将视图控制框放到"客厅"位置

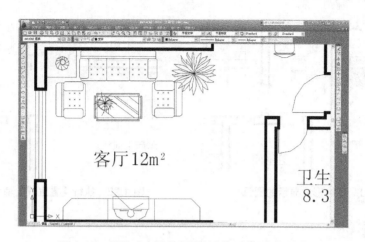

图 1.19 显示动态缩放视图控制框所框定的区域

7. 重画和重生成

(1) 重画：当系统变量 BlipMode 设置为 ON，在选择对象、绘制图形或者编辑图形的时候，会在绘图区域出现临时的标记光标点位的小"十"字符号(如图 1.20 所示)，这些符号称为点标记。这些点标记会帮助用户在绘图区域中定位，但也会使绘图区域显得非常零乱。这时可以使用【重画】命令刷新绘图区域，清除点标记。

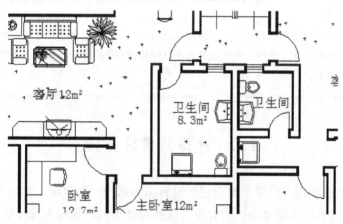

图 1.20 标记光标点位的点标记

特 别 提 示

- 在默认状态下，AutoCAD 2010 把系统变量 BlipMode 设置为 OFF，在选择对象或者绘制图形的过程中不会出现点标记，这样绘图区域就显得比较整洁。

(2) 重生成：绘图进行一段时间后，绘图区域的某些弧线和曲线会以折线的形式显示，如图 1.21 所示，这时就需要执行【重生成】命令重新生成图形，并重新计算所有对象的屏幕坐标，使弧线和曲线变得光滑，如图 1.22 所示。同时，【重生成】命令还可以整理图形数据库，从而优化显示和对象选择的性能。

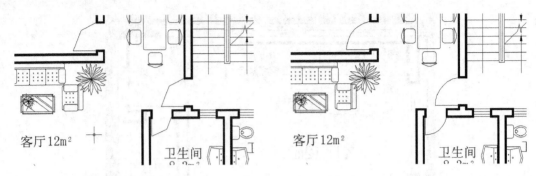

图 1.21 折线形式显示的圆弧   图 1.22 执行【重生成】命令后的圆弧

特 别 提 示

● 当使用物理打印机打印图形时，在屏幕上看到的图形是什么样，打印出来的就是什么样，也就是"所见即所得"。所以，如果看到屏幕上图形的弧线和曲线以折线的形式显示，最好先执行【重生成】命令，再进行打印。

除了上面所介绍的观察图形的方法外，AutoCAD 还提供了全部缩放、中心缩放、比例缩放、放大一倍、缩小一倍、鸟瞰视图等其他观察图形的方法。

特 别 提 示

● 利用观察图形命令去观察图形，图形变大或缩小并不是将图形的尺寸变大或缩小了，而是类似于近大远小的原理。图形变大可理解为将图样移得离眼睛近了，图形变小可理解为是将图样移得离眼睛远了。

1.5 选择对象的方法

使用 AutoCAD 绘图，经常需要对图形进行编辑修改，如复制、移动、旋转、修剪等，这时就需要选择图形以确定要编辑的对象，这些被选中的对象称为选择集。

AutoCAD 提供了许多选择对象的方法，这里借助"住宅标准层平面图"和【删除】命令来介绍常用的选择对象的方法。

打开素材压缩包中的文件"住宅标准层平面图.dwg"。

1. 拾取

拾取是用小方块形状的光标分别单击要选择的对象。

(1) 调整视图：用【窗口放大】命令将"标准层住宅平面图"上的"沙发"区域放大，如图 1.23 所示。

(2) 单击修改工具栏上的【删除】图标 或在命令行输入"E"并按 Enter 键，即可启动【删除】命令。

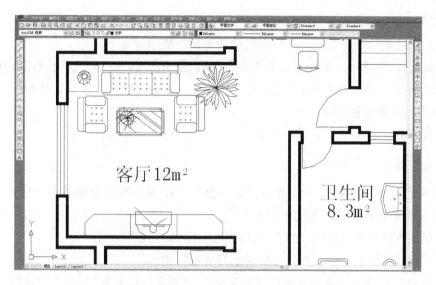

图 1.23　用【窗口放大】命令放大"沙发"区域

(3) 此时绘图区的光标变成一个小方块，看命令行，在**选择对象**：提示下，将光标移到"茶几"上并单击，"茶几"即被选中并呈虚线显示(如图 1.24 所示)，按 Enter 键结束【删除】命令，"茶几"即被删除。

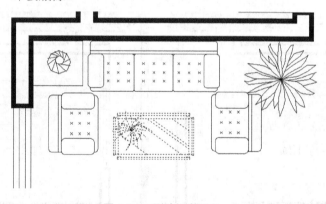

图 1.24　删除"茶几"

(4) 按 Ctrl+Z 组合键或者单击【标准】工具栏上的【放弃】图标 ↰，执行【放弃】命令。前面删除了"茶几"，按 Ctrl+Z 组合键后被删除的"茶几"又被恢复。

● ● 特 别 提 示 ●●●

- 被选中的对象呈虚线显示(这些对象将被删除)，未被选中的对象呈实线显示(这些对象将被保留)。

●●

2. 窗选

从左向右选为窗选(左上至右下或左下至右上)，执行窗选操作后，包含在窗口内的对象被选中，与窗口相交的对象则不被选中。

(1) 仍然将视图调整至如图 1.23 所示的状态。

(2) 启动【删除】命令，命令行出现**选择对象：**提示。

(3) 如图 1.25 所示，从左下 C 点至右上 D 点拖曳出窗口。"茶几"和右侧的单个"沙发"含在窗口内，将会被选中，"长沙发"和"花"与窗口相交，则不会被选中，按 Enter 键后被选中的对象即被删除。

(4) 按 Ctrl+Z 组合键执行【放弃】命令。

3. 交叉选

从右向左选为交叉选(右上至左下或右下至左上)，执行交叉选操作后，包含在窗口内的对象以及与窗口相交的对象均将被选中。

(1) 仍然调整视图至如图 1.23 所示的状态(放大"沙发"区域)。

(2) 启动【删除】命令，命令行出现**选择对象：**提示。

(3) 如图 1.26 所示，从右上至左下拖曳窗口。"茶几"和单个"沙发"含在窗口内，"长沙发"和"花"与窗口相交，它们均将被选中。按 Enter 键后被选中的对象即被删除。

(4) 按 Ctrl+Z 组合键执行【放弃】命令。注意，窗选拖出的是蓝色透明窗口，且窗口轮廓线为实线；交叉选拖出的是绿色透明窗口，且窗口轮廓线为虚线。

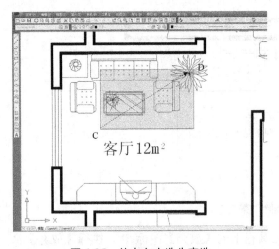
图 1.25 从左向右选为窗选

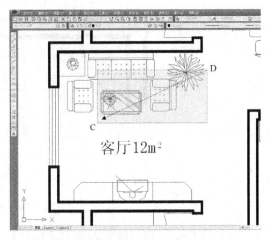
图 1.26 从右向左选为交叉选

4. 全选

执行【全部选择】命令，所有图形对象将均被选中。

(1) 在命令行输入"Z"后按 Enter 键，然后输入"E"后按 Enter 键，执行【范围缩放】命令，所有图形居中占满整个屏幕。

(2) 在命令行输入"E"后按 Enter 键，启动【删除】命令。

(3) 在**选择对象：**提示下，输入"All"后按 Enter 键。此时，所有图形对象均呈虚线显示(即被选中)。

(4) 在**选择对象：**提示下，按 Enter 键结束【删除】命令，所有被选中的对象均被删除。

(5) 按 Ctrl+Z 组合键执行【放弃】命令。

●　特　别　提　示

- 使用【全选】命令选择对象时，不仅能选择当前视图中的对象，视图以外看不到的对象也能被选中。使用【全选】命令不能选择被冻结的和锁定图层上的对象，但能选择被关闭图层上的对象。

5. 栅选

可以想象，栅选是"线"的概念。栅选是在绘图区域拖曳出虚线，和虚线相交的对象将被选中。

(1) 仍然调整视图至如图 1.23 所示的状态(放大"沙发"区域)。

(2) 在命令行输入"E"后按 Enter 键，启动【删除】命令。

(3) 在**选择对象**：提示下，输入"F"(Fence 的第一个字母)后按 Enter 键。

(4) 在**指定第一个栏选点**：提示下，在 A、B、C 处依次单击后，拖曳出如图 1.27 所示的虚线，虚线和两个"小沙发"相交，按 Enter 键后两个"小沙发"呈虚线显示(被选中)。

(5) 在**选择对象**：提示下，按 Enter 键结束【删除】命令，两个"小沙发"即被删除。

(6) 按 Ctrl+Z 组合键执行【放弃】命令。

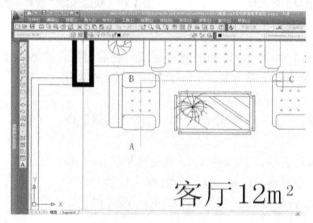

图 1.27　执行【栅选】命令

6. 快速选择

快速选择是以对象的特性作为选择条件进行定义的，它可以把不符合条件的对象过滤掉。

(1) 在命令行输入"Z"后按 Enter 键，然后输入"E"后按 Enter 键，执行【范围缩放】命令，将所有图形显示在屏幕上。

(2) 选择菜单栏中的【工具】|【快速选择】命令，打开【快速选择】对话框。

(3) 如图 1.28 所示，在【特性】列表框中选中【图层】选项，指定将要按照图层选择对象。

(4) 在【运算符】下拉列表中选中【等于】选项。

（5）在【值】下拉列表中选中【家具】选项，指定将要选择"家具"图层上的对象。

（6）选中【包括在新选择集中】单选按钮，指定只选择"家具"图层上的对象；如果选中【排除在新选择集之外】单选按钮，则指定除"家具"图层上的对象外，其他图层上的对象均将被选中。

（7）单击【确定】按钮关闭对话框，所有家具图层上的对象均被选中，如图 1.29 所示。

图 1.28　【快速选择】对话框　　　　图 1.29　快速选择"家具"图层上的对象

7. 循环选择

使用【循环选择】命令可以选择彼此接近或重叠的对象。观察图 1.30 所示 AB 和 CD 线的关系，可知两条线处于重合状态。下面利用该图来学习循环选择命令。

（1）在命令行输入"E"后按 Enter 键，启动【删除】命令。

（2）在**选择对象**：提示下，按住 Ctrl 键反复单击 AB 和 CD 线重合的部位，会发现 AB 和 CD 线轮流高亮显示，处于高亮显示状态的图形就是被选中的对象，按 Esc 键可以关闭循环。

8. 从选择集中剔除

在编辑图形时，难免会选错对象，即将不该选择的对象选入选择集，这时可以使用【从选择集中剔除】命令将不该选择的图形对象从选择集中移出。

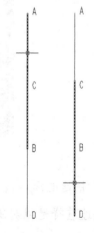

图 1.30　AB 和 CD 线的关系

（1）启动【删除】命令，命令行出现**选择对象**：提示，用前面所述选择对象的方法将"沙发"、"茶几"及"花"选中，如图 1.31 所示。

（2）将"茶几"从选择集中剔除：按住 Shift 键单击"茶几"，则"茶几"由虚变实。被选中的对象呈虚线显示，未被选中的对象呈实线显示，"茶几"呈实线显示说明已经将其从选择集中移出了。

（3）按 Enter 键后被选中的对象即被删除，按 Ctrl+Z 组合键可以恢复操作。

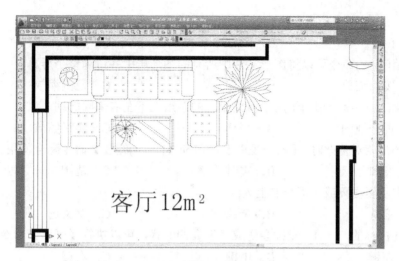

图 1.31 选择"家具"

项 目 小 结

    本项目所讲的内容是 AutoCAD 最基本的知识和技巧。首先讲解了 AutoCAD 2010 用户界面的组成及工具栏、菜单栏、状态栏的基本使用方法，然后介绍了命令的启动方法等。为便于以后的学习，要求读者熟悉图 1.3 中所标出的工具栏、菜单栏、状态栏等的名称。

    在绘图过程中，由于屏幕尺寸的限制，图形当前的显示状态可能不符合绘图需要，所以在本项目还介绍了如何控制图形的显示状态。经过反复练习，读者必须掌握平移、范围缩放、窗口缩放、实时缩放及前一视图这 5 种基本的控制图形显示状态的方法。

    同时，本项目还介绍了 7 种常用的选择图形的方法，这些选择方法分别有各自的特点。在选择对象时，应根据具体情况灵活应用和组合这些选择方法，以求快速准确地得到所需要的选择集。这 7 种选择图形的方法是编辑图形的基础，应该熟练掌握。

    本项目还穿插介绍了启动命令的方法以及删除和恢复命令，读者应在理解的基础上掌握这些命令。

习 题

一、单选题

    1. 嵌套式按钮是由一系列相关命令组成的按钮组，在嵌套式按钮中，通常把(　　)按钮放在最上面。

    A．最常用的　　　　　　B．刚刚使用过的　　　　　C．过去使用过的

    2. 正交的快捷键为(　　)。

    A．F2　　　　　　　　　B．F9　　　　　　　　　　C．F8

    3. 一般情况下按空格键与按 Enter 键的作用(　　)。

    A．相同　　　　　　　　B．不相同　　　　　　　　C．差不多

4. 按( )键可中断正在执行的命令。

    A．Esc   B．Enter   C．Ctrl

5. 使用( )命令可以将图形文件中所有的图形居中并占满整个屏幕。

    A．窗口缩放   B．平移   C．范围缩放

6. 使用( )命令相当于用手将桌子上的图纸上下左右来回挪动。

    A．前一视图   B．平移   C．实时缩放

7. 当图形相对复杂时，【前一视图】经常和【( )缩放】命令配合使用。

    A．窗口   B．实时   C．范围

8. 从左上至右下或左下至右上为( )。

    A．窗选   B．全选   C．交叉选

9. 按住鼠标的( )，光标会变成"手"的形状，可以执行【平移】命令。

    A．左键   B．中键   C．右键

10. 在编辑图形或选择对象时，如果选错对象，可以使用( )命令将不该选择的对象从选择集中移出。

    A．从选择集中剔除   B．栅选   C．窗选

二、简答题

1. 指出 AutoCAD 2010 用户界面的标题栏、菜单栏、工具栏、命令行、状态栏。

2. 将【图层】工具栏关闭，并重新将其显示出来。

3. 将工具栏锁定有什么好处？

4. 命令行有什么作用？

5. 学习 AutoCAD 时，什么样的姿势为标准的绘图姿势？

6. 【正交】、【对象捕捉】、【极轴】和【对象追踪】等非常重要的作图辅助工具位于界面中的什么位置？

7. 命令的启动方法有哪些？各有什么特点？

8. 观察图形的方法有哪些？

9. 选择对象的方法有哪些？

10. 利用观察图形命令去观察图形，图形的尺寸是否真的变大或缩小了？

三、自学内容

1. 打开素材压缩包中的"住宅标准平面图.dwg"，反复练习观察图形的方法。

2. 打开素材压缩包中的"住宅标准平面图.dwg"，反复练习选择对象的方法。

项目2

办公楼底层平面图的绘制(一)

教学目标

通过本项目的学习，了解 AutoCAD 参数的设置方法和建筑平面图绘制的基本步骤；重点掌握绘制办公楼底层平面图时所涉及的基本绘图和编辑命令；理解图层的作用，掌握加载图层线型的方法、线型比例的设置方法以及坐标的输入方法。

教学目标

能力目标	知识要点	权重
了解新建图形和保存图形的方法，以及图形参数的设定方法	新建图形和保存图形的方法，单位、角度、角度测量和角度方向的设定方法	8%
在绘图过程中能够熟练地运用图层	掌握建立图层和加载线型的方法，掌握线型比例和当前图层的设定方法	12%
能够熟练地输入点的坐标	掌握相对直角坐标和相对极坐标的输入方法	10%
能够熟练地绘制"办公楼底层平面图"	了解平面图的绘制顺序，掌握绘制平面图所涉及的基本绘图和编辑命令	70%

项目 1 介绍了 AutoCAD 2010 的基本操作，从项目 2 开始将介绍如何使用 AutoCAD 2010 绘制"图 B1 办公楼底层平面图"。注意，绘图前应熟读办公楼底层平面图。

2.1 新建图形文件

开始绘制"办公楼底层平面图"之前，需要新建一个图形文件。在 AutoCAD 2010 中新建一个图形文件有以下几种方法。

1. 通过【启动】对话框新建图形文件

将系统变量 Startup 设定为 1 后，启动 AutoCAD 2010 后出现如图 2.1 所示的【启动】对话框，单击【新建】按钮，并选中【公制】单选按钮，则打开一个新的图形文件。

特 别 提 示

● 新建图形文件的方法取决于系统变量 Startup。当变量值为 1 时，打开如图 2.1 所示的【启动】对话框；当变量值为 0 时，打开如图 2.2 所示的【选择样板】对话框。

---

2. 通过【文件】菜单新建图形文件

选择菜单栏中的【文件】|【新建】命令，默认状态下会打开【选择样板】对话框，选择 acadiso.dwt 文件，或单击【打开】按钮右侧的下拉按钮，选择列表中的【无样板-公制】选项(如图 2.2 所示)，这样就新建了一个图形文件。

图 2.1 【启动】对话框　　　　图 2.2 【选择样板】对话框

特 别 提 示

● 【选择样板】对话框中的文件 acad.dwt 为英制无样板打开方式；acadiso.dwt 为公制无样板打开方式。

3．通过样板新建图形文件

在如图 2.2 所示的【选择样板】对话框中所显示的图形样板的制图标准和我们所遵循的制图标准不一样，所以不适合在这里使用。在后面章节中将介绍建立带有单位类型和精度、图层、捕捉、栅格和正交设置、标注样式、文字样式、线型和图块等信息的图形样板。通过用户自己建立的图形样板新建图形，不需要再对单位类型和精度、标注样式等进行重复设置，这样可使绘图速度大大提高。

2.2 保 存 图 形

AutoCAD 2010 保存文件的方法和其他软件相同，在此不再赘述。这里提醒读者，在利用 AutoCAD 2010 绘制图形时，需要经常保存已经绘制的图形文件，防止断电、死机等原因导致图形文件丢失。在高版本 AutoCAD 中绘制的图形，在低版本的 AutoCAD 中通常无法打开。如果用 AutoCAD 2010 绘制一个图形，而该图形文件需要在 AutoCAD 2004 中打开，就需要将该文件另存为低版本的 AutoCAD 文件类型，如图 2.3 所示。

图 2.3 另存为低版本文件

选择菜单栏中的【工具】|【选项】命令，打开【选项】对话框，在【打开和保存】选项卡中选中【自动保存】复选框，并在【保存间隔分钟数】文本框中输入设定值，如图 2.4 所示。文件自动保存的路径在【选项】对话框的【文件】选项卡中可以看到，如图 2.5 所示。如果文件被删除，可以按照 C：\Documents and Settings\Administrator\local settings\temp 路径打开临时文件夹，找到被自动保存的文件并将其复制到自己的文件夹中。

● 自动保存的文件为备份文件格式，文件扩展名为 .bak，只有将其扩展名用重命名的方式改

为 .dwg 后，才能在 AutoCAD 中打开该图形。

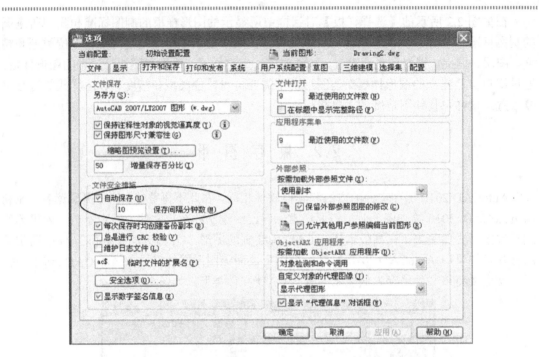

图 2.4　自动保存

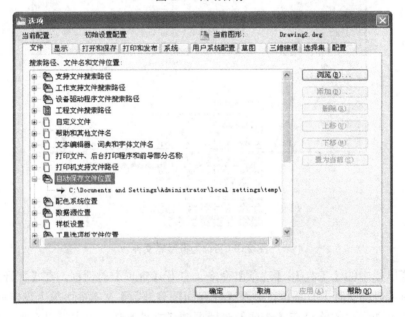

图 2.5　自动保存文件的路径

2.3　图形的参数

图形的参数主要包括长度单位、单位精度和绘图区域等。建筑及装饰施工图中以公制毫米为长度单位，以"度(°)"为角度单位。这里借助【启动】对话框来介绍图形参数和基本规定。

启动 AutoCAD 2010，在命令行输入"Startup"后按 Enter 键，在**输入 STARTUP 的新值 <0>**：提示下输入"1"，这样就将系统变量 Startup 由 0 修改为 1。再次启动 AutoCAD 2010 则会显示【启动】对话框；单击【标准】工具栏上的【新建】图标，打开如图 2.6 所示的【创建新图形】对话框。

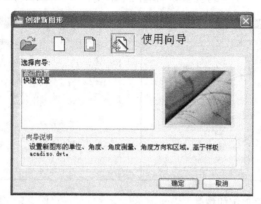

图 2.6 【创建新图形】对话框

特 别 提 示

- AutoCAD 2010 的【启动】对话框(如图 2.1 所示)和【创建新图形】对话框(如图 2.6 所示)在外观上基本相似，但在【创建新图形】对话框中不能打开图形，而利用【启动】对话框则可以在 AutoCAD 2010 启动时打开图形文件。

单击【使用向导】按钮并选中【高级设置】选项后单击【确定】按钮，进入【高级设置】对话框。下面将通过【高级设置】对话框分步骤学习以下内容。

1. 单位

选中【小数】单选按钮，精度设置为"0"，以确定长度单位为公制十进制，数值精度为小数点后零位，如图 2.7 所示。

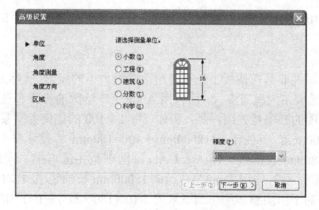

图 2.7 设置长度单位和精度

2. 角度

选中【十进制度数】单选按钮，精度设置为"0"，以确定角度单位为"度"，数值精度为小数点后零位，如图 2.8 所示。

3. 角度测量

设定"东"方向为零角度的位置，如图 2.9 所示。

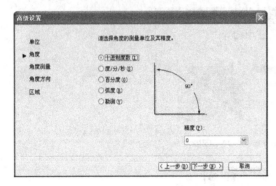

图 2.8　设置角度单位和精度　　　　　图 2.9　零角度的设定

4. 角度方向

选择逆时针旋转为正，顺时针旋转为负，如图 2.10 所示。这样，如果旋转一条 AB 水平线，旋转 45° 和-45° 结果不同，如图 2.11 所示。

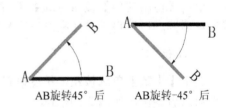

AB旋转45° 后　　　　AB旋转-45° 后

图 2.10　设置角度方向　　　　　图 2.11　AB 线的旋转

5. 区域

这里的绘图区域并非是在图板上绘图时所用图纸大小的概念，实际上 AutoCAD 所提供的图纸无边无际，想要多大就有多大，所以用 AutoCAD 绘图的步骤和在图板上绘图的步骤不同。在图板上绘图的顺序是先缩再画。例如，用 1：100 的比例绘制某建筑平面图，如果该建筑长度为 18000mm，首先计算 18000mm÷100=180mm(将尺寸缩小到原来的 1/100)，再在图纸上绘制 180mm 长的线。用 AutoCAD 绘图则是先画再缩。同样绘制建筑长度为 18000mm 的某建筑平面图，先用 AutoCAD 绘制 18000mm 长的线(按 1：1 的比例绘制图形)，打印时再将绘制好的平面图整体缩小到原来的 1/100(18000mm÷100=180mm)即可。经过对比可以看出，还是用 AutoCAD 绘图方便。

那么这里的区域是什么概念呢?以坐标纸为例,这里区域的大小决定的就是坐标纸显示的范围,坐标纸在 AutoCAD 里的概念就是"栅格"。

试一试,将【高级设置】对话框内的区域设置为 10000mm×10000mm,如图 2.12 所示,然后单击【确定】按钮关闭【高级设置】对话框。选择菜单栏中的【工具】|【草图设置】命令,打开【草图设置】对话框,选择【捕捉和栅格】选项卡,将捕捉和栅格的距离均设为 300mm(因为在建筑中常用的模数是 300mm),如图 2.13 所示,然后单击【确定】按钮关闭【草图设置】对话框。将状态栏上的【捕捉】和【栅格】按钮打开(状态栏上所有显示为蓝色的按钮均为开启状态,显示为灰色的均为关闭状态,单击可以切换打开/关闭),会发现工作界面中出现许多小点,小点显示的范围即区域的范围(这里是 10000mm×10000mm),小点之间的距离为 300mm×300mm,同时还会发现光标在小点上跳来跳去,这是【捕捉】命令在捕捉栅格点。由于绘制建筑施工图时【栅格】辅助工具使用较少,而【捕捉】辅助工具又是和【栅格】辅助工具配套使用的,所以很少打开这两个按钮。

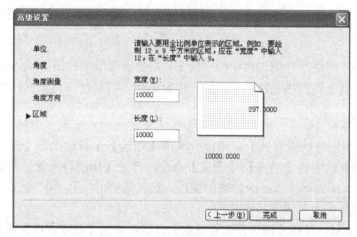

图 2.12　设置区域

图 2.13　【捕捉和栅格】选项卡

- 【捕捉】和【对象捕捉】是两个不同的作图辅助工具。【捕捉】功能用于捕捉栅格的点，而不能捕捉图形的特征点，这时需要打开【对象捕捉】功能来捕捉图形的特征点，如一条直线的两个端点或中点。
- 【捕捉】和【栅格】是配套使用的，在【草图设置】对话框中，【捕捉和栅格】选项卡中间距尺寸的设定也需相同。
- 栅格仅在图形界限中显示，它只作为绘图的辅助工具出现，而不是图形的一部分，所以只能看到，不能打印。
- 建筑施工图出来以"毫米(mm)"为长度的绘图单位，在 AutoCAD 内输入"10000"就是 10000mm，不需再输入"mm"。同样，输入角度时也不需再输入角度单位，如输入"45"就是 45°。

2.4　绘　制　轴　网

从本节开始，将逐步介绍如何绘制"图 B1 办公楼底层平面图"。用 AutoCAD 绘制建筑平面图和在图纸上绘图的顺序是相同的，先画轴线，再画墙，然后开门窗洞口。

1. 建立图层

(1) 打开【图层特性管理器】对话框：单击【图层】工具栏上的【图层特性管理器】图标🖼或选择菜单栏中的【格式】|【图层】命令，打开【图层特性管理器】对话框。在新建图形中 AutoCAD 自动生成一个特殊的图层，这就是"0"层，"0"层是 AutoCAD 固有的，因此不能为其重命名或将其删除。

(2) 建立新图层：单击【图层特性管理器】对话框中的【新建图层】图标🖉，则产生一个默认名为"图层 1"的新层，将其名称改为"轴线"并按 Enter 键确认。再按 Enter 键(或再单击【新建图层】图标🖉)就又建立了一个新层，将其名称改为"墙线"并按 Enter 键确认。用相同的方法，继续建立"门窗"、"文本"、"标注"、"楼梯"、"室外"及"辅助"等图层。需要删除图层时，选中图层后单击【删除图层】图标❌即可。

- 按 Enter 键有两个作用：一是确认或结束命令(如将图层名称改为"轴线"后，按 Enter 键确认)，二是重复刚刚使用过的命令(如再按 Enter 键重复【新建图层】的命令，就又建立了一个图层)。
- 只要不是处于文字输入状态，按空格键等同于按 Enter 键。
- 图层是按图层名拼音的首字母排列的。

注意，这里新建的 8 个图层的默认图层颜色为白色，默认的图层线型为 Continuous(实线)，线宽为默认值，如图 2.14 所示。

(3) 修改图层颜色：单击"轴线"图层名称右侧的"白色"两个字，打开【选择颜色】对话框，选择个人喜欢的颜色作为该图层的颜色。用同样的方法为其他图层更换颜色。

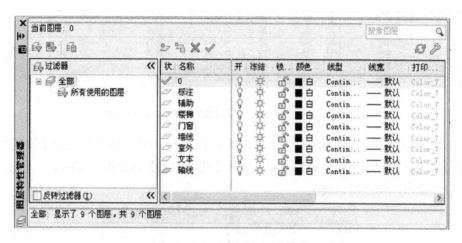

图 2.14　图层特性管理器

特 别 提 示

● 给图层设定不同的颜色便于用户观察和区分图形，下面是专业绘图软件所设定的主要图层的颜色，供读者参考：轴线层——红色、墙线层——灰色(9)、门窗层——青色、标注层——绿色、台阶层——黄色、楼梯层——黄色、阳台层——品红、文字层——白色。

(4) 修改图层线型：前面共建立了 9 个图层，每个图层默认的线型均为 Continuous(实线)，但是建筑及装饰施工图中的轴线不是实线而是中心线，所以需要将"轴线"图层的 Continuous 线型换成 CENTER 或 DASHDOT 线型。

鼠标指向"轴线"图层的 Continuous 线型后单击，打开【选择线型】对话框(将该对话框喻为小抽屉)，小抽屉里没有 CENTER 线型，单击【加载】按钮打开【加载或重载线型】对话框(将该对话框喻为大仓库)，找到 CENTER 线型并选中后单击【确定】按钮，如图 2.15 所示。这样就将大仓库内的 CENTER 线型拿到了小抽屉里，然后在【选择线型】对话框(小抽屉)中选中 CENTER 线型后单击【确定】按钮，关闭对话框。这时会发现"轴线"图层的线型换为 CENTER 线型，如图 2.16 所示。

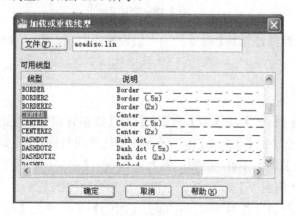

图 2.15　加载线型

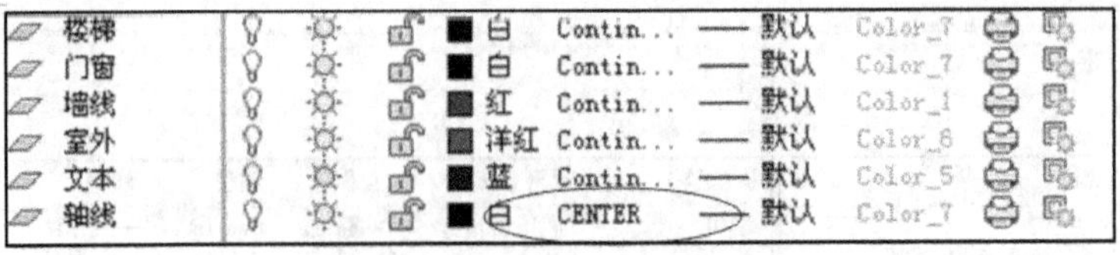

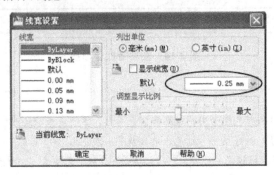

图 2.16 将 "轴线" 图层的线型加载为 CENTER

（5）设置默认线宽：AutoCAD 的默认线宽为 0.25mm，右击状态栏上的【线宽】按钮，在弹出的快捷菜单中选择【设置】选项，打开【线宽设置】对话框，如图 2.17 所示，在此对话框中可查询或修改默认线宽。

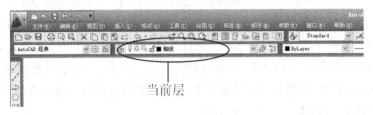

图 2.17 【线宽设置】对话框

这里有 9 个图层，那么如果现在画一条线，这条线画到哪个图层上了呢？"当前层"是哪个图层，该线就画在哪个图层上。【图层】工具栏上的【图层控制】选项所显示的就是"当前层"，如图 2.18 所示。

当前层

图 2.18 当前层

另外，在【图层特性管理器】对话框中可以设置当前层，也可以对每个图层进行关闭、冻结、锁定等操作。

2. 设置线型比例

选择菜单栏中的【格式】|【线型】命令，打开【线型管理器】对话框，如图 2.19 所示。一般情况下，该对话框中的【全局比例因子】和出图比例应保持一致，即如果出图比例为 1：100，【全局比例因子】即为 100；出图比例为 1：200，【全局比例因子】即为 200；出图比例为 1：50，【全局比例因子】即为 50。当前对象的缩放比例是 1。

（1）将【轴线】图层设置为当前层：单击【图层】工具栏上【图层控制】选项右侧的下拉按钮，在下拉列表中选择【轴线】图层，如图 2.20 所示。

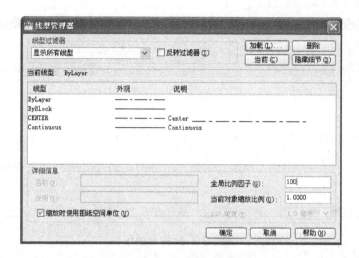

图 2.19 【线型管理器】对话框

图 2.20 设置【轴线】图层为当前层

特 别 提 示

● 上述方法是一种将某图层设置为当前层的简单有效的方法,而不必打开【图层特性管理器】去设置当前层。【图层控制】选项窗口还可以修改图层的开关、加锁和冻结等图层特性。

(2) 单击【绘图】工具栏上的【直线】图标 ✏ 或在命令行输入"L"后按 Enter 键,启动【直线】命令。

① 在_line 指定第一点:提示下,在绘图区域左下角的任意位置单击,将该点作为 A 轴线的左端点,移动光标则会出现一条随着光标移动而移动的橡皮条。

② 单击状态栏上的【正交】按钮或按 F8 键(F8 为【正交】功能的快捷键),打开【正交】功能,这样光标只能沿水平或垂直方向移动。

③ 在指定下一点或 [放弃(U)]:提示下,水平向右拖动光标,并在命令行输入"18000"后按 Enter 键。

④ 在指定下一点或 [放弃(U)]:提示下,按 Enter 键结束【直线】命令。

这样就绘制出一条长度为 18000mm 的水平线,如图 2.21 所示。

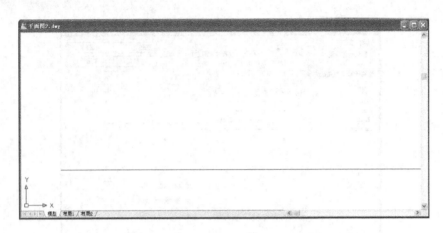

图 2.21　绘制 A 轴线

特 别 提 示

- 上面用方向长度的方法绘制出了 A 轴线，其中线的绘制方向依靠【正交】功能并向右拖动光标来指定；线的长度依靠手工输入来指定。这是最常用的一种绘制直线的方法。
- 如果绘制直线出现错误，可以在绘制直线命令执行中在命令行输入"U"，执行子命令【放弃】，取消上次绘制直线的操作并可继续绘制新的直线。

从图 2.21 中可以看到，绘图区只能看到 A 轴线的左端点而不能看到其右端点。这是因为新建图形具有"距离眼睛较近"的特点。

试一试，如果把一支钢笔放在眼前 10mm 处，能看到钢笔的两端吗？但把钢笔向前推移一段距离后，就可以看到钢笔的两端。

(3) 在命令行输入"Z"后按 Enter 键，再输入"E"后按 Enter 键，执行【范围缩放】命令，这样相当于把图形由近推远，所以可以看到线的两个端点，如图 2.22 所示。

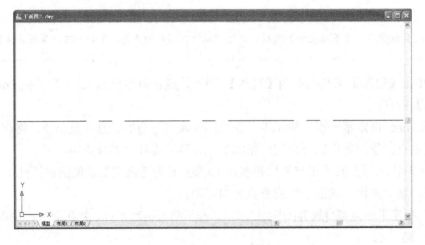

图 2.22　调整 A 轴线的显示

(4) 用【实时缩放】和【平移】命令将视图调整至如图 2.23 所示的状态。

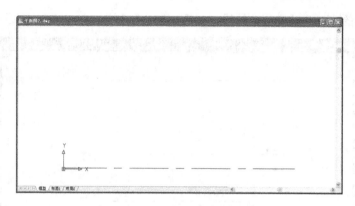

图 2.23　调整 A 轴线的位置

特别提示

- 默认设定下，对象的颜色和线型是"随层"(ByLayer)的，所以将 A 轴线绘制在当前层——【轴线】图层上后，其颜色和线型是和【轴线】图层的设定一致的。

(5) 执行【范围缩放】命令后，如果绘制出的 A 轴线显示的不是中心线，应做如下检查。

① 在【图层特性管理器】对话框中，【轴线】图层的线型是否加载为 CENTER(中心线)或 DASHDOT(点画线)。

② 当前层是否为【轴线】图层。

③【线型管理器】对话框中的【全局比例因子】是否改为"100"。

3. 生成 B～E 横向定位轴线

(1) 单击【修改】工具栏上的【偏移】图标 或在命令行输入"O"并按 Enter 键，启动【偏移】命令，查看命令行。

① 在**指定偏移距离或[通过(T)/删除(E)/图层(L)]<通过>**：提示下，输入 B 轴线和 A 轴线之间的距离"3000"后按 Enter 键，表示偏移距离为 3000mm。

② 在**选择要偏移的对象，或 [退出(E)/放弃(U)] <退出>**：提示下，单击选择 A 轴线，此时 A 轴线变虚。

③ 在**指定要偏移的那一侧上的点，或 [退出(E)/多个(M)/放弃(U)] <退出>**：提示下，在 A 轴线上侧任意位置单击，则生成 B 轴线。

④ 按 Enter 键结束【偏移】命令，结果如图 2.24 所示。

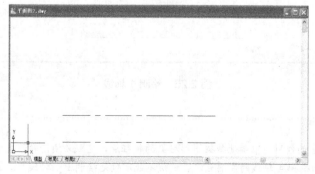

图 2.24　用【偏移】命令生成 B 轴线

(2) 用相同的方法生成 C～E 轴线，如图 2.25 所示。

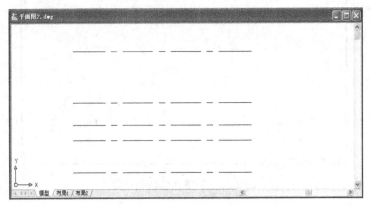

图 2.25　用【偏移】命令生成 C～E 轴线

4．绘制 1 轴线

(1) 单击状态栏上的【对象捕捉】按钮或按 F3 键(F3 为【对象捕捉】功能的快捷键)，启动【对象捕捉】命令。

(2) 单击【绘图】工具栏上的【直线】图标／或在命令行输入"L"并按 Enter 键，启动【直线】命令。

① 在_line 指定第一点：提示下，将十字光标的交叉点放在 E 轴线的左端点处，出现黄色端点捕捉方块及端点光标提示后单击，则直线的起点绘制在 E 轴线的左端点处。

② 在指定下一点或 [放弃(U)]：提示下，将十字光标的交叉点放在 A 轴线的左端点处，出现黄色端点捕捉方块及端点光标提示后(如图 2.26 所示)单击，则直线的第二点绘制在了 A 轴线的左端点处。

③ 按 Enter 键结束【直线】命令。

这样，通过捕捉直线的两个端点的方法绘制出了 1 轴线。

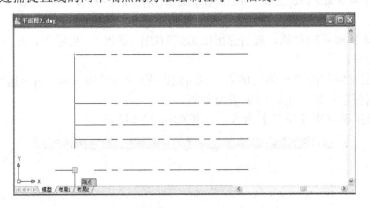

图 2.26　绘制 1 轴线

特　别　提　示

● 【对象捕捉】的作用是准确地捕捉图形对象的特征点，这里必须借助于【对象捕捉】才能准确地寻找到 E 轴线和 A 轴线的左端点，否则就不能准确地绘制出 1 轴线。

5. 执行【偏移】命令生成 2～6 轴线

单击【修改】工具栏上的【偏移】图标 或在命令行输入 "O" 并按 Enter 键,启动【偏移】命令。

① 在**指定偏移距离或[通过(T)/删除(E)/图层(L)]<通过>**:提示下,输入 1 轴线和 2 轴线之间的距离 "3600" 后按 Enter 键。

② 在**选择要偏移的对象,或 [退出(E)/放弃(U)] <退出>**:提示下,单击选择 1 轴线,此时 1 轴线变虚。

③ 在**指定要偏移的那一侧上的点,或 [退出(E)/多个(M)/放弃(U)] <退出>**:提示下,在 1 轴线右侧任意位置单击,则生成 2 轴线。

④ 在**选择要偏移的对象,或 [退出(E)/放弃(U)] <退出>**:提示下,单击选择 2 轴线,此时 2 轴线变虚。

⑤ 在**指定要偏移的那一侧上的点,或[退出(E)/多个(M)/放弃(U)]<退出>**:提示下,在 2 轴线右侧任意位置单击,则生成 3 轴线。重复④～⑤步操作生成 4、5、6 轴线后按 Enter 键结束命令,结果如图 2.27 所示。

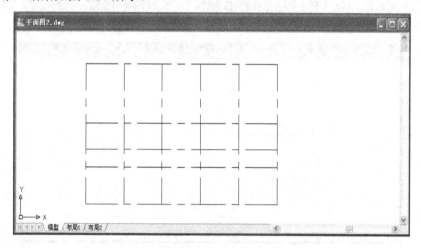

图 2.27 用【偏移】命令生成 2～6 轴线

特 别 提 示

● 【偏移】命令包含 3 步:给出偏移距离、指定偏移对象、指定偏移方向。

● A～E 轴线的间距各不相同,所以每偏移一条轴线,都需要重新启动【偏移】命令并给出所要偏移的距离。但 1～6 轴线间的距离均为 3600mm,所以执行一次【偏移】命令就可以偏移出 2～6 轴线。

6. 修剪轴线

(1) 单击【修改】工具栏上的【修剪】图标 或在命令行输入 "Tr" 并按 Enter 键,启动【修剪】命令。

① 在**选择对象或 <全部选择>**:提示下,单击 3 轴线上的任意位置,3 轴线变虚。注意,该步骤所选择的对象是剪切边界,即下面将以 3 轴线为剪切边界,来修剪 A 轴线。

② 在**选择要修剪的对象，或按住 Shift 键选择要延伸的对象，或[栏选(F)/窗交(C)/投影(P)/边(E)/删除(R)/放弃(U)]**：提示下，将光标移至 3 轴线左边的 A 轴线上，在任意位置单击，这样就以 3 轴线为边界将 A 轴线位于 3 轴线左侧的部分剪掉了，结果如图 2.28 所示。

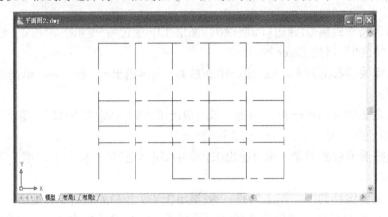

图 2.28　修剪 3 轴线左侧的 A 轴线

(2) 同样的方法，以 3 轴线为边界将 B 轴线位于 3 轴线右侧的部分剪掉，将 C 轴线位于 3 轴线左边的部分剪掉，结果如图 2.29 所示。

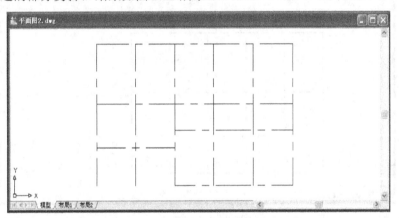

图 2.29　修剪 3 轴线右侧的 B 轴线,左侧的 C 轴线

(3) 再次启动【修剪】命令。

① 在**选择对象或 <全部选择>**：提示下，按 Enter 键进入下一步命令。注意，这次没有选择剪切边界，而是按 Enter 键执行尖括号内的默认值"全部选择"，也就是说不选即为全选，图形文件中的所有图形对象都可以作为剪切边界。

特 别 提 示

● 在执行【偏移】、【修剪】等命令过程中，按 Enter 键可执行尖括号内的默认值。

② 在**选择要修剪的对象，或按住 Shift 键选择要延伸的对象，或[栏选(F)/窗交(C)/投影(P)/边(E)/删除(R)/放弃(U)]**：提示下，执行交叉选(从 M 点向 N 点拖曳窗口)，如图 2.30 所示，将图形修剪成如图 2.31 所示的状态。

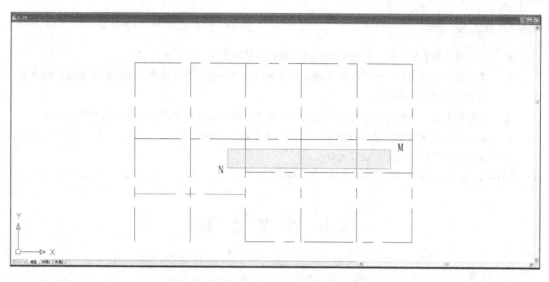

图 2.30　用交叉选的方法选择被剪切的对象

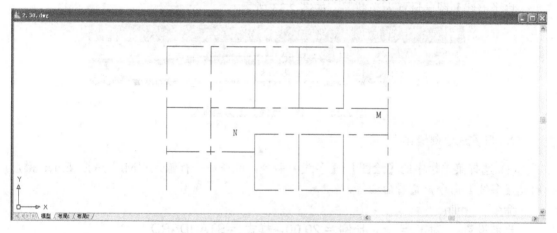

图 2.31　修剪走道内的轴线

(4) 重复执行【修剪】命令，将图形修剪成如图 2.32 所示的状态。

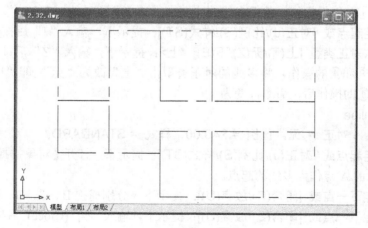

图 2.32　修剪后的图形

特 别 提 示

- 执行【修剪】命令时，先选剪切边界，后选被剪对象。
- 剪切边界可以选择，也可以按 Enter 键直接进入下一步命令。注意，不选即为全选，即所有的图形对象都是剪切边界。
- 修剪图形时，有时选择剪切边界方便，有时不选择剪切边界方便，应在实践中用心体会。
- 如果误将不该剪切的轴线剪掉了，可以在【剪切】命令执行中马上输入"U"，取消上次剪切操作，并可以重新选择被剪切对象。

2.5 绘制墙体

1. 设置

将【墙线】图层设置为当前层，如图 2.33 所示。

图 2.33 设置【墙线】图为当前层

2. 用多线绘制墙体

(1) 选择菜单栏中的【绘图】|【多线】命令，或在命令行输入"Ml"后按 Enter 键，启动【多线】命令，查看命令行：

命令：_mline

当前设置：对正 = 上，比例 = 20.00，样式 = STANDARD

① 在指定起点或 [对正(J)/比例(S)/样式(ST)]：提示下，输入"S"后按 Enter 键。

② 在输入多线比例 <20.00>：提示下，输入"240"(墙体厚度为 240mm)后按 Enter 键。通过步骤①和②的操作，就把多线的比例由"20.00"更改为"240.00"。

③ 在指定起点或 [对正(J)/比例(S)/样式(ST)]：提示下，输入"J"后按 Enter 键。

④ 在输入对正类型 [上(T)/无(Z)/下(B)] <上>：提示下，输入"Z"后按 Enter 键。

通过步骤③和④的操作，将多线的对正类型由"上"改为"无"(即"中心"对正)。经过步骤①~④的操作后，命令行变为

命令：_mline

当前设置：对正 = 无，比例 = 240.00，样式 = STANDARD

⑤ 在指定起点或 [对正(J)/比例(S)/样式(ST)]：提示下，打开【对象捕捉】功能，捕捉如图 2.34 所示的 A 点作为多线的起点。

⑥ 在指定下一点或 [闭合(C)/放弃(U)]：提示下，分别捕捉 B、C、D、E、F 角点。

⑦ 在指定下一点或 [闭合(C)/放弃(U)]：提示下，输入"C"(Cloce) 后按 Enter 键，执行【首尾闭合】命令。

这样，就绘制出一个封闭的外墙，结果如图 2.34 所示。

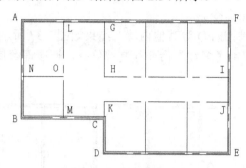

图 2.34　绘制封闭的外墙

特 别 提 示

● 试一试，如果在第⑦步捕捉 A 点（A 点即首尾闭合处）作为多线的终点，而不是输入 "C" 后按 Enter 键执行【首尾闭合】命令，结果相同吗？

(2) 按 Enter 键重复执行【多线】命令。注意观察命令行，AutoCAD 会记住上一次【多线】设置，即对正类型为 "无"，比例为 "240.00"。

① 在指定起点或 [对正(J)/比例(S)/样式(ST)]：提示下，打开【对象捕捉】功能，捕捉 G 点作为多线的起点。

② 在指定下一点或 [闭合(C)/放弃(U)]：提示下，分别捕捉 H、I 点。

③ 按 Enter 键结束命令，绘制出 GHI 内墙，结果如图 2.35 所示。

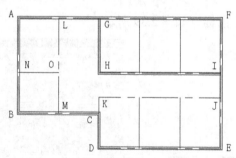

图 2.35　绘制 GHI 内墙

(3) 按 Enter 键重复执行【多线】命令，分别绘制 CKJ、LM 这两段内墙，如图 2.36 所示。

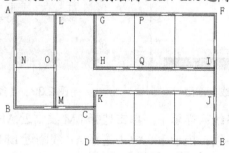

图 2.36　绘制 CKJ、LM 内墙

(4) 按 Enter 键重复执行【多线】命令，捕捉如图 2.36 所示的 N 点和 O 点，则绘制出 NO 内墙，按 Enter 键结束命令。

(5) 用相同的方法绘制出 PQ 等其他内墙，结果如图 2.37 所示。

此部分除了学习如何用【多线】命令绘制墙体外，还应理解使用 Enter 键结束命令和重复执行命令的作用。

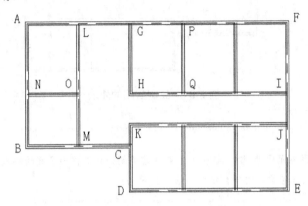

图 2.37 用【多线】命令绘制内墙

3. 编辑墙线(将 T 形墙线打通)

(1) 单击【图层】工具栏上【图层控制】选项右侧的下拉按钮，在下拉列表中单击【轴线】图层的灯泡图标，灯泡由黄变灰，【轴线】图层被关闭，如图 2.38 所示。

(2) 选择菜单栏中的【修改】|【对象】|【多线】命令，或双击要编辑的多线，打开【多线编辑工具】对话框。

① 单击【T 形打开】图标，如图 2.39 所示。

图 2.38 关闭【轴线】图层

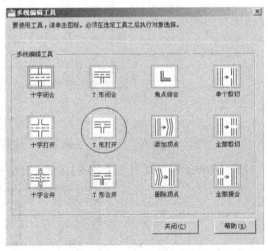

图 2.39 【多线编辑工具】对话框

② 在**选择第一条多线**：提示下，单击选择 LM 线临近 AF 线处。

③ 在**选择第二条多线**：提示下，单击选择 AF 线临近 LM 线处，则 AF 线和 LM 线相交处变成如图 2.40 所示的状态。

(3) 用同样的方法编辑其他 T 形接头处，打开所有 T 形接头。

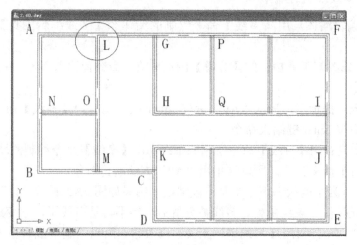

图 2.40　打开多线的 T 形接头

- 用 STANDARD 样式绘制轴线标注在墙的中心线的墙时，对正类型应为"无"，比例即为墙厚(墙厚为 240mm，比例值设为"240.00"；墙厚为 120mm，比例值设为"120.00")。
- 为减少修改，用【多线】命令绘制墙体的步骤为：先外后内(先绘制外墙，后绘制内墙)；先长后短(绘制内墙时，先绘制较长的内墙，如 GHI、CKJ、LM 内墙，再绘制较短的内墙，如 PQ 内墙)；先编辑(先用【多线编辑工具】打开 T 形接头处)，后分解(再用 Explode 命令将其分解)。
- 多线首尾相连处应输入"C"并按 Enter 键结束命令，否则多线首尾相连处不会封闭。
- 理解多线的整体关系：在无命令的情况下，在 AB 线上单击，结果如图 2.41 所示，说明 AB、BC、CD、DE、EF、FA 这 6 段墙线是整体关系。图 2.41 中的蓝色方块是冷夹点，冷夹点在图形的特征点处显示，按 Esc 键可取消冷夹点。

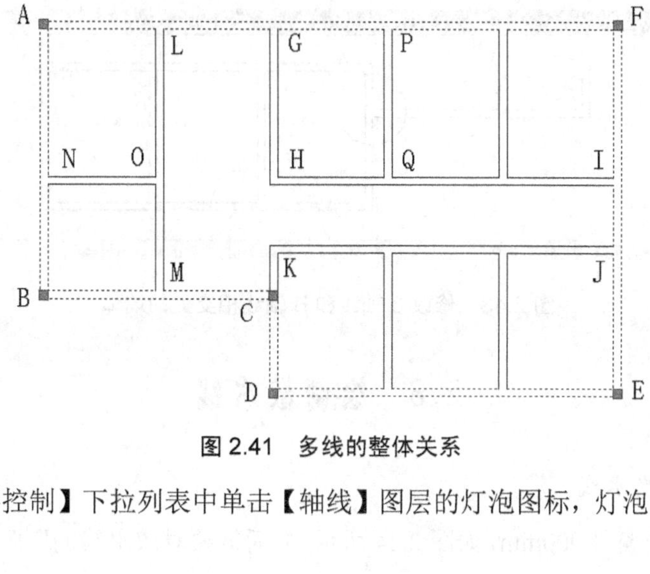

图 2.41　多线的整体关系

(4) 在【图层控制】下拉列表中单击【轴线】图层的灯泡图标，灯泡由灰变黄，【轴线】图层被打开。

4. 分解用多线绘制的墙体

为了便于编辑墙体，用【多线】命令绘制的墙体经【多线编辑工具】编辑后应进行分解。

(1) 单击【修改】工具栏上的【分解】图标或在命令行输入"X"并按 Enter 键，启动【分解】命令。

在**选择对象**：提示下，输入"All"后按 Enter 键，所有用【多线】命令绘制的墙线均变为虚线，然后按 Enter 键结束命令。

注意：图中只有用【直线】命令绘制的轴线和用【多线】命令绘制的墙线，【直线】命令不能被【分解】命令分解，所以这里用"All"方法选择对象。

(2) 在命令行为空的状态下单击某一段墙线，结果如图 2.42 所示，会发现和图 2.41 所示结果不同，此时仅一条线变虚。多线被分解后已经不再是多线了，它变成了用【直线】命令绘制的直线，不能再用【多线编辑工具】修改它。所以绘制多线时应先编辑后分解。

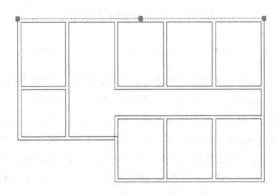

图 2.42　分解后的多线失去整体关系

5. 修改相交处的墙体

用【修剪】命令修改 3 轴线和 B 轴线相交处的墙体，结果如图 2.43 所示。

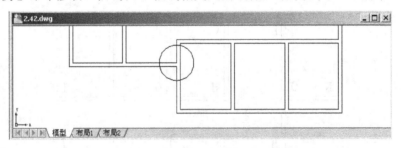

图 2.43　修改 3 轴线和 B 轴线相交处的墙体

2.6　绘制散水线

1. 偏移生成散水线

将外墙线向外偏移 900mm，如图 2.44 所示。之后需要对散水线的阴阳角进行修角处理。

2. 用【圆角】命令修角

(1) 单击【修改】工具栏上的【圆角】图标◻或在命令行输入"F"并按 Enter 键，启动【圆角】命令，查看命令行：

命令：fillet

当前设置：模式 = 修剪，半径 = 0.0000

① 在选择第一个对象或 [放弃(U)/多段线(P)/半径(R)/修剪(T)/多个(M)]：提示下，拾取图 2.44 中散水线 A 处。

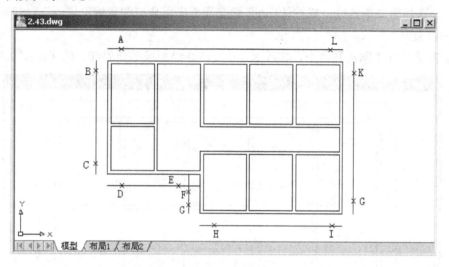

图 2.44　外墙线向外偏移 900mm

② 在选择第二个对象，或按住 Shift 键选择要应用角点的对象：提示下，拾取散水线 B 处。

(2) 重复执行【圆角】命令，修改 C 和 D 处、E 和 F 处、G 和 H 处，结果如图 2.45 所示。

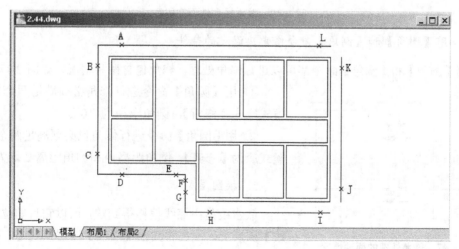

图 2.45　用【圆角】命令修角

3. 用【倒角】命令修角

(1) 单击【修改】工具栏上的【倒角】图标 □ 或在命令行输入 "Cha" 并按 Enter 键，启动【倒角】命令，查看命令行：

命令：_chamfer

("修剪"模式)当前倒角距离 1 = 0.0000，距离 2 = 0.0000

① 在选择第一条直线或 [放弃(U)/多段线(P)/距离(D)/角度(A)/修剪(T)/方式(E)/多个(M)]：提示下，拾取图 2.45 中散水线 I 处。

② 在选择第二条直线，或按住 Shift 键选择要应用角点的直线：提示下，拾取图 2.45 中散水线 J 处。

(2) 重复执行【倒角】命令，修改 K、L 处，并绘制坡面交界线，结果如图 2.46 所示。

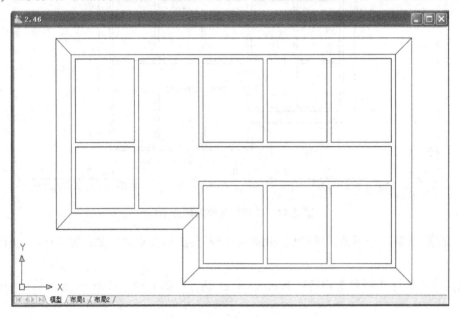

图 2.46　散水线和坡面交界线

4. 用【圆角】和【倒角】命令修角应满足的条件

用【圆角】和【倒角】命令都可以进行修角处理，修角包含两种情况，如图 2.47 所示。

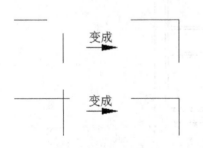

图 2.47　修角处理的两种情况

① 用【圆角】命令进行修角必须满足两个条件：模式应为【修剪】，圆角半径为 "0"。

② 用【倒角】命令进行修角也必须满足两个条件：模式应为【修剪】，倒角距离 1 和倒角距离 2 均为 "0"。

5. 换图层

散水线是由墙线偏移得到的，所以它目前位于【墙线】图层上，现在将其由【墙线】图层换到【室外】图层上。换图层有以下 4 种方法。

1) 利用【图层】工具栏换图层

(1) 在无命令情况下，单击散水线，出现夹点。此时【图层控制】选项窗口显示的就是目前该图形所位于的图层，可以用此方法查询某图形所位于的图层，如图 2.48 所示。

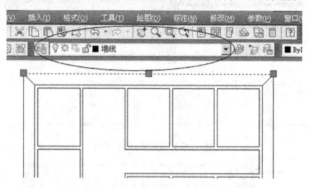

图 2.48 查询图形所位于的图层

(2) 在【图层控制】下拉列表中选中【室外】选项，则该图形被换到【室外】图层上，如图 2.49 所示。

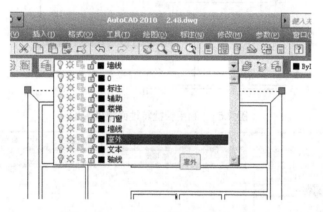

图 2.49 利用【图层】工具栏换图层

2) 利用快捷特性面板换图层

(1) 选中状态栏上的【快捷特性】按钮 后，在无命令情况下，单击散水线，出现夹点，快捷特性面板也随即弹出，如图 2.50 所示。默认状态下，快捷特性面板显示颜色、图层、线型、直线的长度等选项。单击右上角的【自定义】按钮，打开【自定义用户界面】对话框，可以选择线宽等添加到快捷特性对话框内。在该对话框内可以查询图层，也可以修改图层。

(2) 在快捷特性面板中的【图层】下拉列表中选中【室外】图层，如图 2.51 所示。

3) 利用【对象特性管理器】换图层

(1) 在无命令情况下，单击位于【墙线】层上的散水线，出现夹点。

(2) 单击【标准】工具栏上的【特性】图标 或选择菜单栏中的【修改】|【特性】命令，打开【对象特性管理器】面板。

(3) 在【对象特性管理器】面板中的【图层】右侧的文本框内单击，出现下拉按钮，然后在其下拉列表中选中【室外】图层，如图 2.52 所示。

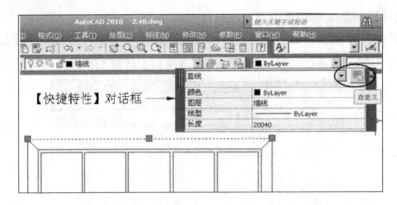

图 2.50　快捷特性面板

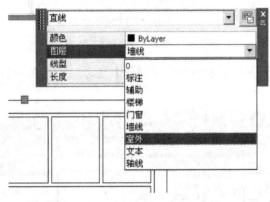

图 2.51　利用快捷特性面板换图层

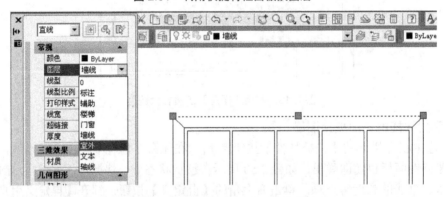

图 2.52　利用【对象特性管理器】换图层

(4) 按 Esc 键取消夹点，则该图形被换到【室外】图层上。

4) 利用【特性匹配】命令换图层

只有利用【图层】工具栏【对象特性管理器】或快捷特性对话框将某一条散水线换图层后，才能用格式刷将其他散水线由【墙线】图层换到【室外】图层上。

(1) 单击【标准】工具栏上的【特性匹配】图标 或选择菜单栏中的【修改】|【特性匹配】命令，启动【特性匹配】命令。

(2) 在**选择源对象**：提示下，选择已经被换到【室外】图层上的 A 线。此时 B 线变虚并且光标变成大刷子形状，如图 2.53 所示。

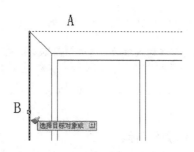

图 2.53　利用【特性匹配】命令换图层

(3) 在**选择目标对象或[设置(S)]：**提示下，选择将要被换到【室外】图层的 B 线等，按 Enter 键结束命令。

执行【特性匹配】命令，将其他散水线换到【室外】图层上。

特　别　提　示

● 学习【特性匹配】命令一定要理解源对象和目标对象的概念。例如，某班有 10 个学生，其中 9 个男生，1 个女生。如果要把男生变成女生，则女生为源对象，所有男生则为目标对象。如果班里 10 名学生都是男生，没有女生，则无法使用【特性匹配】命令。

2.7　坐标及动态输入

1. 坐标

1) 直角坐标

用 X 和 Y 坐标值表示的坐标为直角坐标。直角坐标分为绝对直角坐标和相对直角坐标。

(1) 绝对直角坐标：表示相对于当前坐标原点的坐标值。绝对直角坐标的输入方法为"X，Y"，如输入"18，26"，结果如图 2.54 所示。

(2) 相对直角坐标：表示相对于前一点的坐标值。相对直角坐标的输入方法为"@X，Y"，如输入"@16，16"，结果如图 2.55 所示。

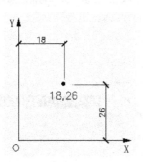

图 2.54　绝对直角坐标

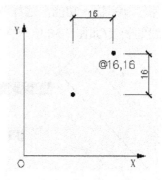

图 2.55　相对直角坐标

● 直角坐标 X 和 Y 之间是英文输入法的"逗号"而不是"点"，AutoCAD 中不识别中文输入法的"逗号"。

2) 极坐标

用长度和角度表示的坐标为极坐标。

(1) 绝对极坐标：表示相对于当前坐标原点的极坐标值。绝对极坐标的输入方法为"长度<角度"，如输入"180 < 50"，结果如图 2.56 所示。

(2) 相对极坐标：表示相对于前一点的极坐标值。相对极坐标的输入方法为"@长度<角度"，如输入"@120 < 46"，结果如图 2.57 所示。

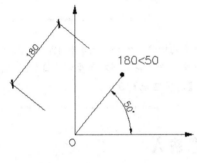

图 2.56　绝对极坐标

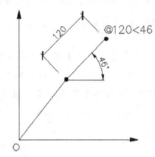

图 2.57　相对极坐标

● 极坐标的角度有正负之分，逆时针为正，顺时针为负。

2. 动态输入

动态输入是从 AutoCAD 2006 版开始增加的功能。单击状态栏上的【动态输入】按钮，系统就启用了动态输入功能，这样就可以在工作区动态输入某些参数，动态显示下一步命令，如直线的长度(如图 2.58 所示)和点的坐标(如图 2.59 所示)等。

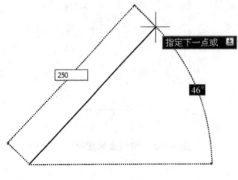

图 2.58　动态输入直线的长度

图 2.59　动态输入点的坐标

2.8　开门窗洞口

1. 绘制窗洞口线

(1) 分别按 F8、F3、F11 键打开【正交】、【对象捕捉】、【对象追踪】功能，将【墙线】图层设置为当前层，并将视图调整到如图 2.60 所示的状态。

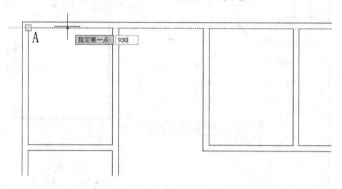

图 2.60　利用【对象追踪】找点的位置

(2) 单击【绘图】工具栏上的【直线】图标 ✏ 或在命令行输入 "L" 并按 Enter 键，启动【直线】命令。

① 在 line 指定第一点：提示下，将光标放置在左上角房间的 A 点处，不单击，待出现端点捕捉符号后，将光标水平向右慢慢拖动，会出现一条虚线，如图 2.60 所示。然后输入 "930"(该值为 A 点到窗洞口左下角点的距离，即 1050-120=930)后按 Enter 键，直线的起点就画在窗洞口的左下角点处。

② 在指定下一点或[放弃(U)]：提示下，将光标垂直向上拖动，然后输入 "240"，如图 2.61 所示，按 Enter 键结束命令。

这样，在 A 点右侧 930mm 处绘出一条 240mm 长的垂直线。

(3) 用【偏移】命令将刚才绘制的垂直线 M 向右偏移窗洞口的宽度 "1500"，则生成窗洞口右侧的 N 线，结果如图 2.62 所示，

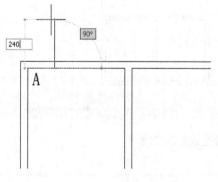

图 2.61　绘制 240mm 长的垂直线

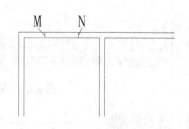

图 2.62　绘制窗洞口线

2. 用【阵列】命令复制出其他窗洞口线

(1) 单击【修改】工具栏上的【阵列】图标⊞或在命令行输入"Ar"并按 Enter 键，打开【阵列】对话框。

① 【阵列】对话框中的选项设置如图 2.63 所示。

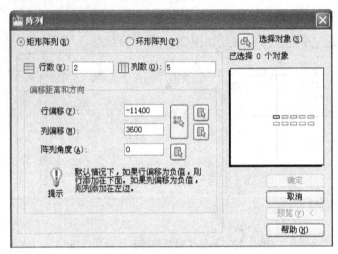

图 2.63 【阵列】对话框

② 单击【阵列】对话框右上角的【选择对象】按钮，此时【阵列】对话框消失。然后选择图 2.62 中的 M、N 线后按 Enter 键，返回对话框。单击【确定】按钮关闭对话框，结果如图 2.64 所示。

(2) 将图 2.64 中圆圈所圈定的四根短线擦除。

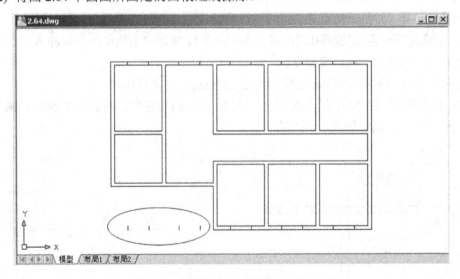

图 2.64 用【阵列】命令生成窗洞口线

特 别 提 示

● 用【阵列】命令复制对象时，行数和列数的计算应包括被阵列对象本身。行偏移（行间距）和列偏移（列间距）有正负之分：行间距上为正，下为负；列间距右为正，左为负。

- 行偏移或列偏移计算方法为左到左、右到右或中到中，如窗洞口左边到窗洞口左边，或窗洞口右边到窗洞口右边，或窗洞口中间到窗洞口中间。
- 当行数和列数为 1 时，行偏移或列偏移内的值为任意值都是无效的。

(3) 参照"图 B1 办公楼底层平面图"的尺寸，绘制出其他房间的门窗洞口并剪切成如图 2.65 所示的状态。

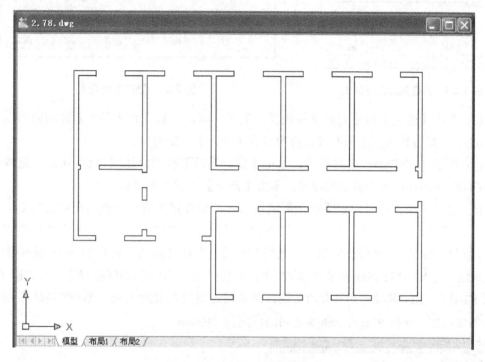

图 2.65　绘制其他门窗洞口线

2.9　绘　制　门　窗

2.9.1　绘制窗

绘制窗有多种方法，这里主要介绍利用【多线】命令绘制窗。

1. 设置多线样式

(1) 选择菜单栏中的【格式】|【多线样式】命令，打开【多线样式】对话框。单击【新建】按钮，打开【创建新的多线样式】对话框，如图 2.66 所示。在【新样式名】文本框内输入"WINDOW"，单击【继续】按钮，打开【新建多线样式：WINDOW】对话框。

(2) 在【偏移】文本框内输入"120"后单击【添加】按钮。然后用相同方法依次设定 40、−40、−120。如果有 0.5、0、−0.5 值，选中后单击【删除】按钮将其删除，结果如图 2.67 所示。

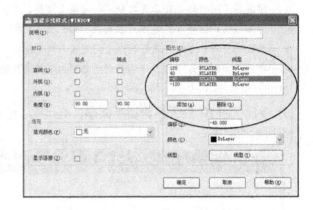

图 2.66　创建新的多线样式　　　　　　　图 2.67　修改多线元素

（3）单击【确定】按钮返回【多线样式】对话框，注意观察【预览】区域内的图形和图 2.68 中的是否相同，如果不同则说明多线【图元】设定有错。

（4）选中 WINDOW 多线样式，单击【置为当前】按钮，如图 2.68 所示，这样就将WINDOW 样式设置为当前多线样式，单击【确定】按钮关闭对话框。

（5）设定多线样式时，在【图元】文本框内，如设定的值为正值，在中心线以上加一条线；如设定的值为负值，在中心线以下加一条线；如设定的值为 0，则在中间位置加一条线，如图 2.69 所示。可以计算出第一条线和最后一条线之间的距离为 240mm。观察图 2.68，会发现这里有 STANDARD 和 WINDOW 两种多线样式：STANDARD 偏移值为 0.5 和-0.5，所以 STANDARD 多线样式只有两条线，两条线之间的距离为 1mm；WINDOW 多线样式有 4 条线，第一条线和最后一条线之间的距离为 240mm。

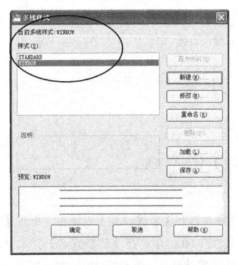

图 2.68　设置当前多线样式

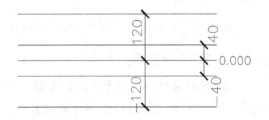

图 2.69　多线元素值和图形的关系

特　别　提　示

● 北方地区的砖混房屋为满足保温要求，通常低、多层房屋的外墙为 370mm 墙，内墙为 240mm

墙。一般轴线标在距外墙内侧 120mm 处,如用【多线】命令绘制外墙,需建立 370 墙样式,【图元】文本框内需添加的偏移值分别为 250、−120。

2. 利用【多线】命令绘制窗

1) 准备工作

(1) 换当前层:将当前层换为【门窗】图层(【轴线】图层仍为关闭状态)。

(2) 将当前多线样式设定为"WINDOW"(如图 2.68 所示)。

(3) 右击状态栏上的【对象捕捉】按钮 □,在弹出的快捷菜单中选择【设置】选项,打开【草图设置】对话框,勾选【中点】复选框,如图 2.70 所示。

(4) 用【窗口】命令放大左上角图形,视图为如图 2.71 所示的状态。

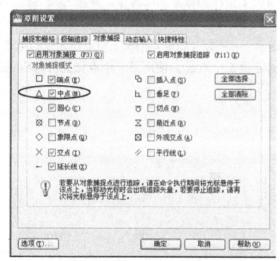

图 2.70 勾选【中点】复选框   图 2.71 用【多线】命令绘制左上角的窗

2) 启动【多线】命令

选择菜单栏中的【绘图】|【多线】命令,启动【多线】命令,查看命令行:

命令:mline

当前设置: 对正 = 无,比例 = 240.00,样式 = WINDOW

指定起点或 [对正(J)/比例(S)/样式(ST)]:

(1) 在指定起点或 [对正(J)/比例(S)/样式(ST)]:提示下,输入"S"后按 Enter 键。

(2) 在输入多线比例 <240.00>:提示下,输入"1"后按 Enter 键。

通过步骤(1)和(2)的操作,将比例由"240"调整为"1",命令行变为:

当前设置: 对正 = 无,比例 = 1.00,样式 = WINDOW

指定起点或 [对正(J)/比例(S)/样式(ST)]:

(3) 在指定起点或 [对正(J)/比例(S)/样式(ST)]:提示下,捕捉 A 点。

(4) 在指定下一点或 [闭合(C)/放弃(U)]: 提示下,捕捉 B 点。A、B 点分别为窗洞口左右 240mm 墙厚的中点,如图 2.71 所示。

(5) 按 Enter 键结束命令,这样就绘制出了 1 窗。

3) 【多线】命令中【比例】的设定

(1) 比例是用来放大或缩小图形的，比例值为新尺寸/旧尺寸。比例值大于 1 为放大图形；比例值等于 1 为图形不变；比例值小于 1 为缩小图形。

(2) 在 2.5 节介绍了用 STANDARD 样式绘制 240mm 厚的墙体，但多线 STANDARD 样式的两条线距离为"1"，需要将其变为"240"。则比例=新尺寸/旧尺寸=240/1=240。

(3) 此处用 WINDOW 样式绘制窗。WINDOW 样式的多线第一条和最后一条线的距离为 240mm，窗洞口的宽度也为 240mm，则比例=新尺寸/旧尺寸=240/240=1。

4) 由 1 窗复制出 2 窗

(1) 单击【修改】工具栏上的【复制】图标 ，或在命令行输入"Co"并按 Enter 键，启动【复制】命令。

(2) 在**选择对象**：提示下，选择上面绘制的 1 窗作为被复制的对象，并按 Enter 键进入下一步命令。

(3) 在**指定基点或 [位移(D)] <位移>**：提示下，捕捉 1 窗洞口的左下角点作为复制基点。

(4) 在**指定基点或 [位移(D)] <位移>**：**指定第二个点或 <使用第一个点作为位移>**：提示下，捕捉 2 窗洞口的左下角点，如图 2.72 所示。

(5) 按 Enter 键结束命令。

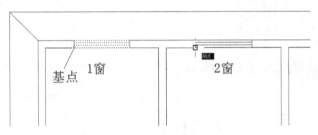

图 2.72　靠基点定位复制门窗

5) 由 1 窗复制出 3 窗

(1) 单击【修改】工具栏上的【复制】图标 ，启动【复制】命令。

(2) 在**选择对象**：提示下，选择 1 窗作为被复制的对象，并按 Enter 键进入下一步命令。

(3) 在**指定基点或 [位移(D)] <位移>**：提示下，在绘图区任意单击一点作为复制基点。

(4) 在**指定基点或 [位移(D)] <位移>**：**指定第二个点或 <使用第一个点作为位移>**：提示下，打开【正交】功能，将光标垂直向下拖动，输入"8400"(该值为 B 轴线与 E 轴线之间的距离)，如图 2.73 所示，然后按 Enter 键。

(5) 按 Enter 键结束【复制】命令。

6) 【复制】命令说明

(1) 由 1 窗复制出 2 窗时，被复制出的 2 窗是依靠基点得到准确定位的，所以此时必须准确地捕捉基点。

(2) 由 1 窗复制出 3 窗时，被复制出的 3 窗是依靠距离得到准确定位的，此时基点可选在任意位置，"8400"是 1 窗和 3 窗之间的垂直距离，所以必须打开【正交】功能。

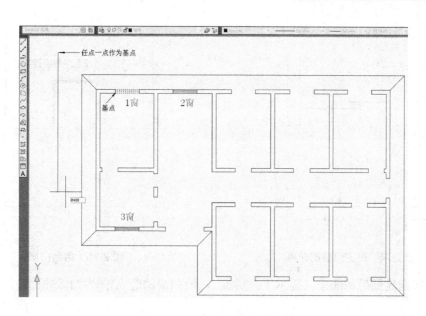

图 2.73　靠距离定位复制门窗

2.9.2　绘制门

下面介绍绘制门的两种方法。

1. 利用【多段线】命令绘制门

单击【绘图】工具栏上的【多段线】图标 或在命令行输入"Pl"并按 Enter 键,启动【多段线】命令。

(1) 在**指定起点**:提示下,捕捉门洞口右侧垂直线的中点作为起点,如图 2.74 所示。

(2) 在**当前线宽为 0.0000,指定下一个点或[圆弧(A)/半宽(H)/长度(L)/放弃(U)/宽度(W)]**:提示下,输入"W"后按 Enter 键,指定修改线宽。

(3) 在**指定起点宽度 <0.0000>**:提示下,输入"50"。

(4) 在**指定端点宽度 <0.0000>**:提示下,输入"50",表示将线宽改为 50mm。打开【正交】功能,并将光标垂直向上拖动。

(5) 在**指定下一个点或 [圆弧(A)/半宽(H)/长度(L)/放弃(U)/宽度(W)]**:提示下,输入"1000"后按 Enter 键。这样就绘制出线宽为 50mm、长度为 1000mm 的门扇,如图 2.75 所示。

(6) 在**指定下一点或 [圆弧(A)/闭合(C)/半宽(H)/长度(L)/放弃(U)/宽度(W)]**:提示下,输入"W"后按 Enter 键。

(7) 在**指定起点宽度<0.0000>**:提示下,输入"0"。

(8) 在**指定端点宽度<0.0000>**:提示下,输入"0",将线宽由 50mm 改为 0mm。

(9) 在**指定下一点或 [圆弧(A)/闭合(C)/半宽(H)/长度(L)/放弃(U)/宽度(W)]**:提示下,输入"A"后按 Enter 键,指定将要绘制圆弧。

(10) 在**指定圆弧的端点或[角度(A)/圆心(CE)/闭合(CL)/方向(D)/半宽(H)/直线(L)/半径(R)/第二个点(S)/放弃(U)/宽度(W)]**:提示下,输入"Ce"后按 Enter 键,表示用指定圆心的方式绘制圆弧。

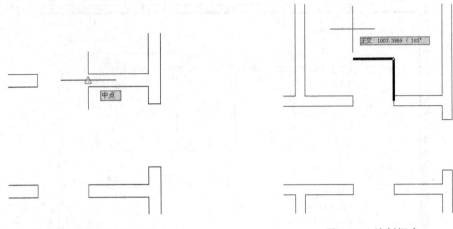

图 2.74　确定门扇的起点　　　　　　　　　图 2.75　绘制门扇

(11) 在**指定圆弧的圆心**：提示下，捕捉 A 点(门扇的起点)作为圆弧的圆心，如图 2.76 所示。

(12) 在**指定圆弧的端点或 [角度(A)/长度(L)]**：提示下，打开【正交】功能，将光标水平向左拖动(如图 2.77 所示)，在任意位置单击，确定逆时针绘制的 1/4 个圆弧。

(13) 按 Enter 键结束命令。

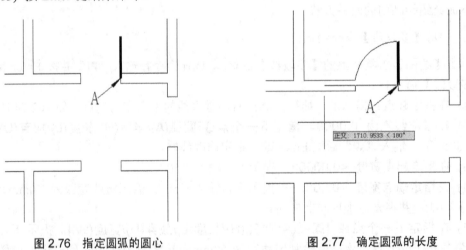

图 2.76　指定圆弧的圆心　　　　　　　　　图 2.77　确定圆弧的长度

（特）（别）（提）（示）

● 多段线又称为多义线，即多种意义的线，可以用来绘制 0 宽度的线，也可以绘制具有一定宽度的线；可以绘制直线，也可以绘制圆弧。用多段线连续绘出的直线和圆弧是整体关系，可以用【分解】命令将多段线分解。多段线被分解后，变成直线或圆弧，线宽将变为"0"。

2. 利用【极轴】按钮、方向长度方式画线及【圆弧】命令绘制门

(1) 右击状态栏上的【极轴】按钮，在弹出的快捷菜单中选择【设置】选项，打开【草图设置】对话框，选项设置如图 2.78 所示。

图 2.78　【草图设置】对话框

(2) 单击【绘图】工具栏上的【多段线】图标 ⤵ 或在命令行输入"PI"并按 Enter 键，启动【多段线】命令。

① 在**指定起点**：提示下，捕捉如图 2.79 所示的 A 点作为线的起点。

② 在**当前线宽为 0.0000，指定下一个点或 [圆弧(A)/半宽(H)/长度(L)/放弃(U)/宽度(W)]**：提示下，输入"W"后按 Enter 键。

③ 在**指定起点宽度 <0.0000>**：提示下，输入"50"。

④ 在**指定端点宽度 <0.0000>**：提示下，输入"50"，这样就将线宽改为"50"。

⑤ 按 F10 键，打开【极轴】功能。

⑥ 在**指定下一点或 [圆弧(A)/闭合(C)/半宽(H)/长度(L)/放弃(U)/宽度(W)]**：提示下，将光标向左上方拖动，出现虚线和 135°提示后（如图 2.79 所示），输入"1000"并按 Enter 键结束命令。这样就绘制出线宽为 50mm、长度为 1000mm、与 X 轴正向夹角为 135°的门扇，结果如图 2.80 所示。

● 特 别 提 示

● 用方向长度的方式，不仅可以绘制水平线和垂直线，而且还可以绘制有一定角度的线。

(3) 选择菜单栏中的【绘图】|【圆弧】|【起点、圆心、端点】命令。

① 在 **arc 指定圆弧的起点或 [圆心(C)]**：提示下，捕捉图 2.81 中的 B 点作为圆弧的起点。

② 在**指定圆弧的第二个点或 [圆心(C)/端点(E)]：_c 指定圆弧的圆心**：提示下，捕捉 A 点作为圆弧的圆心。

③ 在**指定圆弧的端点或 [角度(A)/弦长(L)]**：提示下，捕捉 C 点作为圆弧的端点。

通过步骤①、②、③的操作指定圆弧的起点、圆心和端点，绘制出了圆弧(门扇的轨迹线)，如图 2.81 所示。

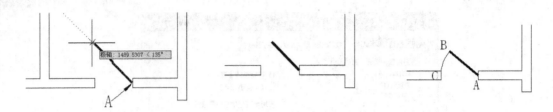

图 2.79 门扇的拖动方向   图 2.80 绘制出的门扇   图 2.81 绘制门扇的轨迹线

特 别 提 示

● 默认状态下圆弧和椭圆弧均为逆时针方向绘制，所以在执行绘制圆弧命令时，应按逆时针方向确定起点和端点的位置。因此 B 点应作为圆弧的起点，C 点应作为圆弧的端点。如果将 B 和 C 颠倒，则会增加绘图步骤。

3. 生成值班室大门

(1) 用【复制】命令将 A 门复制到 B 处，如图 2.82 所示。

① 单击【修改】工具栏上的【复制】图标 ，启动【复制】命令。

② 在**选择对象：**提示下，选择 A 门作为被复制的对象，并按 Enter 键进入下一步命令。

③ 在**指定基点或 [位移(D)] <位移>：**提示下，捕捉 A 门的 1 点作为复制基点。

④ 在**指定基点或 [位移(D)] <位移>：指定第二个点或 <使用第一个点作为位移>：**提示下，捕捉 B 门洞口的 2 点。这样，就将 A 门复制到了 B 门洞口处。

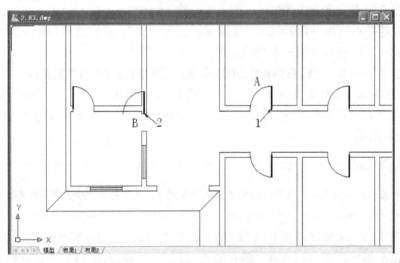

图 2.82 将 A 门复制到 B 处

(2) 用【旋转】命令将 B 门旋转到位。

① 单击【修改】工具栏上的【旋转】图标 或在命令行输入"Ro"并按 Enter 键，启动【旋转】命令。

② 在**选择对象：**提示下，选择 B 门，此时该门变虚，按 Enter 键进入下一步命令。

③ 在**指定基点：**提示下，选择 2 点作为 B 门旋转的基点。

④ 在**指定旋转角度，或 [复制(C)/参照(R)] <0>**：提示下，输入"90"，按 Enter 键结束命令，结果如图 2.83 所示。

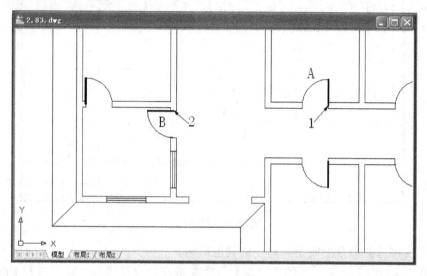

图 2.83　旋转 B 门

4. 生成出入口处的大门

出入口处是 4 扇门，每扇门宽为 600mm。

(1) 用【复制】命令将 1000mm 宽的 A 门复制到出入口大门洞口处，如图 2.84 所示。

(2) 由于出入口处每扇门的宽度为 600mm，所以需要把刚才复制生成的门扇缩小成 600mm。

① 单击【修改】工具栏上的【比例】图标或在命令行输入"Sc"并按 Enter 键，启动【比例】命令。

② 在**选择对象**：提示下，选择出入口处的门，此时该门变虚，按 Enter 键进入下一步命令。

③ 在**指定基点**：提示下，选择图 2.84 中的 3 点作为缩放的基点。

④ 在**指定比例因子或 [复制(C)/参照(R)] <1.0000>**：提示下，输入"0.6"(比例＝新尺寸/旧尺寸＝600/1000＝0.6)后按 Enter 键。

⑤ 按 Enter 键结束命令，则该门大小由 1000mm 变为 600mm。

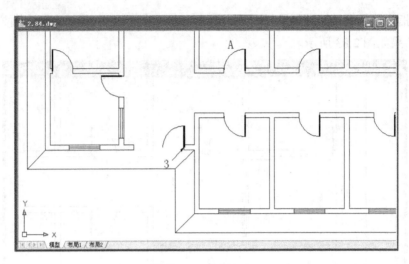

图 2.84　复制门扇

(3) 用【镜像】命令生成出入口处的其他门扇。

① 单击【修改】工具栏上的【镜像】图标 ⚐ 或在命令行输入 "Mi" 并按 Enter 键，启动【镜像】命令。

② 在**选择对象**：提示下，选择上面被缩小的门扇，然后按 Enter 键进入下一步命令。

③ 在**指定镜像线的第一点**：提示下，捕捉 B 点(如图 2.85 所示)作为镜像线的第一点。

④ 在**指定镜像线的第二点**：提示下，打开【正交】功能，将光标垂直向上拖动，如图 2.85 所示，在任意位置单击。

通过步骤③和④的操作，指定了一条起点在 B 点的垂直镜像线。

⑤ 在**要删除源对象吗？[是(Y)/否(N)] <N>**：提示下，按 Enter 键执行尖括号里的默认值 "N"，即不删除源对象，结果如图 2.85 所示。如果需要删除源对象，则输入 "Y" 后按 Enter 键。

(4) 重复执行【镜像】命令并执行【删除】命令，结果如图 2.86 所示。

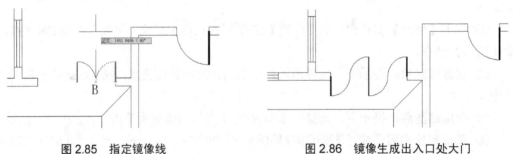

图 2.85　指定镜像线　　　　　　　图 2.86　镜像生成出入口处大门

⬤ 特 别 提 示 ....

● 镜像是对称于镜像线的对称复制，必须理解镜像线的作用。

(5) 用前面所述的【阵列】、【复制】和【镜像】命令，将绘制出的门窗复制到其他洞口内并修改门扇的开启方向，结果如图 2.87 所示。

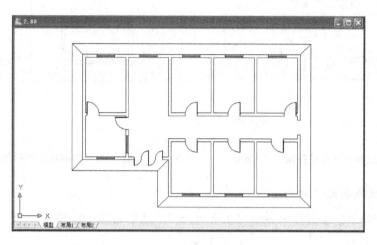

图 2.87　形成所有门窗

2.10　绘 制 台 阶

1．绘制内侧台阶线

(1) 将当前图层换为【室外】图层。

(2) 分别按 F8、F3 和 F11 键打开【正交】、【对象捕捉】和【对象追踪】功能。

(3) 在命令行输入"Pl"后按 Enter 键，启动【多段线】命令。

① 在指定起点：提示下，捕捉如图 2.88 所示的 A 点，但不单击，将光标水平向左慢慢拖动，拖出虚线后，输入"600"并按 Enter 键。利用【对象追踪】功能并借助 A 点，找到了多段线的起点位置，此时应注意看命令行的第 2 行，查看当前线宽。

② 当前线宽为 50.0000，在指定下一个点或 [圆弧(A)/半宽(H)/长度(L)/放弃(U)/宽度(W)]：提示下，输入"W"后按 Enter 键，表示要修改多段线的宽度。

③ 在指定起点宽度 <50.0000>：提示下，输入"0"后按 Enter 键，表示将多段线的起点宽度改为"0"。

④ 在指定端点宽度 <0.0000>：提示下，按 Enter 键执行尖括号内的默认值"0.0000"，表示将多段线的端点宽度也改为"0"。这样就将多段线的宽度由 50mm 改为 0mm。

注意，如果线宽本身就是"0"，则不需步骤②～④的操作。

⑤ 在指定下一个点或 [圆弧(A)/半宽(H)/长度(L)/放弃(U)/宽度(W)]：提示下，将光标垂直向下拖动，输入"1500"后按 Enter 键，如图 2.89 所示。

⑥ 在指定下一个点或 [圆弧(A)/半宽(H)/长度(L)/放弃(U)/宽度(W)]：提示下，将光标水平向右拖动，输入"3480"后按 Enter 键结束命令，结果如图 2.90 所示。

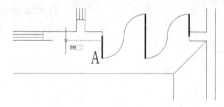

图 2.88　借助 A 点找到多段线的起点

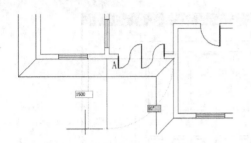

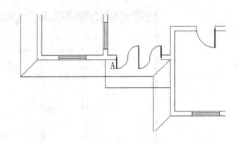

图 2.89　光标向下拖动并输入"1500"　　　　图 2.90　绘制台阶的内侧踏步线

2．偏移生成其他台阶

将上面所绘制的多段线向外偏移 3 个 "300"，结果如图 2.91 所示。

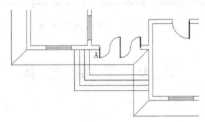

图 2.91　向外偏移形成另外 3 条踏步线

特 别 提 示

● 偏移时会发现用【多段线】命令绘制的 3 条内侧台阶线同时向外偏移，可以进一步体会到多段线的整体特点。想一想，如果用【直线】命令绘制第一步台阶线，执行【偏移】命令后结果如何？

3．修剪和台阶重合的散水线

在命令行输入 "Tr" 并按 Enter 键，启动【剪切】命令。

(1) 在**选择剪切边…，选择对象或 <全部选择>**：提示下，选择台阶 B 线作为剪切边，如图 2.92 所示。按 Enter 键进入下一步命令。

(2) 在**选择要修剪的对象，或按住 Shift 键选择要延伸的对象，或[栏选(F)/窗交(C)/投影(P)/边(E)/删除(R)/放弃(U)]**：提示下，选择与台阶重合的散水线，结果如图 2.93 所示。

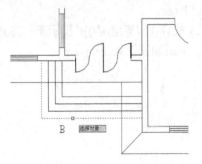

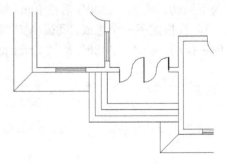

图 2.92　选择 B 线为剪切边界　　　　图 2.93　修剪与台阶重合的散水线

2.11　绘制标准层楼梯

一层楼梯平面图比较简单,本节将学习标准层楼梯平面图的绘制。

1.　绘制楼梯踏步线

(1) 将【楼梯】图层设置为当前层。

(2) 打开【正交】、【对象捕捉】和【对象追踪】功能,并选择【垂足】捕捉后,启动【直线】命令。

① 在**指定第一点**:提示下,捕捉楼梯间阴角点 A 点(如图 2.94 所示),不单击,然后将光标垂直向下慢慢拖动,输入"1600"(如图 2.95 所示)后按 Enter 键。这样就利用【对象追踪】命令将直线的起点绘制在 A 点垂直向下 1600mm 处。

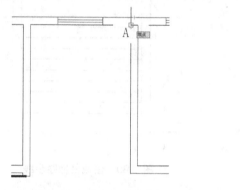

图 2.94　捕捉 A 点

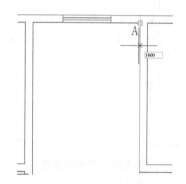

图 2.95　垂直向下拖动光标

② 在**指定下一点或 [放弃(U)]**:提示下,将光标水平向左拖动到如图 2.96 所示处,出现垂足捕捉后单击,按 Enter 键结束命令。

(3) 利用夹点编辑生成其他踏步线。

① 在无命令时单击刚才绘制的直线,在直线的左右端点和中点处将出现蓝色的冷夹点,如图 2.97 所示。

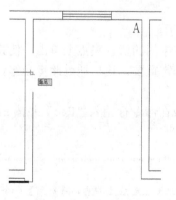

图 2.96　垂足捕捉

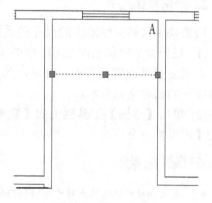

图 2.97　显示冷夹点

② 在其中一个夹点上单击，使其变成红色夹点(热夹点)，如图 2.98 所示。

查看命令行，此时命令行显示【拉伸】命令，反复按 Enter 键，将会发现【拉伸】、【移动】、【旋转】、【比例缩放】和【镜像】5 个命令滚动出现。现在，将命令滚动到【移动】状态。

③ 在**指定移动点或 [基点(B)/复制(C)/放弃(U)/退出(X)]:** 提示下，输入"C"后按 Enter 键，执行【复制】子命令。

④ 在**指定移动点或 [基点(B)/复制(C)/放弃(U)/退出(X)]:** 提示下，打开【正交】功能，将光标垂直向下拖动，分别输入"300"按 Enter 键、输入"600"按 Enter 键……依次以 300 为倍数逐步增加，最后输入"2700"按 Enter 键结束命令，结果如图 2.99 所示。

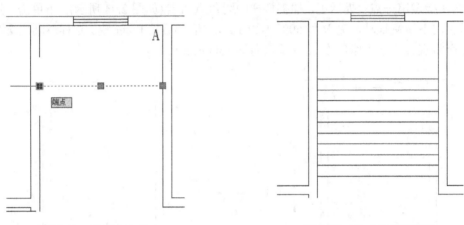

图 2.98　显示热夹点　　　　　　　　　　　图 2.99　生成其他踏步线

以上利用夹点编辑执行了【复制】命令，由 1 个踏步线复制出另外 9 个踏步线。

特 别 提 示

- 为了介绍夹点编辑命令，这里利用夹点编辑中的【复制】命令生成了其他踏步线。实际上，利用【偏移】或【阵列】命令生成其他踏步线更为快捷。

2. 绘制楼梯扶手

楼梯扶手与第一级踏步的尺寸关系如图 2.100 所示。

(1) 在无命令时单击图 2.101 中的 M 线，然后在中间的蓝色夹点上单击，使其变成红色，按 Esc 键两次取消夹点。注意，此步骤的操作非常重要，这里通过此步操作定义了下一步操作的相对坐标基本点。

(2) 单击【绘图】工具栏上的【矩形】图标□或在命令行输入"Rec"并按 Enter 键，启动【矩形】命令。

特 别 提 示

- 定义相对坐标的基点对于辅助作图非常有用，取消红夹点后应立即启动【矩形】命令，否则必须重新定义。

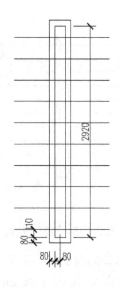

图 2.100 扶手与踏步的关系

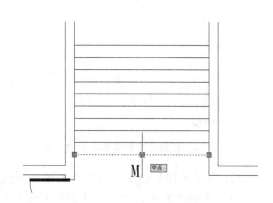

图 2.101 定义相对坐标基点

① 在**指定第一个角点或 [倒角(C)/标高(E)/圆角(F)/厚度(T)/宽度(W)]:** 提示下，输入
"@-80，-110" 后按 Enter 键，表示把矩形的左下角点绘制在刚才定义的相对坐标基本点偏
左 80、偏下 110 处，如图 2.102 所示。

② 在**指定另一个角点或 [面积(A)/尺寸(D)/旋转(R)]:** 提示下，输入矩形右上角点相对
于左下角点的坐标，即 "@160，2920"(2920=2700+2×110)后，按 Enter 键结束命令。这里
的 "160" 是梯井的宽度，结果如图 2.103 所示。

(3) 使用【偏移】命令将矩形向外偏移 80mm。

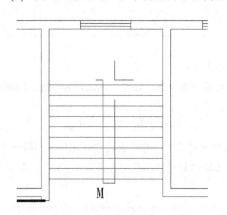

图 2.102 绘制矩形的左下角点

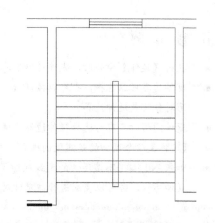

图 2.103 绘制出矩形

(4) 在命令行输入 "Tr" 并按 Enter 键，启动【剪切】命令，选择外部的矩形为剪切边
界，将图形修剪至如图 2.104 所示的状态。

3. 绘制楼梯折断线

(1) 打开【对象捕捉】功能，在右侧楼梯段上绘制出一条斜线，如图 2.105 所示。

图 2.104 修剪扶手和梯井内的踏步线

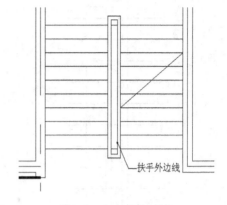

扶手外边线

图 2.105 绘制折断线

(2) 用【延伸】命令将斜线下端延伸至扶手的外侧，结果如图 2.106 所示。

单击【修改】工具栏上的【延伸】图标 ─/ 或在命令行输入"Ex"并按 Enter 键，启动【延伸】命令。

① 在**选择对象或 <全部选择>**：提示下，选择如图 2.105 所示的扶手外边线，则扶手外边线变虚。这样就选择扶手外侧边线作为延伸边界，即下面将把斜线左下端延伸至扶手外边线处。

② 按 Enter 键进入下一步命令。

③ 在**选择要延伸的对象，或按住 Shift 键选择要修剪的对象，或[栏选(F)/窗交(C)/投影(P)/边(E)/放弃(U)]**：提示下，单击斜线左下端点。

④ 按 Enter 键结束【延伸】命令。这时斜线左下端点延伸至扶手外侧边线处，如图 2.106 所示。

特 别 提 示 ....

- 执行【延伸】命令时，先选延伸边界，后选被延伸对象。
- 延伸边界可以选择，也可以按 Enter 键直接进入下一步命令。注意，不选即为全选，即所有图形对象都是延伸边界。
- 延伸图形时，有时选择延伸边界方便，有时不选延伸边界方便，应仔细体会。
- 【延伸】命令延伸的是线段的端点，在选择被延伸的对象时，应单击其靠近延伸边界的一端。
- 如果不小心将不该延伸的直线延伸了，可以在【延伸】命令执行中马上输入"U"，取消上次延伸操作，并可以重新选择被延伸对象。

....

(3) 单击【修改】工具栏上的【打断】图标 □ 或在命令行输入"Br"并按 Enter 键，启动【打断】命令。

① 在 break **选择对象**：提示下，用拾取的方法选择斜线作为打断的对象。

② 在**指定第二个打断点 或 [第一点(F)]**：提示下，输入"F"后按 Enter 键，表示要重新选择第一打断点。

可以把选择对象的点作为第一打断点，也可输入"F"，要求重新选择第一打断点。

③ 在**指定第一个打断点**：提示下，关闭【对象捕捉】功能，在如图 2.107 所示的 A 点位置单击，选择 A 点为第一个打断点。

④ 在**指定第二个打断点**：提示下，在如图 2.107 所示的 B 点单击，选择 B 点为第二个打断点，结果将斜线打断，形成一个 AB 口。

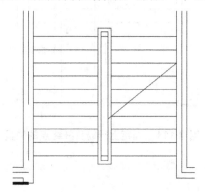

图 2.106　延伸斜线下端至扶手外边线

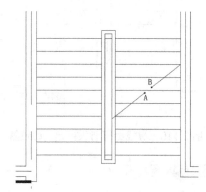

图 2.107　将斜线在 A 点和 B 点处打断

⑤ 关闭【正交】功能，启动【多段线】命令，将图绘制成如图 2.108 所示的状态。

⑥ 在命令行输入"Tr"并按 Enter 键，启动【剪切】命令，将图 2.108 修剪成如图 2.109 所示的状态。

4. 绘制楼梯上下行箭头

1) 绘制上行箭头

(1) 打开【正交】、【对象捕捉】、【对象追踪】功能。单击【绘图】工具栏上的【多段线】图标 ↵ 或在命令行输入"Pl"并按 Enter 键，启动【多段线】命令。

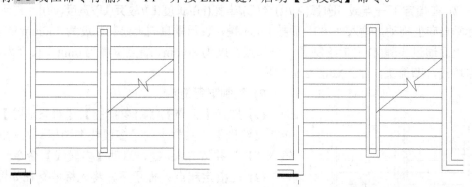

图 2.108　绘制楼梯折断线　　　　　图 2.109　修剪与折断线重合的踏步线

(2) 在**指定起点**：提示下，将光标放置在如图 2.110 所示的踏步线的中点，不单击，将光标垂直向下慢慢拖动，至上行箭头杆起点的位置时单击。这样就通过【对象追踪】命令寻找到了上行箭头杆起点的位置，并且保证将其绘制在右侧梯段的中心。

(3) 在当前线宽为 0.0000，指定下一个点或 [圆弧(A)/半宽(H)/长度(L)/放弃(U)/宽度(W)]：提示下，关闭【对象捕捉】功能，将光标垂直向上拖动至如图 2.111 所示的位置后单击，这样就绘制出了箭头的杆。

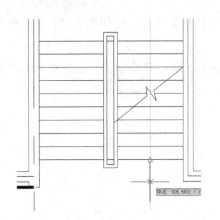

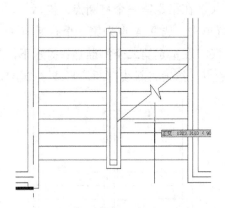

图 2.110　寻找上行箭头杆起点的位置　　　　图 2.111　确定上行箭头杆终点的位置

特　别　提　示

- 并非任何时候打开【对象捕捉】功能都有利于绘图，此时如果打开【对象捕捉】功能，则会影响箭头杆上端点位置的确定。

(4) 在**指定下一个点或 [圆弧(A)/半宽(H)/长度(L)/放弃(U)/宽度(W)]**: 提示下，输入"W"后按 Enter 键，表示要改变线的宽度。

(5) 在**指定起点宽度 <0.0000>**：提示下，输入"80"后按 Enter 键，表示将线的起点宽度改为 80mm。

(6) 在**指定端点宽度 <80.0000>**：提示下，输入"0"后按 Enter 键，表示将线的端点宽度改为 0mm。

(7) 在**指定下一点或 [圆弧(A)/闭合(C)/半宽(H)/长度(L)/放弃(U)/宽度(W)]**：提示下，将光标垂直向上拖动，输入"400"后按 Enter 键，表示垂直向上绘制长度为 400mm 的多段线。

上面通过步骤(4)～(7)绘制了一个起点宽度为 80mm、端点宽度为 0mm、长度为 400mm 的多段线，即箭头，结果如图 2.112 所示。

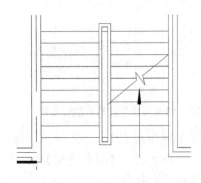

图 2.112　绘制出箭头

2) 绘制下行箭头

(1) 打开【正交】、【对象捕捉】、【对象追踪】功能。单击【绘图】工具栏上的【多段线】图标 ⏜ 或在命令行输入"Pl"并按 Enter 键，启动【多段线】命令。

(2) 在**指定起点**：提示下，将光标放置在如图 2.113 所示的上行箭头杆的端部，不单击，然后将光标向左慢慢拖动，拖出一条水平虚线。然后再将光标放置在如图 2.114 所示的左侧梯段踏步线中点，此时出现中点捕捉，同样不单击，并把光标垂直向下慢慢拖动，拖出一条垂直虚线，如图 2.115 所示。然后将光标放置在水平和垂直虚线相交处并单击，确定下行箭头杆的起点位置。

利用【对象追踪】功能寻找的下行箭头杆的起点位置，要符合两个要求：一是保证下行箭头在左侧梯段上能够居中；二是保证下行箭头起点和已绘制的上行箭头起点能够对齐。

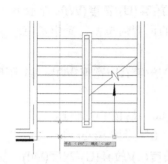

图 2.113　向左拖出水平虚线

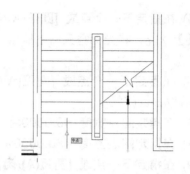

图 2.114　光标放在左侧梯段踏步线中点

(3) 在当前线宽为 0.0000，指定下一个点或 [圆弧(A)/半宽(H)/长度(L)/放弃(U)/宽度(W)]：提示下，将光标垂直向上拖动至如图 2.116 所示的位置，然后单击，绘制出下行第一段箭头杆。

(4) 在指定下一个点或 [圆弧(A)/半宽(H)/长度(L)/放弃(U)/宽度(W)]：提示下，将光标放置在如图 2.117 所示的踏步线的中点位置，不单击，然后将光标垂直向上拖动，拖出垂直虚线。把光标放置在如图 2.118 所示的水平线和垂直虚线的交点位置，然后单击，以确定下行第二段箭头杆的长度，并保证第三段箭头杆的位置能够居中于右侧梯段。

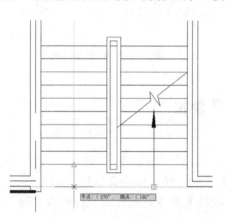

图 2.115　向下拖出垂直虚线

图 2.116　绘制出下行第一段箭头杆

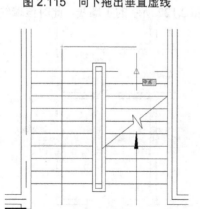

图 2.117　光标放在踏步线的中点

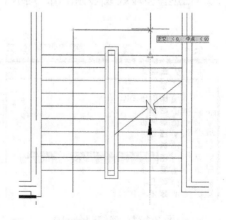

图 2.118　寻找水平线和垂直虚线的交点

(5) 在**指定下一个点或 [圆弧(A)/半宽(H)/长度(L)/放弃(U)/宽度(W)]:** 提示下,关闭【对象捕捉】功能,将光标垂直向下拖至如图 2.119 所示的位置后单击,确定第三段箭头杆的长度。

(6) 在**指定下一个点或 [圆弧(A)/半宽(H)/长度(L)/放弃(U)/宽度(W)]:** 提示下,输入"W"后按 Enter 键。

(7) 在**指定起点宽度 <0.0000>:** 提示下,输入"80"后按 Enter 键。

(8) 在**指定端点宽度 <80.0000>:** 提示下,输入"0"后按 Enter 键。

(9) 在**指定下一点或 [圆弧(A)/闭合(C)/半宽(H)/长度(L)/放弃(U)/宽度(W)]:** 提示下,将光标垂直向下拖动,输入"400"后按 Enter 键,结果如图 2.120 所示。

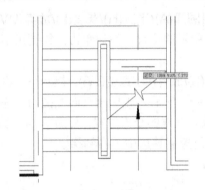

图 2.119 确定第三段箭头杆的长度

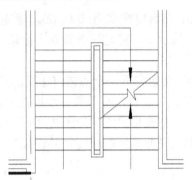

图 2.120 绘制出箭头

2.12 整理平面图

1. 连接并加粗墙线

(1) 将【楼梯】、【门窗】、【室外】和【轴线】图层冻结,如图 2.121 所示。

(2) 选择菜单栏中的【修改】|【对象】|【多段线】命令,或在命令行输入"Pe"并按 Enter 键,启动【多段线】编辑命令。

① 在**选择多段线或[多条(M)]:** 提示下,选择如图 2.122 所示的 1 墙线,此时该墙线变虚。

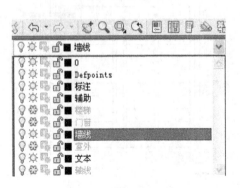

图 2.121 冻结部分图层

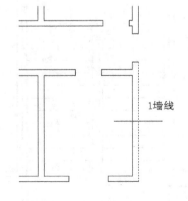

图 2.122 选择要编辑的 1 墙线

② 在**选定的对象不是多段线，是否将其转换为多段线? <Y>**：提示下，按 Enter 键执行尖括号内的默认值 "Y(Yes)"，表示要将 1 墙线转化为多段线。

③ 在**输入选项 [闭合(C)/合并(J)/宽度(W)/编辑顶点(E)/拟合(F)/样条曲线(S)/非曲线化(D)/线型生成(L)/放弃(U)]**：提示下，输入 "J" 后按 Enter 键，表示要执行【合并】子命令。

④ 在**选择对象**：提示下，按照图 2.123 所示的方法选择对象后按 Enter 键，以确定将要合并的墙线。

通过步骤①～④的操作，可以把在图 2.123 中选择的 10 条线和 1 墙线连成了一条封闭的多段线。

 **特 别 提 示**

● 通过多段线编辑命令中的【合并】子命令，只能将首尾相连的线连接在一起。

⑤ 在**输入选项，[打开(O)/合并(J)/宽度(W)/编辑顶点(E)/拟合(F)/样条曲线(S)/非曲线化(D)/线型生成(L)/放弃(U)]**：提示下，输入 "W" 后按 Enter 键，表示要改变线的宽度。

⑥ 在**指定所有线段的新宽度**：提示下，输入 "50"，表示将线的宽度由 0mm 改为 50mm。

⑦ 按 Enter 键结束命令，结果如图 2.124 所示。

图 2.123 选择要合并的墙线　　　图 2.124 将合并后的墙线加粗

通过步骤⑤～⑦，利用多段线编辑命令将步骤①～④形成的封闭多段线的宽度由 0mm 加粗至 50mm。

(3) 可以利用多段线编辑命令内的【多条】命令，将平面图中所有封闭的线段，通过一次操作实现连接和加粗。

由于在第(2)步连接并加粗了部分墙线，所以在操作前先按 Ctrl+Z 组合键或单击【标准】工具栏上的【放弃】图标，取消上次操作。

① 仍将【楼梯】、【轴线】、【门窗】、【室外】图层冻结。

特 别 提 示

● 如果图层被关闭，该图层上的图形对象就不能在屏幕上显示或由绘图仪输出，但重新生成图形时，图形对象仍将重新生成；执行全选(All)命令时，被关闭图层上的图形对象会被选中。

● 如果图层被冻结，该图层上的图形对象也不能在屏幕上显示或由绘图仪输出，在重新生成图形时，图形对象则不会重新生成；执行全选(All)命令时，被冻结图层上的图形对象也不会被选中。

② 选择菜单栏中的【修改】|【对象】|【多段线】命令，或在命令行输入"Pe"并按Enter键，启动多段线编辑命令。

③ 在**选择多段线或 [多条(M)]：**提示下，输入"M"后按 Enter 键，表示一次要编辑多条多段线。

④ 在**选择对象：**提示下，输入"All"后按 Enter 键，表示选择屏幕上所有显示的图形对象作为多段线编辑命令的编辑对象，结果屏幕上显示的所有图形变虚，如图 2.125 所示。

⑤ 在**选择对象：**提示下，按 Enter 键进入下一步命令。

⑥ 在**是否将直线和圆弧转换为多段线？[是(Y)/否(N)]？<Y>：**提示下，按 Enter 键，执行尖括号内的默认值"Y(Yes)"，表示要将所有选中的对象转化为多段线。

⑦ 在**输入选项 [闭合(C)/合并(J)/宽度(W)/编辑顶点(E)/拟合(F)/样条曲线(S)/非曲线化(D)/线型生成(L)/放弃(U)]：**提示下，输入"J"后按 Enter 键，表示要执行【合并】子命令。这样，AutoCAD 将步骤④全选的对象中所有首尾相连的对象连接在一起。

⑧ 在**输入模糊距离或 [合并类型(J)] <0.0000>：**提示下，按 Enter 键，表示执行尖括号内默认的模糊距离"0.0000"。

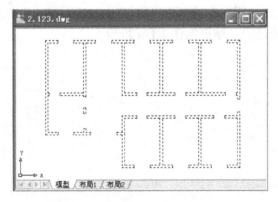

图 2.125　选择屏幕上所有显示的图形

⑨ 在**输入选项，[打开(O)/合并(J)/宽度(W)/编辑顶点(E)/拟合(F)/样条曲线(S)/非曲线化(D)/线型生成(L)/放弃(U)]：**提示下，输入"W"后按 Enter 键，表示要改变线的宽度。

⑩ 在**指定所有线段的新宽度：**提示下，输入"50"，表示将线的宽度由 0mm 改为 50mm，结果如图 2.126 所示。

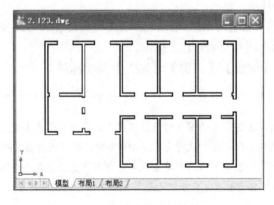

图 2.126　加粗后的墙线

2. 修改窗洞口尺寸

通常，在检查平面图的过程中，可能会发现门窗洞口尺寸和设计要求不相符合。例如，假设 5 和 6 轴线间的办公室窗洞口的宽度应为 1800mm，但画成了 1500mm，这时需用【拉伸】命令对其进行修改。

(1) 用【拉伸】命令使窗洞口左侧墙段向左缩短 150mm。

① 关闭【轴线】图层。

② 单击【修改】工具栏上的【拉伸】图标，或在命令行输入"S"并按 Enter 键，启动【拉伸】命令。

③ 在**选择对象**：提示下，用交叉选方式选择如图 2.127 所示的窗户左侧墙线和窗，按 Enter 键进入下一步命令。

④ 在**指定基点或 [位移(D)] <位移>**：提示下，在绘图区任意单击一点作为拉伸的基点。

⑤ 在**指定第二个点或 <使用第一个点作为位移>**：提示下，打开【正交】功能，将光标水平向左拖动，输入"150"，表示将窗洞口左侧墙段向左缩短 150mm，那么窗洞口的宽度则向左增大 150mm。

⑥ 按 Enter 键结束命令。

(2) 用同样的方法使窗洞口右侧墙段向右缩短 150mm，这样窗洞口的宽度则由 1500mm 变成 1800mm。但应注意，选择拉伸对象的方法应如图 2.128 所示。

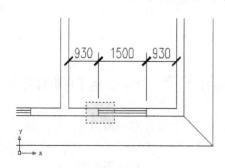

图 2.127　向左拉伸窗洞时选择对象的方法　　图 2.128　向右拉伸窗洞时选择对象的方法

特 别 提 示

● 【拉伸】命令要求必须用交叉选(从右向左)的方式选择对象，交叉选窗口的位置决定对象被拉伸的位置。

● 理解【缩放】和【拉伸】命令的区别：【缩放】命令是将图形尺寸沿 X、Y 方向等比例放大或缩小，而【拉伸】命令是将图形尺寸沿 X 或 Y 单方向延长或缩短。

项 目 小 结

本项目在学习了 AutoCAD 的基本知识和操作技巧的基础上，开始进入建筑平面图的实际操作。在绘制"图 B1 办公楼底层平面图"的过程中，介绍了相关的基本绘图命令和编辑命令。本项目所学的内容非常重要，希望通过将命令融入绘图中的讲解方法，使读者更好地理解并掌握本项目介绍的基本命令和操作技巧。

回顾一下本项目学到的基本知识和基本概念。

在开始绘图之前，首先应该掌握如何创建新图形、怎样保存绘制的图形、怎样打开一个已保存的图形、如何设置绘图参数、利用 AutoCAD 绘图与利用图纸绘图的区别等基本知识。

本项目还介绍了常用的基本绘图命令——画线、多线样式的设定、画多线、画圆弧和多段线，以及使用图层、线型比例的设置等。

在绘制办公楼底层平面图的过程中，介绍了【偏移】、【剪切】、【多段线编辑】、【复制】、【分解】、【圆角】、【倒角】、【镜像】、【打断】、【旋转】、【比例】、【拉伸】等编辑修改命令及【定义相对坐标基点】、【极轴】、【对象追踪】、【正交】、【对象捕捉】等作图辅助工具。

【多段线】命令是 AutoCAD 中的重要绘图命令，本项目学习了用【多段线】命令绘制直线、箭头和圆弧的方法以及编辑多段线的命令，还学习了用【夹点编辑】命令复制图形。

本项目学习了用 AutoCAD 绘制平面图的基本步骤，包括绘制轴线、墙体，在墙上开窗、开门，绘制散水和台阶等。读者应通过反复训练，达到理解并熟练掌握 AutoCAD 基本命令的目的。

习 题

一、单选题

1. 【选择样板】对话框中的 acad.dwg 为(　　)。
   A. 英制无样板打开　　　　B. 英制有样板打开　　　　C. 公制无样板打开

2. 默认状态下 AutoCAD 零角度的方向为(　　)。
   A. 东向　　　　　　　　　B. 西向　　　　　　　　　C. 南向

3. 默认状态下 AutoCAD 零角度测量方向为(　　)。
   A. 逆时针为正　　　　　　B. 顺时针为正　　　　　　C. 都不是

4. 【对象捕捉】辅助工具是用于捕捉(　　)。
   A. 栅格点　　　　　　　　B. 图形对象的特征点
   C. 既可捕捉栅格点又可捕捉图形对象的特征点

5. 【轴线】图层应将线型加载为(　　)。
   A. HIDDEN　　　　　　　B. CENTER　　　　　　　C. Continuous

6. AutoCAD 的默认线宽为(　　)。
   A. 0.2mm　　　　　　　　B. 0.15mm　　　　　　　C. 0.25mm

7. 【线型管理器】对话框中的【全局比例因子】与(　　)一致。
   A. 出图比例　　　　　　　B. 绘图比例　　　　　　　C. 两者均可

8. (　　)键为【正交】辅助工具的快捷键。
   A. F3　　　　　　　　　　B. F8　　　　　　　　　　C. F9

9. 在执行绘图命令和编辑图形过程中，如果操作出错，可以马上输入(　　)执行【放弃】命令，来取消上次的操作。
   A. M　　　　　　　　　　B. Z　　　　　　　　　　C. U

10. 新建图形具有距离用户比较( )的特点。

    A. 远   B. 不近也不远   C. 近

11. 在命令行输入"Z"后按 Enter 键,再输入"E"后按 Enter 键,会启动( )命令。

    A. 范围缩放   B. 实时缩放   C. 窗口缩放

12. 执行【延伸】命令,在选择被延伸的对象时,应单击( )。

    A. 靠近延伸边界的一端   B. 远离延伸边界的一端   C. 中间的位置

13. 用【多线】命令绘制轴线在墙的中心线的墙时,对正类型应为( )。

    A. 无   B. 上对正   C. 下对正

14. 用【多线】命令绘制 240mm 厚的墙,比例为( )。

    A. 120   B. 60   C. 240

15. 用【多线】命令绘制墙时,应用( )样式。

    A. STANDARD   B. WINDOW   C. DOOR

16. 夹点通常显示在图形对象的特征点处,按( )键可取消夹点。

    A. Enter   B. Shift   C. Esc

17. 用【圆角】命令进行修角必须满足两个条件:模式应为【修剪】模式;圆角半径应为( )。

    A. 10   B. 20   C. 0

18. 用【阵列】命令复制对象时,行数和列数的计算应( )被阵列对象本身。

    A. 不包括   B. 包括   C. 包括行,不包括列

19. 比例命令是将图形沿 X、Y 方向( )地放大或缩小。

    A. 等比例   B. 不等比例

    C. 既可等比例又可不等比例

20. 默认状态下圆弧为( )绘制。

    A. 逆时针方向   B. 顺时针方向   C. 参照圆心

二、简答题

1. Enter 键有哪些作用?

2. 利用 AutoCAD 绘图和利用图纸绘图有什么区别?

3. 设定当前层的方法有哪些?

4. 如何查询图形对象所位于的图层?

5. 如果绘制出的轴线显示的不是中心线时,应做哪些检查?

6. 执行【偏移】命令的具体步骤是什么?

7. 默认状态下多线的当前设置是什么?

8. 简述相对直角坐标的输入方法。

9. 简述相对极坐标的输入方法。

10. 为减少修改,用【多线】命令绘制墙体的步骤是什么?

11. 冻结图层和关闭图层有什么区别?

12. 如果当前层是一个被关闭或冻结的图层,在绘图时会出现什么问题?

13. 如果某图层是一个被锁定的图层, 在编辑或修改该层上的图形时会出现什么情况?

14. 简述【打断】和【打断于点】这两个命令的区别。

15. 利用多段线绘制一个矩形, 在首尾闭合处执行"C"命令和用捕捉的方法闭合有什么区别?

16. 如何改变多段线的线宽?

17. 简述【比例】和【拉伸】命令的区别, 以及执行【比例】命令时比例因子的计算方法。

18. 简述【复制】、【拉伸】等编辑命令中基点的作用。

19. 用【多段线】和【直线】命令分别绘制一个矩形, 然后执行【偏移】命令, 所得的结果是否相同?

20. 简述定义相对坐标基点的方法。

三、自学内容

1. 用【椭圆】命令绘制长轴为 1000mm、短轴为 600mm 的椭圆。

2. 用【正多边形】命令绘制一个中心点到任意角点距离为 750mm 的正六边形。

四、绘图题

1. 利用所学的命令绘制图 2.129 所示的图形。

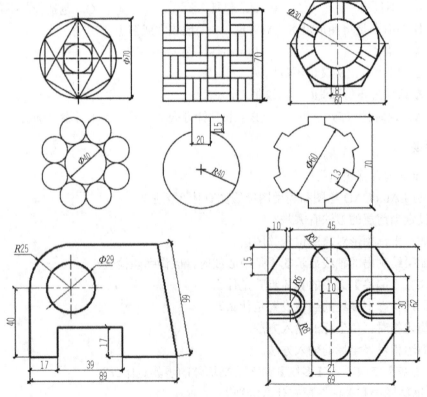

图 2.129 题 1 图

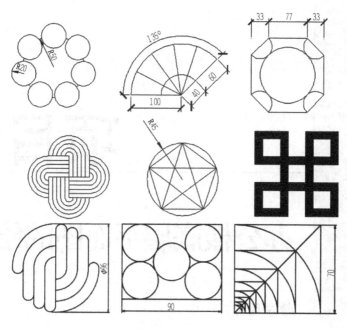

图 2.129 题 1 图(续)

2. 按照图中所给尺寸绘制平面图 2.130。

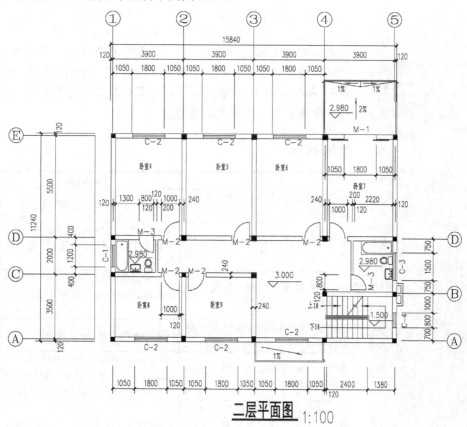

二层平面图 1:100

图 2.130 题 2 图

项目 3

办公楼底层平面图的绘制(二)

教学目标

　　本项目主要介绍用 AutoCAD 绘图时最难理解的符号类对象的尺寸确定问题。要求必须掌握常用符号在不同比例图形内的形状、尺寸及线宽的确定方法，文字和尺寸标注格式的设定方法、写文字和标注尺寸的方法及编辑文字和尺寸标注的方法；同时还应掌握图块的制作和使用方法，理解在制作图形类图块和符号类图块时尺寸确定方法的区别；了解在 AutoCAD 中制作表格的方法；了解在 AutoCAD 设计中心和不同的图形窗口中交换图形对象的方法；掌握长度、面积的测量方法。

教学目标

能力目标	知识要点	权重
能在各种比例的图形中确定符号类对象的尺寸	符号类对象的尺寸计算方法	15%
能在各种比例的图形中标注文字并修改已写的字体	文字格式、文字高度的确定方法，单行文字、多行文字及 ED 等文字编辑方法	25%
能在各种比例的图形中标注尺寸并修改已标注出的尺寸	尺寸标注的格式、尺寸标注工具栏上的标注命令及各种尺寸标注的编辑方法	25%
能测量房间的面积和线的长度，会在各种比例的图形中绘制表格	Distance 命令和 Area 命令	5%
能制作门窗等图形类图块及标高等符号类图块	写块(Make Block)和创建块(Write Block)命令，插入图块，图块的属性，编辑已制作和已插入的图块	25%
能在两个以上图形之间相互交换图形、图块、图层及文字、标注和表格等的样式	AutoCAD 设计中心和多文档的设计	5%

3.1　图纸内符号的理解

1. 平面图的内容

为便于理解和学习,把平面图中的内容分成两类。

(1) 图形类对象:轴线、墙、门窗、楼梯、散水和台阶等。

(2) 符号类对象:文字、标注、图框、标高符号、定位轴线编号、立面投影符号、详图索引符号、详图符号和指北针等。

2. 建筑平面图内符号类对象的绘制方法

项目 2 主要学习了办公楼底层平面图的绘制,下面将继续学习符号类对象的绘制。通过项目 2 的学习可以深切地体会到,在 AutoCAD 中各种图形对象是按 1:1 的比例绘制的,但符号类对象的绘制和图形类对象截然不同。所有符号类对象出图(打印在图纸上)后的尺寸是一定的,但在 AutoCAD 模型空间内的尺寸(出图前的尺寸)是不定的,其随着出图比例变化而变化。以标高符号为例,无论出图比例为 1:100 还是 1:50,或其他比例,打印在图纸上(出图后)的标高符号都是一样大小,其尺寸要求如图 3.1 所示。如果出图比例为 1:100,在 AutoCAD 中绘图时需将标高符号的尺寸放大 100 倍,则标高符号的尺寸应变成如图 3.2 所示的大小,这样打印出图时按 1:100 的比例将图形缩小到原来的 1/100 后,尺寸正好和图 3.1 相同。依此类推,如果出图比例为 1:50,在 AutoCAD 内绘图时需要将标高符号的尺寸放大 50 倍,打印时再缩小到原来的 1/50 后,尺寸正好和图 3.1 相同。也就是说,所有符号类对象在 AutoCAD 里绘制的尺寸,都是将制图规范内所规定的尺寸乘以比例所得。常用符号的形状和尺寸见表 3-1。

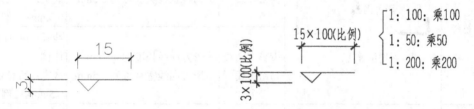

图 3.1　标高符号的尺寸　　　　图 3.2　各种比例图中标高尺寸的放大方法

表 3-1　常用符号的形状和尺寸

名称	形状	粗细	出图后的尺寸	出图前的尺寸
定位轴线编号圆圈		细实线	圆的直径为 8mm	8mm×比例
			详图上圆的直径为 10mm	10mm×比例
标高		细实线	A 为 3mm	A=3mm×比例
			B 为 15mm	B=15mm×比例

名称	形状	粗细	出图后的尺寸	出图前的尺寸
详图索引符号	⑤—详图编号 —详图在本张图上 ⑤—详图编号 6—详图所在图纸号	均为细实线	圆的直径为10mm	10mm×比例
局部剖切索引符号	—剖切位置 ⑤—详图的编号 —详图在本张图上 —剖视方向	圆和剖视方向为细实线	圆的直径为10mm	10mm×比例
	—剖切位置 ⑤—详图的编号 6—详图所在图纸号 —剖视方向	剖切位置为粗实线	剖切位置线长度为6~10mm 剖切位置线宽度可为0.5mm	线长：(6~10)mm×比例 线宽：可设定为0.5mm×比例
详图符号	②	圆为粗实线	圆的直径为14mm	14mm×比例
	②—详图编号 5—被索引图纸的图纸号		线宽度可为0.5mm	线宽：0.5mm×比例
剖切符号	1 投影方向线 1 剖切位置线	剖切位置线为粗实线	剖切位置线长度为6~10mm 剖切位置线宽度可为0.5mm	线长：(6~10)mm×比例 线宽：可设定为0.5mm×比例
		投影方向线为粗实线	投影方向线长度为4~6mm 投影方向线宽度为0.5mm	线长：(4~6)mm×比例 线宽：可设定为0.5mm×比例
三断面的剖切符号	1 1 剖切位置线	剖切位置线为粗实线	剖切位置线长度为6~10mm 剖切位置线宽度为0.5mm	线长：(6~10)mm×比例 线宽：可设定为0.5mm×比例
单个立面投影符号	A	圆为细实线	等边三角形底边长8 mm 等边三角形高4 mm 圆的直径5 mm	底边长：8mm×比例 高：4mm×比例 直径：5mm×比例
多个立面投影符号	A B C D		正方形的边长12mm 圆与正方形的四边相切	边长：12mm×比例

名称	形状	粗细	出图后的尺寸	出图前的尺寸
对称符号		对称线为细中心线	A 为 6~10mm	(6~10)mm×比例
			B 为 2~3mm	(2~3)mm×比例
		平行线为细实线	C 为 2~3mm	(2~3)mm×比例
折断符号		细实线		

3.2 图纸内文字的标注方法

下面分 4 步介绍图纸内文字的标注方法:图纸内文字高度的设定、文字的格式、标注文字、文字的编辑。

3.2.1 图纸内文字高度的设定

参照天正建筑软件,将图纸内的文字高度分成表 3-2 所示的几种情况,供读者参考。

表 3-2 文字高度的大小

序号	类型		出图后的字高	出图前的字高
1	一般字体		3.5mm	3.5mm×比例
2	定位轴线编号		5mm	5mm×比例
3	图名		7mm	7mm×比例
4	图名旁边的比例		5mm	5mm×比例
5	单个立面投影符号的投影编号 多个立面投影符号的投影编号		3mm	3mm×比例
6	详图符号 1		10mm	10mm×比例
7	详图符号 2		5mm	5mm×比例
8	详图索引符号		3.5mm	3.5mm×比例

3.2.2 文字的格式

这里需要建立 3 种文字样式,每种文字样式的设定和用途见表 3-3。

表3-3　文字的格式

样式名	字体	宽高比	在【文字样式】对话框内的高度	使用大字体及大字体的选择	用途
Standard	simplex.shx	0.7	0	gbcbig.shx	用于写阿拉伯数字和汉字
轴标	complex.shx	1	0	gbcbig.shx	用于标注定位轴线的编号、详图的编号、立面投影符号的投影编号及汉字
中文	T仿宋_GB 2312	0.7	0		用于写汉字

按照表 3-3 设定的 3 种字体都是既能写英文又能写数字和汉字的。表 3-3 所示的用途是以图面美观为原则，参照天正绘图软件设置的。

特 别 提 示

● AutoCAD 可以调用两种字体文件，一种是 AutoCAD 自带的字体文件(位于"安装目录：/AutoCAD2010/Fonts")，扩展名均为".shx"。一般情况下，优先使用这些字体，因为其占用磁盘空间较小。另一种是 Windows 字库(位于"C：\WINDOWS\FOUNTS")，只要不勾选【使用大字体】复选框，就可以调用这些字体，但这类字体占用磁盘空间较大。

● 注意：大字体 gbcbig.shx 为汉字字体。

1. 修改 Standard 字体样式

(1) 选择菜单栏中的【格式】|【文字样式】命令，打开【文字样式】对话框。默认状态下，【文字样式】对话框中有"Annotative"和"Standard"两种文字样式，如图 3.3 所示，且默认状态下 Annotative 和 Standard 文字样式的字体为"txt.shx"。

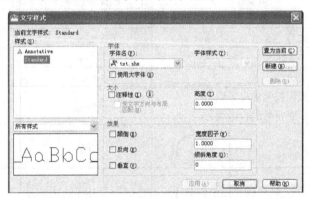

图 3.3　默认状态下的文字样式

特 别 提 示

● Annotative 是注释性文字。从 AutoCAD 2008 版本开始增加了注释比例功能，它涉及线型比例、文字样式、标注格式、图案填充、表格样式的设置。项目 4 中将介绍注释比例功能的使用。

下面对 Standard 文字样式的设定进行修改。

(2) 将 Standard 文字样式的字体修改为 simplex.shx。

① 确认中文输入法已经关闭后,选中 Standard 字体,在【字体名】下拉列表中选择"simplex.shx"选项,如图 3.4 所示。

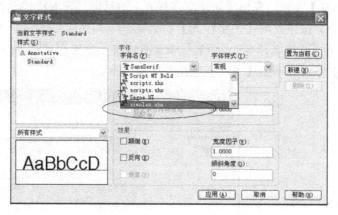

图 3.4 选择"simplex.shx"字体

② 勾选【使用大字体】复选框,然后在【大字体】下拉列表中选择"gbcbig.shx"选项,如图 3.5 所示。

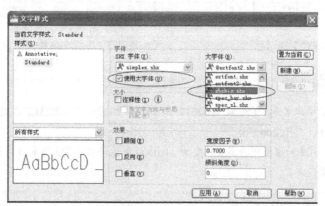

图 3.5 选择"gbcbig.shx"大写字体

③ 将宽度因子值改为"0.7",高度仍然为"0",其他设定不变,单击【应用】按钮后关闭对话框。

特 别 提 示

- 对【文字样式】对话框中的设定进行修改后,一定要单击【应用】按钮,使其成为有效设定后再单击【关闭】按钮关闭对话框,否则会前功尽弃。
- 设定了大字体 gbcbig.shx 的 Standard 字体样式,用 simplex.shx 写阿拉伯数字和英文,用 gbcbig.shx 写汉字。
- 设定了大字体 gbcbig.shx 的【轴标】字体样式,用 complex.shx 写阿拉伯数字和英文,用 gbcbig.shx 写汉字。
- 字体的宽度因子是指字体的宽高比,字体的宽度为 2、高度为 3 时,宽度因子为 0.67,约为 0.7。

2. 建立中文文字样式

(1) 选择菜单栏中的【格式】|【文字样式】命令，打开【文字样式】对话框。

(2) 单击【新建】按钮，弹出【新建文字样式】对话框，输入样式名"中文"，如图 3.6 所示，单击【确定】按钮返回【文字样式】对话框。

(3) 如图 3.7 所示，将字体名改为"T 仿宋_GB2312"，宽度因子改为"0.7"，高度为"0"，然后单击【应用】按钮，单击【关闭】按钮关闭对话框。

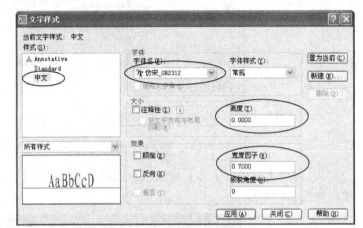

图 3.6 【新建文字样式】对话框　　　　图 3.7 中文字体样式的设定

 特 别 提 示 ....

● 中文样式的字体名是"T 仿宋_GB2312"，而不是"T@仿宋_GB2312"，前者用于横排字体，后者是倒体字，用于竖排字体。

● 在【文字样式】对话框中将高度设定为"0.0000"，这样在进行文字标注时，字体高度是可变的，可根据需要设定。

....

以上学习了建立 Standard 文字样式和中文文字样式，试按照表 3-3 的要求建立轴标文字样式。

3.2.3 标注文字

标注文字有单行文字和多行文字两种方法。

1. 标注单行文字

(1) 将【文本】层设置为当前层。

(2) 将当前字体样式设为中文样式。设定当前字体样式的常用方法有以下 3 种。

① 在【文字样式】对话框中设置：在【文字样式】对话框的左上角显示有当前文字样式，如图 3.8 所示的当前文字样式为【中文】。在【文字样式】对话框中选中将要设置为当前的文字样式，然后单击【置为当前】按钮，被选中的文字样式就被设置为当前文字样式。

② 在【样式】工具栏内设定当前字体样式，如图 3.9 所示。

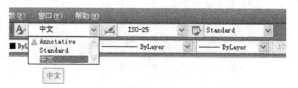

图3.8【文字样式】对话框中显示当前字体样式　　图3.9　在【样式】工具栏内设置当前字体样式

③ 如果用【多行文字】命令标注字体，在【多行文字编辑器】内也可以置换当前文字样式。

(3) 选择菜单栏中的【绘图】|【文字】|【单行文字】命令，或在命令行输入"Dt"并按 Enter 键，启动【单行文字】命令。

① 在**指定文字的起点或 [对正(J)/样式(S)]:** 提示下，在办公楼底层平面图的"门厅"内单击一点，作为文字标注的起点位置。

② 在**指定高度 <2.5000>**: 提示下，输入"300"，表示标注的字体高度为300mm。

(特)(别)(提)(示) ....

- 如果在【文字样式】对话框中设定了文字的高度，则在执行【单行文字】命令时，不会出现"指定文字的起点或 [对正(J)/样式(S)]:"的提示，AutoCAD 按照【文字样式】对话框中设定的文字高度来标注文字。

....

③ 在**指定文字的旋转角度 <0>**: 提示下，按 Enter 键，执行尖括号内的默认值"0"，表示文字不旋转。

(特)(别)(提)(示) ....

- 文字的旋转角度和【文字样式】对话框中的文字倾斜角度不同：文字的旋转角度是指一行文字相对于水平方向的角度，文字本身没有倾斜，而文字的倾斜角度是指文字本身倾斜的角度。

....

④ 打开中文输入法，输入"办公楼大厅"，按 Enter 键确认。

⑤ 再次按 Enter 键结束命令。

2. 标注多行文字

(1) 将【文本】图层设置为当前层。

(2) 单击【绘图】工具栏上的【多行文字】图标 **A** 或在命令行输入"T"后按 Enter 键。

① 在**指定第一角点**: 提示下，在办公楼底层平面图的"值班室"内单击一点，作为文字框的左上角点。

② 在**指定对角点或 [高度(H)/对正(J)/行距(L)/旋转(R)/样式(S)/宽度(W)]**: 提示下，光标向右下角拖出矩形框(如图 3.10 所示)后单击，弹出【文字格式】对话框和【文字输入】窗口。

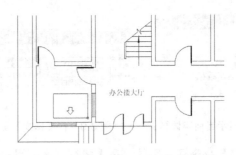

图 3.10　拖出多行文字的矩形框

特　别　提　示

● 矩形框的大小将影响输入文字的排列情况。

③ 在【文字格式】对话框中将当前字体设为"中文"，高度为"300"，然后在文字输入框内输入"值班室"，如图 3.11 所示，单击【确定】按钮关闭对话框。

图 3.11　用【多行文字】命令输入"值班室"

3. 多行文字的意义

(1) 多行文字是指在指定的范围内(该范围即执行【多行文字】命令时拖出的矩形框)进行文字标注，当文字的长度超过此范围时，AutoCAD 会自动换行。

(2) 标注多行文字比标注单行文字要灵活，在多行文字的【文字格式】对话框和文字输入框内可以设定当前文字样式、修改字体、修改字高等。

(3) 用【多行文字】命令所标注的文字为整体。多行文字经【分解】命令分解后，则变成单行文字。

4. 特殊字符的输入

1) 常用特殊字符的输入方法
常用特殊字符的输入方法见表 3-4。

表 3-4　常用特殊字符的输入方法

表示	输入
度(°)	%%d
正/负	%%p
直径	%%c

2) 用【多行文字】命令输入特殊字符

单击【绘图】工具栏上的【多行文字】图标 **A** 或在命令行输入"T"后按 Enter 键。

① 在**指定第一角点**:提示下,在办公楼平面图内单击一点,将其作为文字框的左上角点。

② 在**指定对角点或 [高度(H)/对正(J)/行距(L)/旋转(R)/样式(S)/宽度(W)]**:提示下,光标向右下角拖出矩形框后单击。

③ 在【文字格式】对话框中将当前文字样式设为 Standard,高度设为"300"。

④ 单击【符号】按钮,打开【符号】菜单,如图 3.12 所示,选择【正/负(P) %%p】,接着输入"0.000"。

⑤ 单击【确定】按钮关闭对话框,这样就输入了"±0.000"。

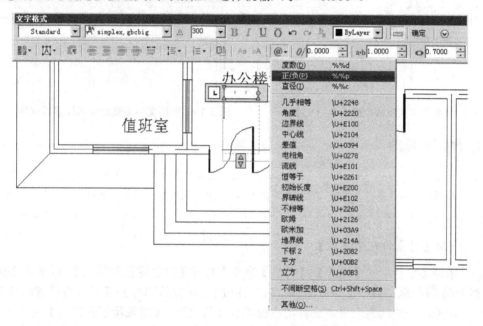

图 3.12　利用【符号】菜单输入特殊字符

5. 大量文字的输入

利用【单行文字】或【多行文字】命令,在 AutoCAD 内输入设计说明等大量文字内容会比较麻烦。可以在 Word 程序中将设计说明写好,复制到多行文字的输入框内,再根据需要进行修改。

3.2.4　文字的编辑

可以用 4 种方法修改文字:第一种是利用文字编辑命令;第二种是利用【对象特征管理器】;第三种是利用格式刷;第四种是利用快捷特性。

1. 利用文字编辑命令

(1) 选择菜单栏中的【修改】|【对象】|【文字】|【编辑】命令,或在命令行输入"Ed"并按 Enter 键,或双击被修改的文字,启动文字编辑命令。

① 在**选择注释对象或 [放弃(U)]**:提示下,选择要修改的文字,这里选择前面用【单

行文字】命令标注的"办公楼大厅",则"办公楼大厅"被激活,如图 3.13 所示,将其修改为"大厅",按 Enter 键确认即可。

② 再次按 Enter 键结束命令。

(2) 如果利用文字编辑命令编辑用【多行文字】命令标注的"值班室",则打开多行文字编辑器,在编辑器内可以对文字的内容、高度等进行修改,如图 3.14 所示。

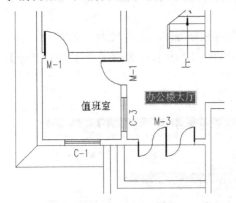

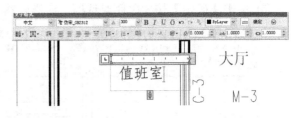

图 3.13　利用文字编辑命令编辑单行文字　　　图 3.14　利用文字编辑命令编辑多行文字

⬤ (特)(别)(提)(示) ···

● 对比图 3.13 和图 3.14 可知:利用文字编辑命令编辑单行文字,只能修改文字的内容,而用文字编辑命令编辑多行文字时,可对文字的内容、高度、文字样式、是否加粗等多项内容进行修改。

···

2. 利用【对象特征管理器】

(1) 选择菜单栏中的【修改】|【特性】命令,打开【对象特征管理器】,或单击【标注】工具栏上的 图标,或在命令行输入"Pr"并按 Enter 键后则打开【对象特征管理器】。

(2) 在无命令的状态下单击选择"办公楼大厅",此时【对象特征管理器】内左上方下拉列表内出现【文字】选项,并且在【对象特征管理器】中列出"办公楼大厅"字体的属性描述,如图 3.15 所示,包括文字样式、文字高度、文字内容等,在这里可对其所有属性进行修改。

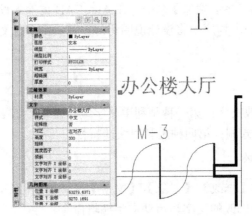

图 3.15　利用【对象特征管理器】修改文字

3. 利用格式刷

首先,在【文字样式】对话框中将当前字体设为 Standard 样式(字体名为 simplex),然后用【单行文字】命令在几间办公室内注写"办公室",则会出现如图 3.16 所示的大字体 gbcbig.shx 样式的中文字,用格式刷将其修改为"值班室"所用的仿宋体样式。

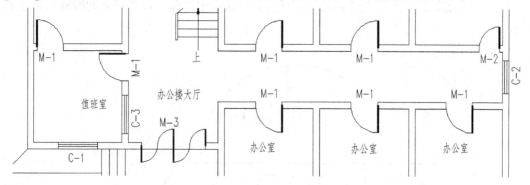

图 3.16　大字体 gbcbig.shx 样式的中文字

① 选择菜单栏中的【修改】|【特性匹配】命令,或单击【标注】工具栏上的【特性匹配】图标 ,或在命令行输入"Ma"并按 Enter 键,启动【特性匹配】命令。

② 在**选择源对象:**提示下,单击选择"值班室",此时光标变成大刷子形状。

③ 在**选择目标对象或 [设置(S)]:**提示下,选择"办公室",则"办公室"变成了仿宋体,如图 3.17 所示,按 Enter 键结束命令。

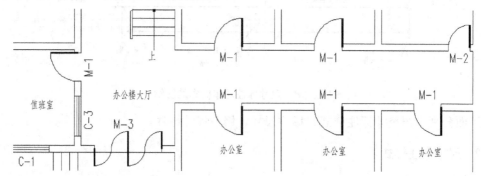

图 3.17　改变"办公室"的文字样式

4. 利用快捷特性

选中状态栏上的【快捷特性】按钮 ,在无命令情况下,单击"办公室",即可弹出快捷特性对话框,可以修改文字的内容、图层、样式、高度等。

（特）（别）（提）（示）······································

- 单行和多行文字均可作为【修剪】命令的剪切边界。
- 复制已有文字然后再进行修改,比重新书写文字更方便、快捷。

3.3 图纸尺寸的标注

3.3.1 尺寸标注基本概念的图解

尺寸标注的组成、类型及【新建标注样式】对话框中部分参数等概念的解释如图 3.18 所示。

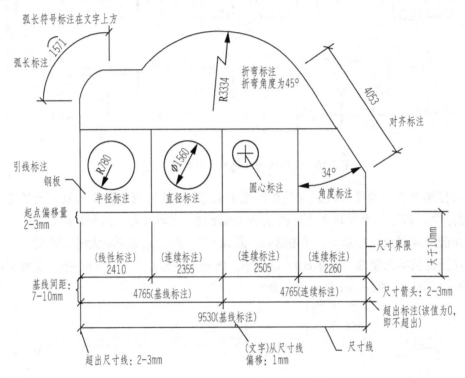

图 3.18 尺寸标注基本概念的图解

下面分别介绍尺寸标注样式、标注尺寸、修改尺寸标注。

3.3.2 尺寸标注样式

在 AutoCAD 内标注尺寸同样应遵循建筑制图标准。根据建筑制图标准的要求,这里建立 4 种标注样式,每种标注样式的作用见表 3-5。

表 3-5 尺寸标注样式

标注样式	作 用	备 注
标注	用于标注线性尺寸	
半径	用于标注圆弧或圆的半径	与标注是父与子关系
直径	用于标注圆弧或圆的直径	与标注是父与子关系
角度	用于标注角度大小	与标注是父与子关系

1. 建立标注样式

(1) 选择菜单栏中的【格式】|【标注样式】命令,或菜单栏中的【标注】|【标注样式】命令,打开【标注样式管理器】对话框。在 AutoCAD 默认状态下,有注释性的【Annotative】和【ISO-25】两种样式,选中【ISO-25】,如图 3.19 所示。

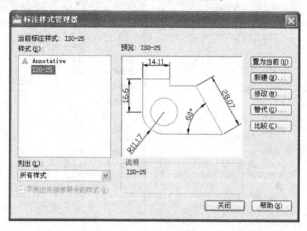

图 3.19 【标注样式管理器】对话框

(2) 单击【标注样式管理器】对话框右侧的【新建】按钮,打开【创建新标注样式】对话框,在【新样式名】文本框中输入"标注",如图 3.20 所示,设置【基础样式】为 ISO-25,也就是说"标注"是在 ISO-25 样式的基础上修改而成的。

(3) 单击【继续】按钮,进入【新建标注样式:标注】对话框,该对话框中包含 7 个选项卡,下面分别来设定。

① 【线】选项卡的设定如图 3.21 所示。

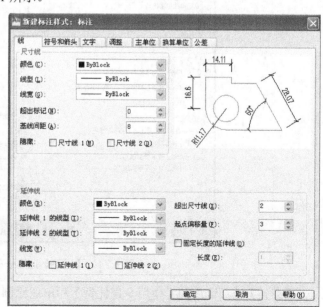

图 3.20 【创建新标注样式】对话框   图 3.21 【线】选项卡的设定

②【符号和箭头】选项卡的设定如图 3.22 所示。

③【文字】选项卡的设定如图 3.23 所示。在设定【文字】选项卡中的参数之前，可以单击【文字样式】下拉列表框右侧的 ⋯ 按钮，查看文字样式是否符合要求。前面介绍文字样式时，已经设定 Standard 文字样式为 simplex 字体。

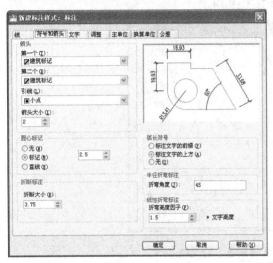

图 3.22 【符号和箭头】选项卡的设定

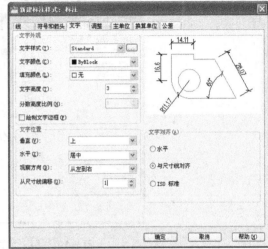

图 3.23 【文字】选项卡的设定

④【调整】选项卡的设定如图 3.24 所示。

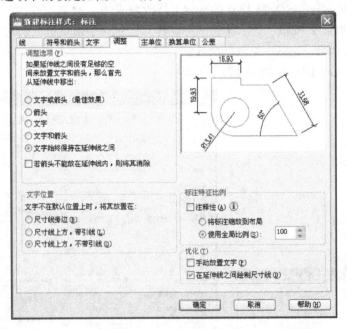

图 3.24 【调整】选项卡的设定

【调整】选项卡内的【使用全局比例】和出图比例应一致。出图比例为 1∶100 时，【使用全局比例】设定为 100；出图比例为 1∶200 时，【使用全局比例】设定为 200；出图比例为 1∶50 时，【使用全局比例】设定为 50。

如果把【使用全局比例】设定为 100,则前面所有已设定的尺寸将被放大 100 倍,如【箭头大小】(如图 3.22 所示)尺寸变为 2mm×100=200mm,【超出尺寸线】(如图 3.21 所示)尺寸变为 2mm×100=200mm。在打印时,又将图整体缩小到原来的 1/100,所以出图后【箭头大小】尺寸为 200mm÷100=2mm,【超出尺寸线】尺寸为 200mm÷100=2mm,符合建筑制图标准的要求。

⑤【主单位】选项卡的设定如图 3.25 所示。

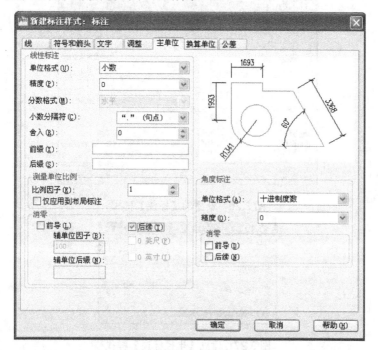

图 3.25 【主单位】选项卡的设定

特别提示

- 【主单位】选项卡内的测量比例因子为 1 时,为如实标注,如线长为 1000mm,标注出的尺寸也为 1000mm。测量比例因子大于 1 或小于 1 时,则不再为如实标注。如果测量比例因子为 0.5,线长为 1000mm,标注出的尺寸为 500mm;如果测量比例因子为 1.6,线长为 1000mm,标注出的尺寸为 1600mm。

⑥【换算单位】和【公差】选项卡的设定。

在【换算单位】选项卡内,如果勾选【显示换算单位】复选框,表明采用公制和英制双套单位来标注;如果不勾选【显示换算单位】复选框,则表明只采用公制单位来标注。这里不需要勾选。

建筑装饰施工图内无公差概念,因此该选项卡内参数不需设定。

⑦ 单击【确定】按钮,返回【标注样式管理器】对话框。

此时在【标注样式管理器】对话框中可以看到 3 个标注样式:默认的【Annotative】和【ISO-25】样式;另一个是在 ISO-25 基础上新建的【标注】样式,结果如图 3.26 所示。

2. 建立半径、直径及角度标注样式

(1) 建立【半径标注】样式。

选中【标注】样式后（如图 3.26 所示），单击【新建】按钮，打开【创建新标注样式】对话框，其中的设定如图 3.27 所示后，单击【继续】按钮，进入【新建标注样式：标注：半径】参数设置对话框。

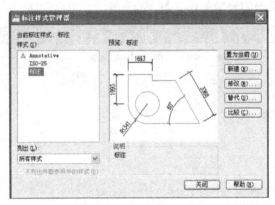

图 3.26　新建的【标注】样式

图 3.27　建立【半径标注】样式

① 将【符号和箭头】选项卡内的箭头设定为"实心闭合"，如图 3.28 所示。

② 【调整】选项卡内的参数设定如图 3.29 所示。

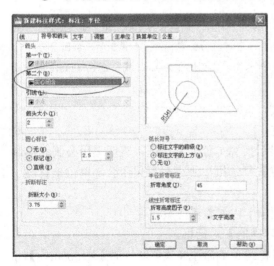

图 3.28　将箭头改为【实心闭合】　　　图 3.29　【调整】选项卡的设定

(2) 用同样的方法建立【直径】和【角度】标注样式，结果如图 3.30 所示。

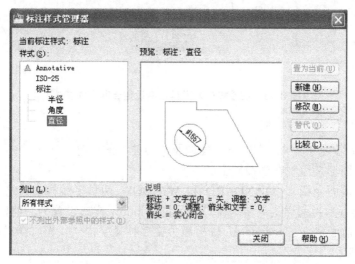

图 3.30 【标注样式管理器】对话框内的标注样式

注意图 3.30 中的半径、直径、角度与标注的显示关系，这种关系称为父与子的关系。半径、直径、角度犹如标注的 3 个儿子，其分工明确，遇到线性尺寸，"父亲"标注；遇到半径、直径或角度时，3 个"儿子"分别去标注。

3. 设定当前标注样式

用哪个样式标注，就应将哪个样式设置为当前标注样式。设置当前标注样式的方法有以下 3 种。

(1) 在【标注样式管理器】对话框的左上角显示有当前标注样式，如图 3.31 所示，当前标注样式为【标注】。在【标注样式管理器】对话框中选中将要设置为当前的标注样式，然后单击【置为当前】按钮，被选中的标注样式就被设置为当前标注样式。

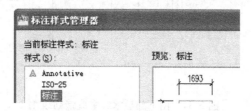

图 3.31 【标注样式管理器】中显示的当前标注样式

(2) 在【标注】工具栏中打开【标注样式】下拉列表，选中将要置为当前的标注样式，如图 3.32 所示。

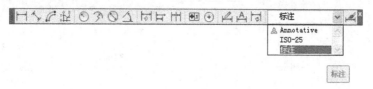

图 3.32 在【标注】工具栏中设置当前标注样式

(3) 在【样式】工具栏中设定当前标注样式，如图 3.33 所示。

图 3.33　在【样式】工具栏中设定当前标注样式

4. 对"当前"概念的总结

在前面所介绍的内容中，有以下 5 处涉及"当前"的概念。

(1) 图层：图形是绘制在当前层上的。

(2) 多线：前面介绍了 STANDARD 和 WINDOW 两种多线样式。绘制墙线时，须将 Standard 样式设置为当前样式；绘制窗户时须将 Window 样式设置为当前样式。

(3) 文字：前面建立了 Standard、轴标和中文 3 种文字样式，当前样式是哪一种，输入时就使用哪种字体。

(4) 标注：除了 AutoCAD 自带的 Annotative、ISO-25 样式，前面还建立了标注(本身带有 3 个父子关系)样式。用哪种标注样式去标注，就应将哪种标注样式置为当前。

(5) 表格：后面将具体介绍设定表格样式以及设置当前表格样式的方法。

3.3.3　参照图 B1 标注外墙 3 道尺寸

1. 准备工作

(1) 生成辅助线：用夹点编辑中的【拉伸】命令将散水线拉长生成辅助线。

① 在命令行无命令的状态下选中下部的散水线，会出现 3 个蓝色的夹点。单击左侧的夹点，该夹点变红，打开【正交】功能，将光标水平向左拖动至如图 3.34 所示的位置。

② 用同样的方法将左侧散水线向下拉长，如图 3.35 所示。

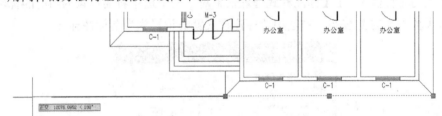

图 3.34　由下部散水线生成辅助线 1

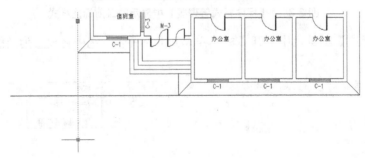

图 3.35　由左侧散水线生成辅助线 2

(2) 打开【轴线】图层，将【门窗】图层关闭，将【标注】图层设置为当前图层，结果如图 3.36 所示。

(3) 用【窗口放大】命令将视图调整至如图 3.37 所示状态。并将【标注】样式置为当前标注样式。

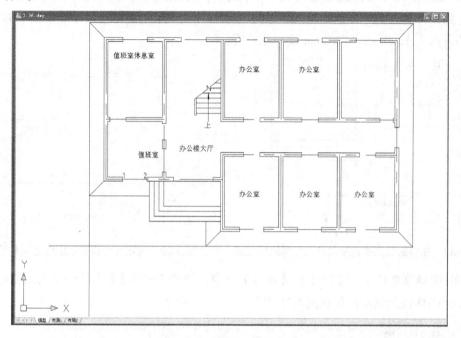

图 3.36　关闭【门窗】图层

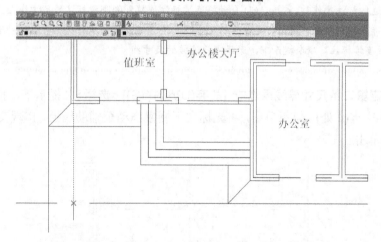

图 3.37　在辅助线上确定第一条尺寸界线的起点

2. 标注第一道尺寸墙段的长度和洞口宽度

(1) 选择菜单栏中的【标注】|【线性】命令，启动【线性】标注命令。

① 在指定第一条尺寸界线原点或 <选择对象>：提示下，捕捉 B 轴线和 1 轴线的交点，但不单击，将光标垂直向下慢慢拖动至拉长的散水线上，出现交点捕捉后(如图 3.37 所示)单击，将该点作为线性标注的第一条尺寸界线的起点。

② 在指定第二条尺寸界线原点：提示下，如图 3.38 所示，捕捉 B 轴线和窗洞口左侧的交点(即 1 处)，但不单击，将光标向下慢慢拖动至拉长的散水线上，出现交点捕捉后单击，将该点作为线性标注的第二条尺寸界线的起点。

③ 在指定尺寸线位置或[多行文字(M)/文字(T)/角度(A)/水平(H)/垂直(V)/旋转(R)]：提示下，将光标垂直向下拖动，输入"1200"(如图 3.39 所示)，指定尺寸线和拉长的散水线之间的距离为 1200mm，按 Enter 键结束命令。

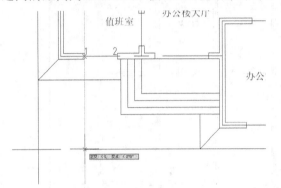 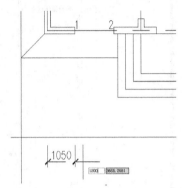

图 3.38　在辅助线上确定第二条尺寸界线的起点　　图 3.39　指定尺寸线和散水线之间的距离

(2) 选择菜单栏中的【标注】|【连续】命令，启动【连续】标注命令，AutoCAD 自动将连续标注连接到刚刚所标注的尺寸线上。

特 别 提 示

● 执行连续标注操作时，AutoCAD 自动将连续标注连接到刚刚所标注的尺寸线上。如果 AutoCAD 自动连接的尺寸线不是所需要连接的尺寸线，按 Enter 键，执行尖括号内的"选择"命令，在"选择连续标注"命令提示下，选择需要连接的尺寸线。

① 在指定第二条尺寸界线原点或 [放弃(U)/选择(S)] <选择>：提示下，捕捉 B 轴线和窗洞口右侧的交点(2 处)，但不单击，将光标向下慢慢拖动至辅助线上，出现交点捕捉后(如图 3.40 所示)单击。

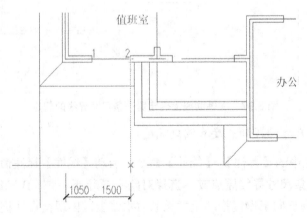

图 3.40　用【连续】标注命令标注尺寸

② 在**指定第二条尺寸界线原点或 [放弃(U)/选择(S)] <选择>**：提示下，用相同的方法依次向后操作，结果如图 3.41 所示。在操作过程中，可以通过使用【平移】命令调整视图，以方便操作。

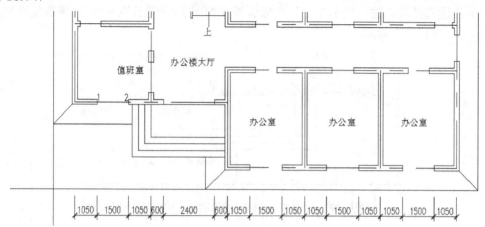

图 3.41 标注第一道尺寸线

(特)(别)(提)(示)

- 为了使尺寸界线的起点在一条线上，这里设置了拉长的散水线，这样标注出的尺寸线比较整齐。
- 在连续标注的过程中，如果某次标注出现错误，可以在命令执行过程中输入"U"，以取消这次错误操作。
- 第一道尺寸线的墙段长度和洞口宽度的第一个尺寸是用【线性】标注命令标注出来的，而第一道尺寸线的其他尺寸是使用【连续】标注命令标注出来的。

3. 标注第二道轴线尺寸

(1) 选择菜单栏中的【标注】|【基线】命令，启动【基线】标注命令，光标将自动连接到刚刚所标注的尺寸线上，如图 3.42 所示。

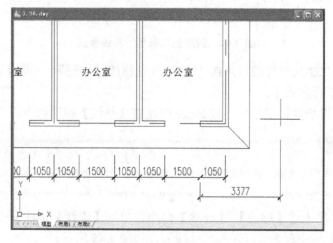

图 3.42 基线标注自动连接到刚刚所标注的尺寸线上

(2) AutoCAD 自动连接的标注不是所需要的标注，所以在**指定第二条尺寸界线原点或 [放弃(U)/选择(S)] <选择>：**提示下，按 Enter 键执行尖括号内的"选择"命令，表示要重新选择基准标注。

① 在**选择基准标注：**提示下，将光标放置在如图 3.43 所示的 1050 左侧的尺寸线上，然后单击以选择基准标注。

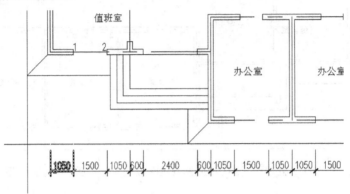

图 3.43　选择基准标注

② 在**指定第二条尺寸界线原点或 [放弃(U)/选择(S)] <选择>：**提示下，将光标向右上方拖动，捕捉如图 3.44 所示的位置，以指定第二条尺寸界线原点。

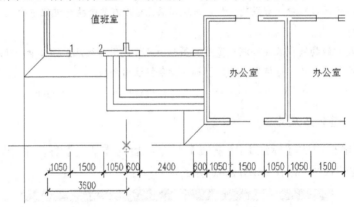

图 3.44　指定第二条尺寸界线原点

③ 在**指定第二条尺寸界线原点或 [放弃(U)/选择(S)] <选择>：**提示下，按 Enter 键结束当前的【基线】标注命令。

④ 在**选择基准标注：**提示下，按 Enter 键结束【基线】标注命令。

（特）（别）（提）（示）

- 在连续标注或基线标注后，应连续按两次 Enter 键才能结束连续标注或基线标注过程。

(3) 选择菜单栏中的【标注】|【连续】命令，启动【连续】标注命令，光标自动连接到刚才用【基线】标注命令所标注的尺寸线上，如图 3.45 所示。

① 在**指定第二条尺寸界线原点或 [放弃(U)/选择(S)] <选择>：**提示下，依次向右分别

捕捉与轴线相交的散水线处,作为尺寸界线的起点,如图 3.46 所示。

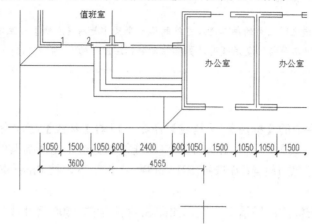

图 3.45 连续标注自动连接到刚才所标注的尺寸线上

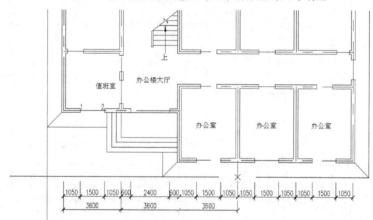

图 3.46 捕捉与轴线相对应的尺寸界线的起点

② 按 Enter 键结束【连续】标注命令,结果如图 3.47 所示。

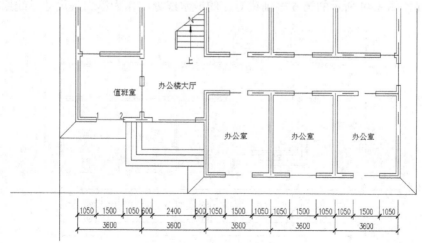

图 3.47 标注出轴线尺寸

● 标注定位轴线之间距离的第二道尺寸线的第一个尺寸是用【基线】标注命令标注出来的，而第二道尺寸线的其他标注是用【连续】标注命令标注出来的。

4. 标注总尺寸

(1) 选择菜单栏中的【标注】|【基线】命令，启动【基线】标注命令，光标自动连接到刚刚所标注的尺寸线上，同样 AutoCAD 自动连接的标注不是所需要的标注，所以在**指定第二条尺寸界线原点或 [放弃(U)/选择(S)] <选择>**：提示下，按 Enter 键执行尖括号内的选择命令。

(2) 在**选择基准标注**：提示下，选择如图 3.48 所示的 3600 尺寸线的左侧。

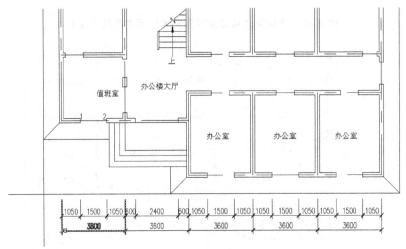

图 3.48 选择基准标注

(3) 在**指定第二条尺寸界线原点或 [放弃(U)/选择(S)] <选择>**：提示下，将光标向右上拖动，捕捉如图 3.49 所示的第 6 根轴线对应的散水线处，作为第二条尺寸界线原点。

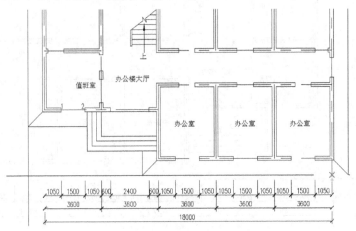

图 3.49 指定第二条尺寸界线原点

(4) 在**指定第二条尺寸界线原点或 [放弃(U)/选择(S)] <选择>**: 提示下,按两次 Enter 键结束命令。

●特 别 提 示

● 第三道总尺寸用【基线】标注命令标注。

5. 标注其他尺寸

用相同的方法标注"附图 1 办公楼底层平面图"中其他外部尺寸和部分内部尺寸。

6. 修改散水线

用夹点编辑中的【拉伸】命令修改散水线,结果如图 3.50 所示。

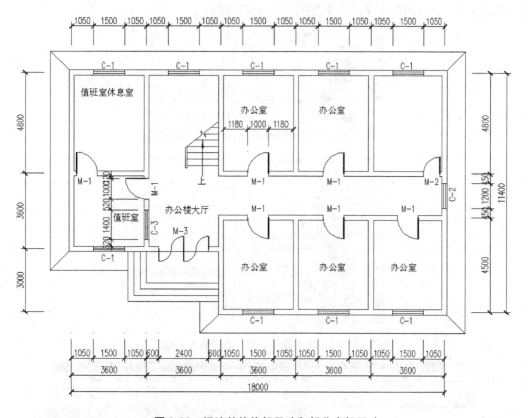

图 3.50 标注其他外部尺寸和部分内部尺寸

3.3.4 修改尺寸标注

1. 修改文字的内容(画错标对)

左下角 1 轴线和 2 轴线之间的值班室开间为"3600",现在将其该为"4200"。

1) 用【对象特性管理器】修改

(1) 在无命令的情况下,选中左下角 1 轴线和 2 轴线之间的 3600 尺寸线,出现 5 个蓝色夹点,依此可以理解尺寸标注的整体关系。

(2) 单击【标准】工具栏上的特性图标🖼或在命令行输入"Pr"并按 Enter 键,打开【对象特征管理器】。

(3) 向下拖动左侧的滚动条直至滚动至如图 3.51 所示位置,并在【文字替代】文本框内输入"4200",然后按 Enter 键确认。

(4) 关闭【对象特性管理器】,按 Esc 键取消夹点。这样 1 轴线和 2 轴线之间的尺寸由"3600"变为"4200"。

2) 用多行文字编辑器修改

(1) 选择菜单栏中的【修改】|【对象】|【文字】|【编辑】命令,或在命令行输入"Ed"并按 Enter 键,启动文字编辑命令。

(2) 在**选择注释对象或 [放弃(U)]:** 提示下,在左下角 1 轴线和 2 轴线之间的尺寸线上的"3600"上单击,则弹出文字编辑器,并且尺寸"3600"被激活(如图 3.52 所示),将其修改为"4200"。然后单击【确定】按钮,关闭对话框。

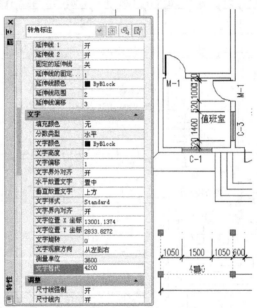

图 3.51 在【文字替代】文本框内输入"4200"

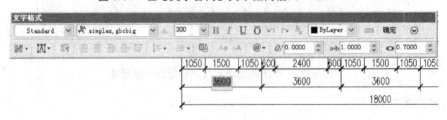

图 3.52 在文字编辑器内激活尺寸"3600"

3) 在快捷特性对话框内修改

2. 通过夹点编辑调整文字的位置

观察图 3.50,在前面所标注的"值班室"的内部尺寸中,"门垛"宽度 120 尺寸标注的文字位置不合适,下面调整 120 尺寸标注文字的位置。

(1) 关闭【正交】功能,在无命令的状态下选中 120 尺寸线,如图 3.53 所示,将出现 5 个蓝色夹点。其中有 1 个夹点位于文字"120"上,该夹点是控制文字"120"位置的夹点。

(2) 单击文字"120"上的夹点,该夹点由蓝色(冷夹点)变成红色(热夹点),这时文字"120"附到了光标上。

(3) 在拉伸,指定拉伸点或 [基点(B)/复制(C)/放弃(U)/退出(X)]:提示下,移动光标,将文字"120"放到如图 3.54 所示的位置。

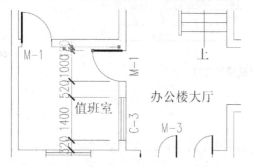

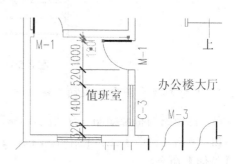

图 3.53 在无命令的状态下选中 120 尺寸线   图 3.54 调整文字"120"的位置

(4) 按 Esc 键取消夹点。

3. 修改尺寸界线的位置

外包尺寸中的第三道总尺寸应该是外墙皮至外墙皮的尺寸,而前面所标注的是第 1 条轴线至第 6 条轴线的尺寸。观察第 1 条轴线与第 6 条轴线之间的尺寸,目前该值为"18000"。

用【延伸】命令延长第三道总尺寸线

(1) 单击【修改】工具栏上的【延伸】图标 --/ 或在命令行输入"Ex"并按 Enter 键,启动【延伸】命令。

(2) 在选择对象或 <全部选择>:提示下,选择如图 3.55 所示的外墙外边线 A,则 A 墙线变虚,指定了外墙线 A 作为延伸边界。

(3) 按 Enter 键进入下一步。

(4) 在选择要延伸的对象,或按住 Shift 键选择要修剪的对象,或[栏选(F)/窗交(C)/投影(P)/边(E)/放弃(U)]:提示下,输入"E"并按 Enter 键。

(5) 在输入隐含边延伸模式 [延伸(E)/不延伸(N)] <不延伸>:提示下,输入"E"并按 Enter 键,表示沿自然路径延伸边界。

(6) 在选择要延伸的对象,或按住 Shift 键选择要修剪的对象,或[栏选(F)/窗交(C)/投影(P)/边(E)/放弃(U)]:提示下,单击 18000 尺寸线的左端点,这时第三道总尺寸左边的尺寸界线延伸到外墙线 A 处,结果如图 3.55 所示。

(7) 按 Enter 键,结束【延伸】命令。

再次观察,第三道总尺寸的尺寸值由 18000 变成 18120。

(8) 重复步骤 1)~7)的操作,修改第三道总尺寸右边的尺寸界线。最后总尺寸变为外墙皮至外墙皮的尺寸,尺寸值为 18240。

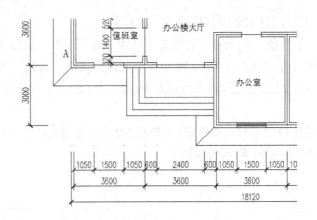

图 3.55　向左延伸尺寸线

4. 尺寸标注和图形的联动关系

(1) 将视图调整至如图 3.56 所示的状态。

(2) 单击【修改】工具栏上的【拉伸】图标□或在命令行输入"S"并按 Enter 键，启动【拉伸】命令。

　　① 在**选择对象**：提示下，用交叉选的方式选择如图 3.56 所示的"窗洞口"下侧的墙线。

　　② 按 Enter 键进入下一步。

　　③ 在**指定基点或位移**：提示下，在绘图区任意单击一点作为拉伸的基点。

　　④ 在**指定第二个点或 <使用第一个点作为位移>**：提示下，打开【正交】功能，将光标垂直向上拖动，输入"300"，表示将"窗洞口"下侧的墙段向上加长 300，那么"窗洞口"的宽度则向上减小 300。

　　⑤ 按 Enter 键结束命令，结果如图 3.57 所示。

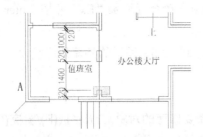

图 3.56　选择被拉伸的对象

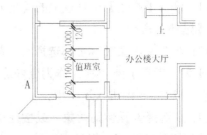

图 3.57　洞口宽度变为 1100

　　观察图 3.56 和图 3.57，可以理解尺寸标注和图形的联动关系：将"窗洞口"的大小由 1400 修改成 1100，其尺寸标注也自动发生了变化。

3.4　测量面积和长度

1. 测量房间面积

(1) 选择菜单栏中的【工具】|【查询】|【面积】命令，或在命令行输入"Area"并按 Enter 键，启动【查询面积】命令。

(2) 在**指定第一个角点或 [对象(O)/加(A)/减(S)]**: 提示下，打开【对象捕捉】功能，单击如图 3.58 所示的 A 点作为被测量区域的第一个角点。

(3) 在**指定下一个角点或按 Enter 键全选**: 提示下，依次单击如图 3.58 所示的 B、C、D 点作为被测量区域的其他 3 个角点。

(4) 按 Enter 键结束命令，这样就测量出 A、B、C、D 这 4 点所围合区域的面积。

查看命令行，这时命令行显示"面积=11289600.000，周长=13440.000"，表示 AutoCAD 测量出由 A、B、C、D 这 4 点定义区域的面积为 11289600.000mm^2，即该宿舍的净面积约为 11.3m^2；A、B、C、D 这 4 点定义区域的周长为 13440.000mm，约为 13.4m。

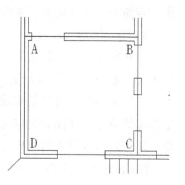

图 3.58　测量"宿舍"的净面积

2. 测量 BC 内墙的长度

(1) 选择菜单栏中的【工具】|【查询】|【距离】命令，或在命令行输入"Di"后按 Enter 键，启动【查询距离】命令。

(2) 在**指定第一点**: 提示下，捕捉图 3.58 中的 C 点作为测量距离的第一点。

(3) 在**指定第二点**: 提示下，捕捉图 3.58 中的 B 点作为测量距离的第二点。

查看命令行，这时命令行显示"距离=3360.0000，XY 平面中的倾角=90，与 XY 平面的夹角=0，X 增量=0.0000，Y 增量=3360.0000，Z 增量=0.0000"。AutoCAD 测量出 CB 内墙的长度为 3360mm。

●●● 特 别 提 示 ────────────────────────────

● 【查询距离】命令除了可以查询直线的实际长度外，还可以查询直线的角度、直线的水平投影和垂直投影的长度。

3.5　制作和使用图块

3.5.1　图块的特点

图块是一组图形实体的总称。在一个图块中，各图形实体可以拥有自己的图层、线型、颜色等特性，但其在 AutoCAD 中把图块当作一个单独的、完整的对象来操作。在 AutoCAD 中，使用图块具有以下优点。

1) 提高绘图效率

在建筑施工图中有大量重复使用的图形，如果将其制作成图块(相当于"积木")，形成图块库，当需要某个图块时，将其拿来放到图中即可。这样就把复杂的图形绘制过程变成几个简单图块的组合，避免了大量的重复工作，大大提高了绘图的效率。

2) 节省磁盘空间

每个图块都是由多个图形对象组成的，但 AutoCAD 是把图块作为一个整体图形单元来进行存储的，这样会节省大量的磁盘空间。

3) 便于图形的修改

在实际工作中，经常需要反复修改图形。如果在当前图形中修改或更新一个之前定义的图块，AutoCAD 将自动更新图中已经插入的所有图块，这就是图块的联动性能。

在施工图中，可以制作成图块的对象有家具、卫生洁具、窗、门、图框、标高符号、定位轴线编号、详图索引符号、详图符号、剖面符号、断面符号和立面投影符号等。这里将上述可制作为图块的对象分成两类。

(1) 图形类：家具、卫生洁具、窗、门等。

(2) 符号类：图框、标高符号、定位轴线编号、详图索引符号、详图符号、剖面符号、断面符号和立面投影符号等。

制作图形类和符号类图块时，图块尺寸的确定方法不同，所以这里分别介绍这两类图块的制作方法。另外，图块最好制作在 0 图层上，因为制作在 0 图层上的图块具有吸附功能，插入图块时能自动够吸附在当前图层上；而制作在非 0 图层上的图块是引入图层，专业绘图软件通常靠图块来引入图层。

下面分别介绍图形类和符号类图块的制作方法，以及如何使用和修改图块。

3.5.2 图形类图块的制作和插入

1. 制作和使用"门"图块

1) 绘制图形

(1) 将 0 图层设为当前层。为便于使用，这里绘制 1000mm 宽的门扇以制作成"门"图块。

特 别 提 示

- 单扇门的宽度有 750mm、800mm、900mm 及 1000mm 等，这里将"门"图块的尺寸设定为 1000mm，因为插入图块时缩放比例=新的门扇宽度/1000，任何一个值除以 1 都便于计算。

(2) 绘制门扇：用【多段线】命令绘制线宽为 50mm、长度为 1000mm 的多段线，结果如图 3.59 所示。

(3) 绘制门的轨迹线：选择菜单栏中的【绘图】|【圆弧】|【圆心、起点、角度】命令。

① 在指定圆弧的起点或 [圆心(C)]：_c 指定圆弧的圆心：提示下，捕捉如图 3.59 所示的 A 点作为圆弧的圆心。

② 在指定圆弧的起点：提示下，捕捉如图 3.59 所示的 B 点作为圆弧的起点。

③ 在指定圆弧的端点或 [角度(A)/弦长(L)]：_a 指定包含角：提示下，输入"-90"，指定圆弧的角度为-90°，结果如图 3.60 所示。

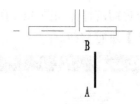

图 3.59　绘制门扇

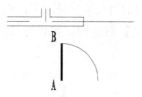

图 3.60　绘制门的轨迹线

2) 定义属性

通常图块带有一定的文字信息，这里将图块所携带的文字信息称为属性。"门"图块所携带的文字信息就是门的编号。

(1) 选择菜单栏中的【绘图】|【块】|【属性定义】命令，打开【属性定义】对话框。

(2) 如图 3.61 所示，设定【属性定义】对话框中的参数后单击【确定】按钮，关闭对话框，此时 M-1 的左下角点附着到光标处，这是因为设定【文字设置】选项区中的【对正】类型为左对齐。

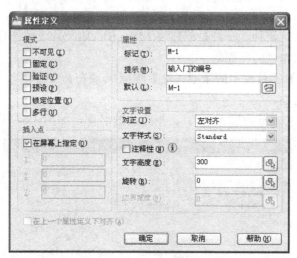

图 3.61　【属性定义】对话框

特 别 提 示 ....

- 如图 3.63 所示，【属性定义】对话框中，【默认】文本框内设定的是插入图块时命令行出现的属性的默认值。通常将经常使用的属性值或较难输入的属性值设定为默认值。
- 不要勾选"锁定位置"复选框，否则被插入图块的位置无法修改。

....

(3) 在**指定起点**：提示下，参照图 3.62 放置门编号"M-1"。

特 别 提 示 ....

- 如果"M-1"的位置有偏差，可以利用【移动】命令将其移到合适位置。

....

(4) 如果需要修改已经定义的属性值，可在命令行输入"Ed"并按 Enter 键，在选**择注**

释对象或 [放弃(U)]：提示下，选择刚才定义的属性值"M-1"，打开如图 3.63 所示的【编辑属性定义】对话框，可以对【标记】、【提示】及【默认】进行修改。

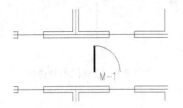

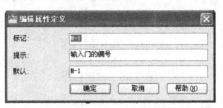

图 3.62　"M-1"的位置　　　　　图 3.63　【编辑属性定义】对话框

（特）（别）（提）（示）

● 图 3.62 中的门编号"M-1"是用【绘图】|【块】|【定义属性】命令定义的，而不是用【文字】命令写出的。

3）制作图块

制作图块的方法有两种，一种是创建块(Make Block)，另一种是写块(Write Block)。这里用创建块的方法制作"门"图块。

(1) 单击【绘图】工具栏上的【创建块】图标🔲或在命令行输入"B"后按 Enter 键，打开【块定义】对话框。

(2) 在【名称】文本框内输入"门"，指定块的名称，如图 3.64 所示。

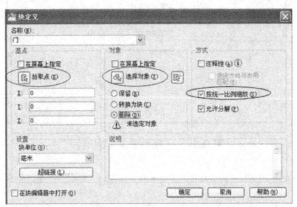

图 3.64　【块定义】对话框

(3) 单击【选择对象】按钮，对话框消失。

(4) 在选择对象：提示下，如图 3.65 所示，选择门和编号 M-1 后按 Enter 键返回对话框。

(5) 单击【拾取点】按钮，对话框消失。

(6) 在指定插入基点：提示下，捕捉如图 3.66 所示的 A 点作为图块插入时的定位点，此时自动返回对话框。

(7) 由于"门"图块使用时应在 X 和 Y 方向等比例缩小，故勾选【按统一比例缩放】复选框。

图 3.65　选择制作图块的对象

图 3.66　确定"门"图块基点

(8) 单击【确定】按钮关闭对话框。观察图 3.64 可知,在【对象】选项组中选中了【删除】单选按钮,所以对话框关闭后,被制作成图块的对象消失。

特　别　提　示

● 基点的作用是当图块插入时,通过基点将被插入的图块准确地定位,所以必须理解基点的作用,并应学会正确地确定基点的位置。

4) 插入"门"图块

下面将图块插入宽度为 800mm 的值班休息室的门洞口内。

(1) 将"门窗"层设置为当前层,单击【绘图】工具栏上的【插入块】图标 或在命令行输入"I"后按 Enter 键,打开【插入】对话框。

(2) 在【名称】下拉列表中选择"门"图块。

(3) 由于"门洞口"尺寸为 800mm,而"门"图块的宽度为 1000mm,所以"门"图块插入时 X 和 Y 方向应等比例缩小,缩放比例为"新尺寸/旧尺寸 = 800/1000 = 0.8"。如图 3.67 所示,将比例设定为"0.8",旋转角度设定为"0"。

注意:由于在【块定义】对话框中勾选了【按统一比例缩放】复选框,所以块【插入】对话框中【统一比例】复选框被勾选,且处于灰色状态。

(4) 单击【确定】按钮,关闭对话框。此时"门"图块基点的位置附到光标上,如图 3.68 所示。

图 3.67　设定【插入】对话框

图 3.68　图块基点和光标的关系

(5) 在指定插入点或 [基点(B)/比例(S)/旋转(R)/预览比例(PS)/预览旋转(PR)]:提示下,捕捉如图 3.69 所示的值班休息室门洞口处。

(6) 在输入门的编号 <M-1>:提示下,输入"M-2"后,按 Enter 键结束命令。

注意:在步骤(6)中命令行出现的"**输入门的编号 <M-1>:**"是图 3.61 中自己设定的提

示(输入门的编号)和默认(M-1)。

(7) 在命令行无命令的状态下，单击刚才插入的"门"图块，结果如图3.70所示，"门"图块整体变虚，并在图块基点处和块的属性上显示蓝色夹点，这说明组成图块的各元素形成了一个整体。

图3.69　插入"门"图块　　　　　　　　　　　图3.70　块的整体关系

特　别　提　示

- 单击块属性上的蓝色夹点使其变红后，可以任意挪动属性。
- 组成图块的所有元素是一个整体，Explode(分解)命令可将图块分解为单个对象，Explode命令是Block命令的逆过程。

5) 修改属性

(1) 选择菜单栏中的【修改】|【属性】|【单个】命令。

(2) 在**选择块:** 提示下，在刚才插入的"门"图块上单击，选择刚才插入的"门"图块，打开【增强属性编辑器】对话框(双击"门"图块也能打开此对话框)。

(3) 在【属性】选项卡中，将值改为"M-3"，如图3.71所示。

(4) 在【文字选项】选项卡中，将文字高度修改为"300"，如图3.72所示。

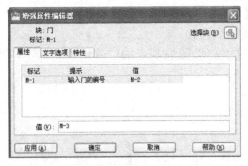

图3.71　将属性值修改为"M2"

图3.72　修改文字高度

(5) 单击【确定】按钮关闭对话框。

这样，就将插入的"门"图块的属性由"M-2"改为"M-3"，且文字高度由"240"修改为"300"。

2. 制作和使用"窗"图块

1) 绘制图形

将0图层设置为当前层，用【直线】和【偏移】命令绘制如图3.73所示的窗图形。

2) 定义属性

按照图3.74所示设置【属性定义】对话框中的参数，并将属性值C-1放置在如图3.75

所示的位置。

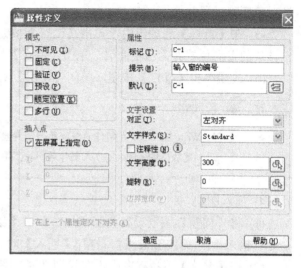

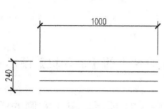

图 3.73　窗图形的尺寸

图 3.74　【属性定义】对话框

3) 制作图块

这里用写块(Write Block)的方法制作"窗"图块。

(1) 在命令行输入"W"后按 Enter 键，打开【写块】对话框，其中"基点"和"对象"两个选项组和【块定义】对话框相同。

(2) 如图 3.76 所示，在【源】选项组中选中【对象】单选按钮，表示要选择屏幕上已有的图形来制作图块。

图 3.75　放置属性值 C-1

图 3.76　【写块】对话框

(3) 在【基点】选项组中，单击【拾取点】按钮，并捕捉窗图形的左下角点作为"窗"图块的基点("窗"图块插入时的插入点)。

(4) 在【对象】选项组中，单击【选择对象】按钮，选择图 3.75 中的窗图形和属性值 C-1 作为需要定义为块的对象，同时选中【从图形中删除】单选按钮，即块制作好后将源对象删除。

(5) 在【目标】选项组中，单击【浏览】按钮■，打开【浏览图形文件】对话框，确定该块的存盘位置并为该块命名，单击【保存】按钮返回【写块】对话框。

(6) 最后单击【确定】按钮，关闭【写块】对话框。

特 别 提 示

- 用写块(Write Block)方式制作的图块是一个存盘的块，其具有公共性，可在任何 CAD 文件中使用。用创建块(Make Block)方式制作的图块不具有公共性，只能在本文件中使用。

4) 插入图块

(1) 将"门窗"图层设置为当前层，单击【绘图】工具栏上的【插入块】图标▣或在命令行输入"I"后按 Enter 键，打开【插入】对话框。

(2) 在【名称】下拉列表中没有找到"窗"图块，如图 3.77 所示。单击右侧的【浏览】按钮，打开【选择文件】对话框，找到刚才保存的"窗"图块后单击【打开】按钮，返回【插入】对话框。

(3) "插入"对话框中的参数设置如图 3.78 所示。

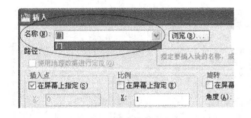

图 3.77 【名称】下拉列表中无"窗"图块

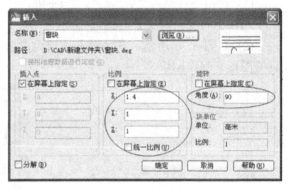

图 3.78 设置参数

特 别 提 示

- 前面制作的"窗"图块的尺寸为 1000mm(X)×240mm(Y)，插入"窗"图块的洞口尺寸为 2400mm× 240mm，所以【插入】对话框中缩放比例为：X 设置为 1.4(1000×1.4=1400)，Y 设置为 1(240×1=240)。
- 由于"窗"图块使用时 X 和 Y 方向并非等比例缩小或放大，如果用创建块(Make Block)的方法制作图块，不能勾选【按统一比例缩放】复选框。

(4) 单击【确定】按钮，关闭对话框。此时"窗"图块基点的位置附到光标上。

(5) 在指定插入点或 [基点(B)/比例(S)/旋转(R)/预览比例(PS)/预览旋转(PR)]: 提示下，在如图 3.79 所示处单击，将"窗"图块插到该处。

(6) 在输入门窗编号 <C-1>: 提示下，输入"C-3"。

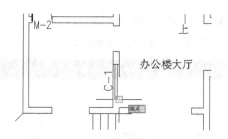

图3.79　捕捉插入点

5) 修改图块的属性

(1) 双击刚才插入的"窗"图块，打开【增强属性编辑器】对话框。

(2) 在【文字】选项卡中，将宽度因子由"0.98"修改为"0.7"，如图3.80所示。

(3) 单击【确定】按钮关闭对话框。

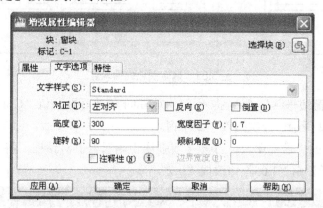

图3.80　修改宽度因子

● 特 别 提 示 ⋯⋯⋯

- 由图3.74所示的【属性定义】对话框可知，在定义窗编号属性时所选择的文字样式为"Standard"，该文字样式的宽度因子为"0.7"。但"窗"图块在插入时，沿X方向放大为1.4倍，所以其宽度因子变成"0.7×1.4=0.98"，需要将其改回"0.7"。

6) 用【多重插入】命令插入 E 轴线上 1 至 6 轴线之间的 4 个 1500mm 窗

(1) 在命令行输入"Minsert"后按 Enter 键。

① 在输入块名或 [?]: 提示下，输入"窗块"。

② 在指定插入点或 [基点(B)/比例(S)/X/Y/Z/旋转(R)/预览比例(PS)/PX/PY/PZ/预览旋转(PR)]: 提示下，在如图3.81所示的位置单击以确定插入点。

③ 在输入 X 比例因子，指定对角点，或 [角点(C)/XYZ] <1>: 提示下，输入"1.5(1500/1000)"。

④ 在输入 Y 比例因子或 <使用 X 比例因子>: 提示下，输入"1"(240/240)。

⑤ 在指定旋转角度 <0>: 提示下，按 Enter 键执行默认值"0"。

⑥ 在输入行数 (...) <1>: 提示下，按 Enter 键执行默认值"1"。

⑦ 在输入列数 (||||) <1>：提示下，输入"5"。

⑧ 在指定列间距 (||||)：提示下，输入"3600"。

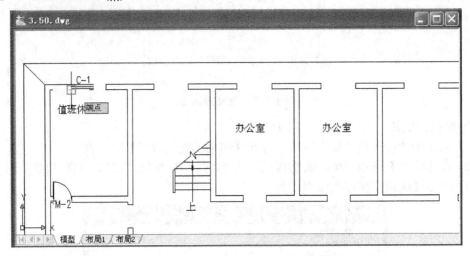

图 3.81　确定图块的插入点

⑨ 在输入门窗编号 <C-1>：提示下，按 Enter 键执行默认值"C-1"。

结果如图 3.82 所示，一次插入了 5 个窗。

(2) 双击插入的"窗"图块，打开【增强属性编辑器】对话框，将【文字选项】选项卡中的【宽度因子】由"1.05"修改成"0.7"。

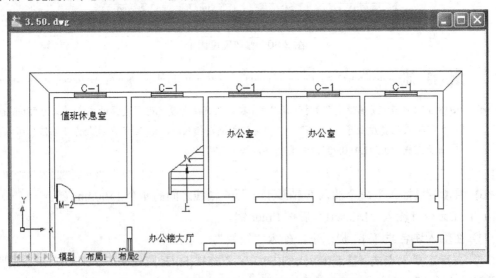

图 3.82　使用 Minsert 命令插入"窗"图块

特　别　提　示

● 用 Minsert 命令一次插入的若干个图块为整体关系，不能用分解命令将其分解。同时，每个图块具有相同的属性值、比例系数和旋转方向。

7）用【多重插入】命令插入 A 轴线上 3 至 6 轴线之间的 3 个 1500mm 窗

（1）利用【块编辑器】修改"窗"图块。块编辑器的作用是对图块库内的图块进行修改。

① 选择菜单栏中的【工具】|【块编辑器】命令，打开【编辑块定义】对话框，如图 3.83 所示。

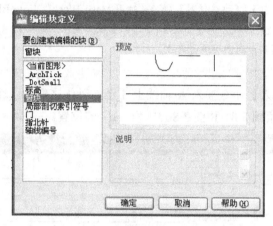

图 3.83　【编辑块定义】对话框

② 选择"窗"图块，单击【确定】按钮，进入【块编辑器】。

③ 如图 3.84 所示，选中"C-1"，出现蓝色夹点，单击蓝色夹点，该夹点变红，然后垂直向下拖动光标，将"C-1"放在如图 3.85 所示位置。

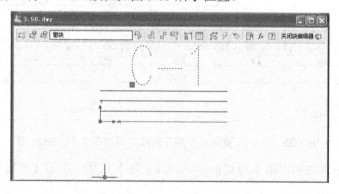

图 3.84　选中"C-1"

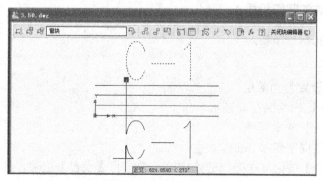

图 3.85　向下挪动"C-1"

④ 单击右上角的【关闭块编辑器】按钮，弹出【是否将修改保存到窗块】对话框，单击【是】按钮以保存修改。

特 别 提 示

- 菜单栏中的【工具】|【块编辑器】命令是对用 Make Block、Write Block 命令制作好的图块(图块库内的图块)进行修改，而【工具】|【外部参照和块在位编辑】|【块在位编辑参照】命令是对已经插入到图形中的图块进行修改。

(2) 启动【多重插入】命令插入 A 轴线上 3 至 6 轴线之间的 3 个 1500mm 窗，结果如图 3.86 所示。注意观察图 3.81 和图 3.86 中 "C−1" 的位置。

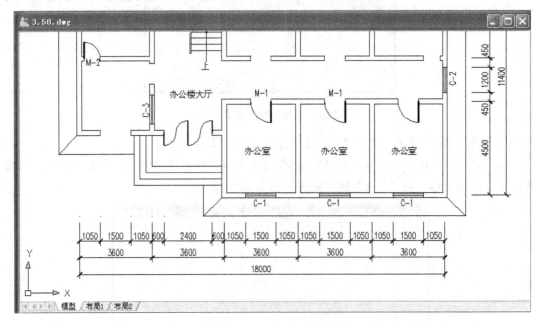

图 3.86 插入 A 轴线上 1 至 6 轴线之间的 5 个 1500mm 窗

(3) 在【增强属性编辑器】对话框中，将【文字】选项卡中的【宽度因子】由 "1.05" 修改成 "0.7"。

3.5.3 符号类图块的制作和插入

1. 标高图块的制作和插入

1) 绘制图形

(1) 将 0 图层设置为当前层。

(2) 按 1 : 1 的比例绘制标高图形。

① 绘制 15mm 长的水平线。

② 将该水平线向下偏移 3mm。

③ 右击【极轴】按钮，在弹出的快捷菜单中选择【设置】选项，打开【草图设置】对话框，【极轴追踪】选项卡中的参数设置如图 3.87 所示。

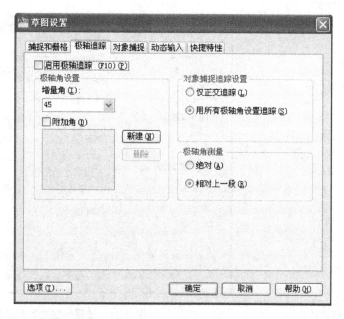

图 3.87　设置【极轴追踪】选项卡

④ 按 F10 键打开【极轴】功能，并启动【直线】命令。

⑤ 在 _line **指定第一点**：提示下，捕捉如图 3.88 所示的 A 点。

⑥ 在**指定下一点或 [放弃(U)]**：提示下，将光标沿 45°方向向右下方拖动，直至出现交点捕捉(如图 3.88 所示)后单击。

⑦ 在**指定下一点或 [放弃(U)]**：提示下，将光标沿 45°方向向右上方拖动，直至出现交点捕捉(如图 3.89 所示)后单击。

⑧ 擦除下面的水平线，结果如图 3.90 所示。

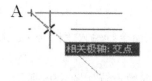

图 3.88　寻找下面的水平线和 45°斜线的交点

图 3.89　寻找上面的水平线和 45°斜线的交点

2) 定义属性

标高块所携带的属性是标高值。

(1) 选择菜单栏中的【绘图】|【块】|【定义属性】命令，打开【属性定义】对话框。

(2) 如图 3.91 所示设定其中参数后，单击【确定】按钮，关闭对话框。此时"±0.000"的左下角点附到光标处。

(3) 在**指定起点**：提示下，将"±0.000"移动到如图 3.92 所示的位置后单击以确定"±0.000"的位置。

3) 制作图块

单击【绘图】工具栏上的【创建块】图标 或在命令行输入"B"后按 Enter 键，打开【块定义】对话框。

图 3.90　标高符号　　　　　　　　　　图 3.91　【属性定义】对话框

(1) 勾选【按统一比例缩放】和【允许分解】复选框。

(2) 基点选择在如图 3.93 所示处，并选择如图 3.94 所示的标高图形和属性作为需要定义为块的对象。

　　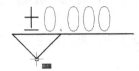　　

图 3.92　放置"±0.000"　　图 3.93　确定"标高"块的基点　　图 3.94　选择制作"标高"块对象

4) 插入"标高"图块

(1) 单击【绘图】工具栏上的【插入块】图标 或在命令行输入"I"后按 Enter 键，打开【插入】对话框。

(2) 在【名称】下拉列表中选择"标高"图块，其他参数设置如图 3.95 所示，单击【确定】按钮。

(3) 在指定插入点或 [基点(B)/比例(S)/旋转(R)/预览比例(PS)/预览旋转(PR)]: 提示下，在如图 3.96 所示处单击，将"标高"图块插入到该位置。

(4) 在输入标高值 <±0.000>: 提示下，按 Enter 键执行尖括号内的默认值。

⬤ (特)(别)(提)(示) ┈┈┈┈┈┈┈┈┈┈┈┈┈┈┈┈┈┈┈┈┈┈┈┈┈┈┈┈┈┈┈┈

● 因为是按照 1∶1 的比例绘制标高符号，所以插入"标高"图块时，应在如图 3.95 所示的【插入】对话框中等比例地设定 X 和 Y 的缩放比例。如果将其插入 1∶100 的图中，缩放比例为 100，即将标高符号放大 100 倍；如果是插入 1∶200 的图中，缩放比例为 200，即将标高符号放大 200 倍；如果是插入 1∶50 的图中，缩放比例为 50，即将标高符号放大 50 倍。

图 3.95　【插入】对话框

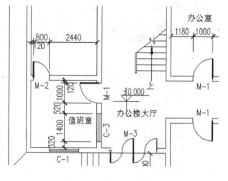

图 3.96　确定"标高"图块的位置

2. 定位轴线编号图块的制作和插入

1) 绘制图形

(1) 将 0 图层设置为当前层。

(2) 按 1：1 的比例绘制图形，所以定位轴线圆圈的直径为 8mm，编号文字的高度为 5mm。

(3) 单击【绘图】工具栏上的【圆】图标 ⊘ 或在命令行输入 "C" 后按 Enter 键，启动【圆】命令。

① 在**指定圆的圆心或 [三点(3P)/两点(2P)/相切、相切、半径(T)]**：提示下，在绘图区域任意位置单击以确定圆心的位置。

② 在**指定圆的半径或 [直径(D)]**：提示下，输入圆的半径 "4"，按 Enter 键。这样就绘制出一个圆心在指定位置、半径为 4mm 的圆。

(4) 在命令行输入 "L" 后按 Enter 键，启动【直线】命令。

① 在**指定第一点**：提示下，按住 Shift 键右击，在弹出的【临时捕捉】快捷菜单中选择【象限点】选项，如图 3.97 所示。

特 别 提 示 ⋯⋯⋯⋯⋯⋯⋯⋯⋯⋯⋯⋯⋯⋯⋯⋯⋯⋯⋯⋯⋯⋯⋯⋯⋯⋯⋯⋯

● 【草图设置】对话框中【对象捕捉】选项卡内所选择的是永久性捕捉，其允许同时选择多个捕捉方式，可以随时使用它们。而【临时捕捉】一次只能设置一种捕捉形式，而且只能使用一次，当需要时必须再次设置。因此一般用【临时捕捉】设置使用频率较少的捕捉方式。

⋯⋯⋯⋯⋯⋯⋯⋯⋯⋯⋯⋯⋯⋯⋯⋯⋯⋯⋯⋯⋯⋯⋯⋯⋯⋯⋯⋯⋯⋯⋯⋯⋯⋯⋯⋯⋯⋯⋯

② 如图 3.98 所示，在圆上部的象限点处单击。

③ 在**指定下一点或 [放弃(U)]**：提示下，打开【正交】功能，将光标向上拖动，输入 "12" 后按 Enter 键，表示向上绘制 12mm 长的垂直线。

④ 再次按 Enter 键结束命令，结果如图 3.99 所示。

2) 定义属性

(1) 选择菜单栏中的【绘图】|【块】|【定义属性】命令，打开【属性定义】对话框，其中的参数设置如图 3.100 所示。单击【确定】按钮，关闭对话框。

图 3.97　【临时捕捉】快捷菜单　　　图 3.98　确定直线的起点　　　图 3.99　定位轴线图形

图 3.100　【属性定义】对话框

(2) 在指定起点：提示下，如图 3.101 所示捕捉圆心处，结果如图 3.102 所示。

图 3.101　将属性放在圆心处　　　　　　　　　图 3.102　定位轴线编号

3) 用创建块的方法制作图块

块名为轴线编号，基点选择在直线的上端点。

4) 插入图块

(1) 在命令行输入"I"后按 Enter 键，打开【插入】对话框，其中的参数设置如图 3.103 所示，单击【确定】按钮关闭对话框。

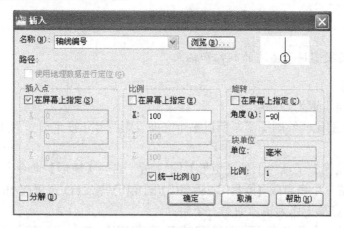

图 3.103　【插入】对话框

(2) 在指定插入点或 [基点(B)/比例(S)/旋转(R)/预览比例(PS)/预览旋转(PR)]：提示下，捕捉如图 3.104 所示的点作为插入点。

(3) 在输入轴线编号 <1>：提示下，输入"A"后按 Enter 键，结果如图 3.105 所示，可以发现文字"A"的方向不对，需要修改。

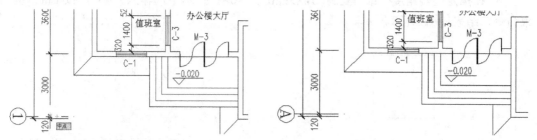

图 3.104　确定图块的插入点　　　　图 3.105　插入后的"轴线编号"图块

5) 编辑属性

双击插入的"轴线编号"图块，打开【增强属性编辑器】对话框，将【文字】选项卡内的【旋转】由"270"修改为"0"，结果如图 3.106 所示。

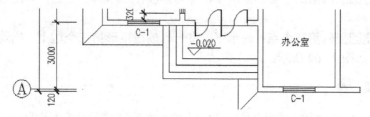

图 3.106　属性值修改后文字"A"的方向符合要求

- 将 A 轴线编号分别复制到 B~E 轴线处,双击它们打开【增强属性编辑器】对话框,将【属性】选项卡内的"值"本别改为 B~E,比一个一个插入图块的方法更为便捷。
- 横向定位轴线编号为"10"以上的定位轴线编号的图块,其属性值的宽度因子应由"1"修改成"0.8"。

3. 多个立面投影符号图块的制作和插入

1) 绘制图形

(1) 将 0 图层设置为当前层。

(2) 按 1:1 的比例绘制图形,所以多个立面投影符号正方形边长为 12mm,编号文字的高度为 3mm。

(3) 单击【绘图】工具栏上的【矩形】图标 □,启动【矩形】命令。

① 在**指定第一个角点或 [倒角(C)/标高(E)/圆角(F)/厚度(T)/宽度(W)]**:提示下,在屏幕上空白处任意一点单击作为矩形的第一个角点。

② 在**指定另一个角点或 [面积(A)/尺寸(D)/旋转(R)]**:提示下,输入"@12,12"后按 Enter 键结束命令,结果如图 3.107 所示。

(4) 单击【修改】工具栏上的【旋转】图标 ○,启动【旋转】命令。

① 在**选择对象**:提示下,选择正方形,此时正方形变虚,按 Enter 键进入下一步命令。

② 在**指定基点**:提示下,选择正方形的中心作为旋转的基点。

③ 在**指定旋转角度,或 [复制(C)/参照(R)] <0>**:提示下,输入"45",按 Enter 键结束命令,结果如图 3.108 所示。

图 3.107　绘制矩形

图 3.108　旋转矩形

(5) 选择菜单栏中的【绘图】|【圆】|【相切、相切、相切】命令。

① 在 **circle 指定圆的圆心或 [三点(3P)/两点(2P)/切点、切点、半径(T)]：_3p 指定圆上的第一个点**:提示下,将光标放在矩形第一个边上,出现切点捕捉符号后单击。

② 在**指定圆上的第二个点**:提示下,将光标放在矩形第二个边上,出现切点捕捉符号后单击。

③ 在**指定圆上的第三个点**:提示下,将光标放在矩形第三个边上,出现切点捕捉符号后单击,结果如图 3.109 所示。

- 【相切、相切、相切】命令是根据指定与圆相切的三个对象的位置决定圆的大小和圆心的位置。

(6) 单击【绘图】工具栏上的【图案填充】图标或在命令行输入"H"后按 Enter 键，打开【图案填充和渐变色】对话框。

① 选择填充类型为【预定义】，然后单击【图案】文本框右侧的 ···· 按钮，打开【填充图案选项板】对话框，选择【其他预定义】选项卡中的【SOLID】选项，单击【确定】按钮，返回【图案填充和渐变色】对话框。

② 单击【拾取点】按钮，以指定被填充区域的内部点，这时对话框消失。

③ 在**拾取内部点或 [选择对象(S)/删除边界(B)]:** 提示下，分别在矩形和圆之间的 4 个三角形内单击。

④ 按 Enter 键返回【图案填充和渐变色】对话框。单击【确定】按钮关闭对话框，结果如图 3.110 所示。

图 3.109　利用【相切、相切、相切】命令绘制圆　　　　图 3.110　填充图形

2) 定义属性

在多个立面投影符号内需要定义四次属性，在【属性定义】对话框内，除"标记"和"值"不同，分别为 A、B、C 和 D，其他设定均相同。第一次【属性定义】对话框的设定如图 3.111 所示，结果如图 3.112 所示。

图 3.111　第一次设定【属性定义】对话框　　　　图 3.112　4 个属性定义

3) 用创建块的方法制作图块

块名为多个立面投影符号，基点选择在圆心。

（特）（别）（提）（示）

● 如果图块定义了两个以上的属性，则在插入图块时命令行会出现两次以上的"输入⋯⋯"的提示，根据提示输入相应的属性。

3.6 表 格

下面分 3 步介绍表格：表格样式的设定、绘制表格、编辑表格。

3.6.1 表格的样式（1∶1 的比例）

（1）选择菜单栏中的【格式】|【表格样式】命令，打开【表格样式】对话框，如图 3.113 所示。

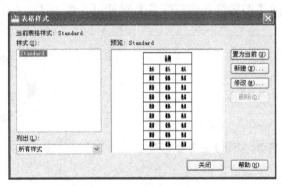

图 3.113 【表格样式】对话框

（2）单击【新建】按钮，打开【创建新的表格样式】对话框，在【新样式名】文本框内输入"图纸目录"，在【基础样式】下拉列表中选择"Standard"样式，结果如图 3.114 所示。单击【继续】按钮，进入【新建表格样式：图纸目录】对话框。

（3）设定【数据】单元样式的参数。

① 按照图 3.115 所示，设置【常规】选项卡中的参数。

图 3.114 【创建新的表格样式】对话框   图 3.115 设定【数据】单元样式的【常规】参数

【对齐】：设定表格单元内文字的对正和对齐方式。

【格式】：设定表格单元内数据类型。

【页边距】：确定单元边框和单元内容之间的距离。

【表格方向】：确定数据相对于标题的上下位置关系。

② 按照图 3.116 所示，设定【文字】选项卡中的参数。

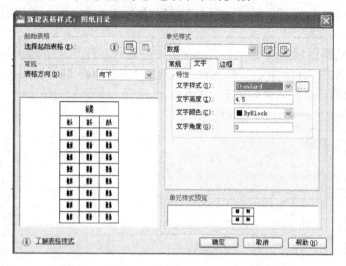

图 3.116　设定【数据】单元样式的【文字】参数

③ 【数据】单元样式的【边框】选项卡中的参数采用默认设置。

(4) 设定【表头】和【标题】单元样式的参数。其中，水平页边距和垂直页边距均设置为 2，【标题】单元样式的【文字高度】设为 7。其他设置与【数据】单元样式相同。

(5) 将【图纸目录】表格样式设为当前样式。

3.6.2　插入表格

(1) 选择菜单栏中的【绘图】|【表格】命令或单击【绘图】工具栏上的【表格】图标■，打开【插入表格】对话框，其中的参数设置如图 3.117 所示。

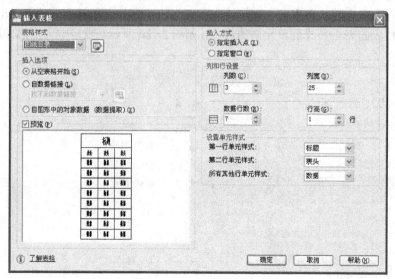

图 3.117　【插入表格】对话框

① 【插入方式】：选择【指定插入点】单选按钮，通过指定表格左上角的位置来定位表格。

② 【列和行设置】：设定列数、列宽、行数和行高。

(2) 单击【确定】按钮关闭对话框，在**指定插入点**：提示下，在绘图区域单击一点以确定表格左上角的位置。

(3) 此时在绘图区域插入了一个空白表格，并且同时打开文字编辑器，此时可以开始输入表格内容，如图 3.118 所示。依次输入相应文字，按 Tab 键可以切换到下一个单元格，也可用光标切换单元格，结果如图 3.119 所示。

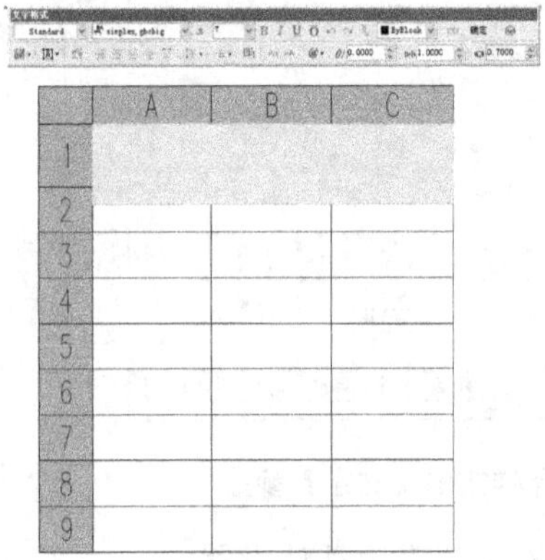

图 3.118 输入表格单元数据

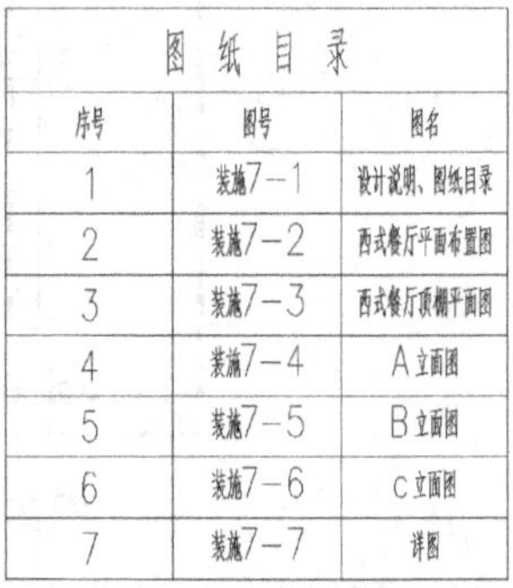

图 纸 目 录		
序号	图号	图名
1	装施7--1	设计说明、图纸目录
2	装施7--2	西式餐厅平面布置图
3	装施7--3	西式餐厅顶棚平面图
4	装施7--4	A立面图
5	装施7--5	B立面图
6	装施7--6	c立面图
7	装施7--7	详图

图 3.119 输入数据后的表格单元

(4) 【插入选项】：如选择【自数据链接】单选按钮，可以将已有的 Excel 表格插入到 AutoCAD 图形文件中。

3.6.3 编辑表格

表格的编辑主要是对表格的尺寸、单元内容和单元格式进行修改。

1) 编辑表格尺寸

在命令行无命令的状态下选中表格，会在表格的 4 个角点和各列的顶点处出现夹点。可以通过拖动相应的夹点来改变单元格的尺寸，如图 3.120 所示。表格中夹点的作用如图 3.121 所示。

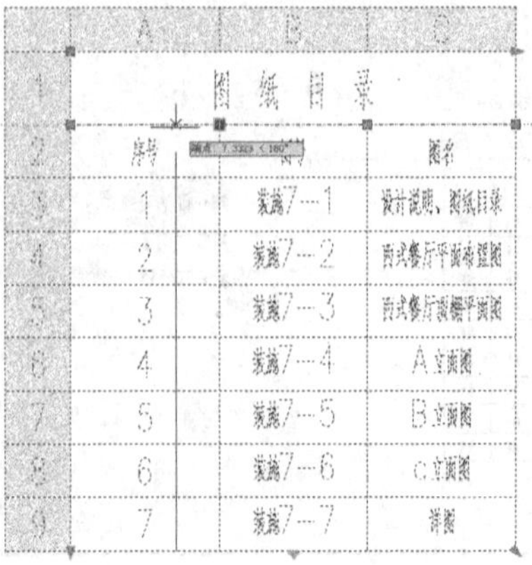

图 3.120 改变单元格尺寸

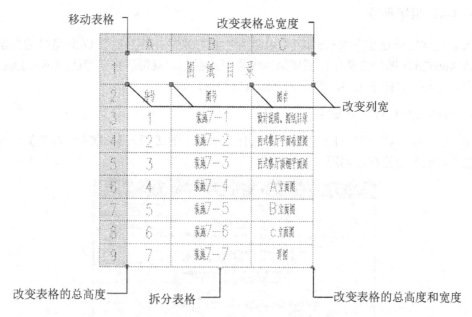

图 3.121　表格夹点的作用

2) 编辑表格单元

选中一个或多个单元，右击可弹出表格快捷菜单，如图 3.122 所示。在快捷菜单上部是【剪切】、【复制】及【粘贴】等基本编辑选项，后面的【单元对齐】、【边框】等是针对表格的特有选项。其中【匹配单元】选项只有在选定一个单元时才有效，它可以将所选单元的单元特性赋予其他单元。选择【插入点】|【块】、【字段】和【公式】选项可在单元中插入图块、字段或公式。选择快捷菜单中的【特性】选项可以打开【特性管理器】对话框，可以直接在该对话框中指定或修改表格单元属性和内容属性。

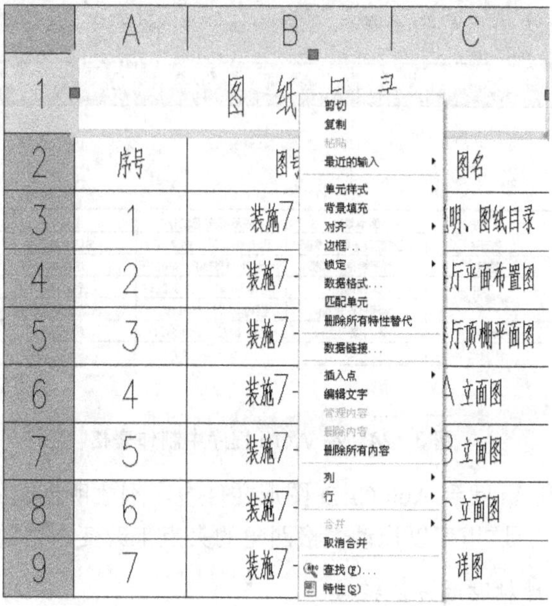

图 3.122　表格快捷菜单

3.6.4　OLE 链接表格

OLE 链接方法是指在 Word 或 Excel 软件中做好表格，然后通过 OLE 链接的方法将其插入到 AutoCAD 图形文件中。需要修改表格和数据时，双击表格即可回到 Word 或 Excel 软件中。这种方法便于表格的制作和表格数据的处理。

1. 用插入对象的方法链接

(1) 在 AutoCAD 中打开图形文件，选择菜单栏中的【插入】|【OLE 对象】命令，打开【插入对象】对话框，如图 3.123 所示。

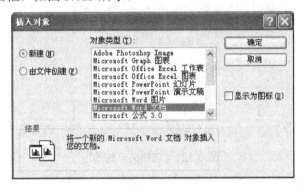

图 3.123　【插入对象】对话框

(2) 在【插入对象】对话框中选择对象类型为【Microsoft Word 文档】，单击【确定】按钮，系统自动打开 Word 程序。在 Word 程序中创建所需表格或打开一个含有表格的 Word 文档文件，如图 3.124 所示。

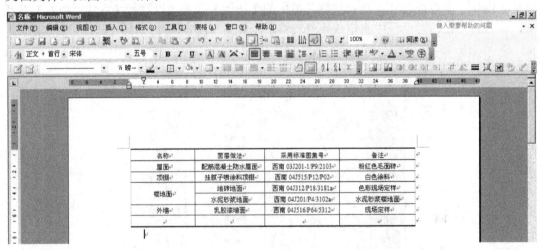

图 3.124　在 Word 程序中制作表格

(3) 关闭 Word 窗口，回到 AutoCAD 图形文件中，刚才所创建的表格即显示在图形文件中，如图 3.125 所示。这里可以拖动表格四角的夹点来改变表格的大小。

2. 用复制、选择性粘贴的方法链接

(1) 首先，在 Excel 程序中制作好表格，然后将其全部选中，按 Ctrl+C 组合键执行

【复制】命令。

(2) 回到 AutoCAD 图形文件中，选择菜单栏中的【编辑】|【选择性粘贴】命令，打开【选择性粘贴】对话框，选中【AutoCAD 图元】选项，如图 3.126 所示。

(3) 单击【确定】按钮关闭对话框，则表格的左上角附到光标上。

(4) 在 pastespec 指定插入点或 [作为文字粘贴(T)]: 提示下，确定表格的位置。

名称	面层做法	采用标准图集号	备注
屋面	配筋混凝土防水屋面	西南 03J201-1/P9/2103	粉红色毛面砖
顶棚	挂腻子喷涂料顶棚	西南 04J515/P12/P02	白色涂料
楼地面	地砖地面	西南 04J312/P18/3181a	色彩现场定样
	水泥砂浆地面	西南 04J201/P4/3102a	水泥砂浆楼地面
外墙	乳胶漆墙面	西南 04J516/P64/5312	现场定样

图 3.125　在 AutoCAD 中显示 OLE 链接的表格

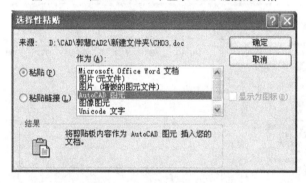

图 3.126　【选择性粘贴】对话框

3.7　绘制其他平面图

3.7.1　利用设计中心借用底层平面图的设定

AutoCAD 的设计中心可以看成是一个中心仓库，在这里，设计者既可以浏览自己的设计，又可以借鉴他人的设计思想和设计图形。在 AutoCAD 的设计中心中能管理和再利用设计对象和几何图形。只需简单拖动就能轻松地将设计图中的符号、图块、图层、字体、布局和格式复制到另一张图中，省时省力。

(1) 用【新建】命令创建一个新的图形文件，并将其保存为"标准层平面图"。

(2) 单击【标准】工具栏上的【设计中心】图标▦或按 Ctrl+2 组合键，打开 AutoCAD 的【设计中心】窗口。

(3) 单击左上角的【打开】图标 ，打开【加载】对话框，选择前面绘制的"办公楼底层平面图"，将其加载到【设计中心】中。此时，【设计中心】的右侧选项框中出现"办公楼底层平面图.dwg"中所包含的块、标注样式、图层、线型、文字样式等设定信息，如图 3.127 所示。

图 3.127　在【设计中心】选择"办公楼底层平面图"

(4) 双击【图层】选项，列出"办公楼底层平面图.dwg"所包含的所有图层名称，如图 3.128 所示。

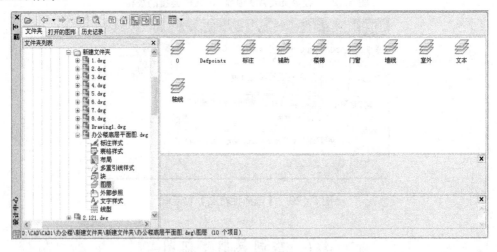

图 3.128　显示"办公楼底层平面图"中的图层

(5) 选择所有图层并拖动到当前新建的图形中，结果新图形文件中自动创建了所选择的图层，并且图层的颜色和线型等特性也自动被复制。

以上利用【设计中心】很方便地为新建图形创建了与"办公楼底层平面图.dwg"一致的图层特性。下面将利用【设计中心】为新图创建文字样式。

(6) 单击【上一级】图标 ，右侧显示如图 3.127 所示的内容。

(7) 双击【文字样式】选项列出"办公楼底层平面图.dwg"所包含的所有文字样式，如图 3.129 所示。

(8) 选择所有的文字样式并将其拖动到当前图形中，结果新图形文件中自动创建了所选择的文字样式。

可以用相同的方法获取标注样式、图块等信息。

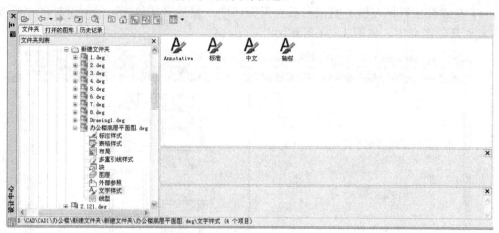

图 3.129　显示底层平面图中的文字样式

3.7.2　在不同的图形窗口中交换图形对象

从 AutoCAD 2000 开始，AutoCAD 成为多文档的设计环境，也就是说，在 AutoCAD 中可以同时打开多个图形文件。一个图形文件就是一个图形窗口，可以在不同的图形窗口中交换图形对象。

(1) 打开"住宅标准层平面图.dwg"文件，同时新建一个图形文件，选择菜单栏中的【窗口】|【垂直平铺】命令，使打开的两个图形文件垂直平铺显示，如图 3.130 所示。

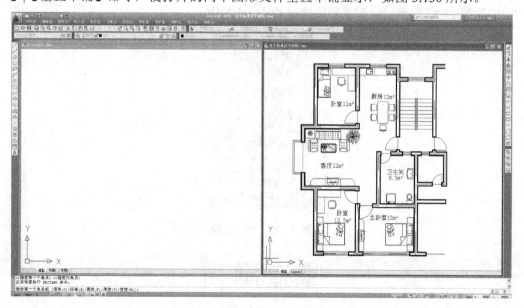

图 3.130　垂直平铺窗口

(2) 在命令行无任何命令的状态下，选择"住宅标准层平面图.dwg"中的某些家具(如"客厅"中的沙发、茶几等)，这些家具变虚并显示蓝色夹点。

(3) 将十字光标放到任意一条虚线上(注意不能放在蓝色夹点上),按住鼠标左键慢慢移动光标,会发现所选择的家具图形随之移动。

(4) 继续按住鼠标左键并将图形放到新窗口中,然后释放鼠标,这时选择的家具图形被复制到新的图形中,如图 3.131 所示。

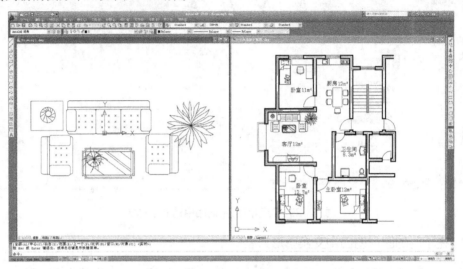

图 3.131　将图形拖到新窗口中

AutoCAD 设计中心和多文档的设计环境给用户提供了强大的图形数据共享功能,可以很方便地绘制图形。

从 AutoCAD 2000 版本开始,AutoCAD 支持多文档,当前文档可以通过【窗口】菜单切换,如图 3.132 所示;也可以用快捷键 Ctrl+Tab 切换。

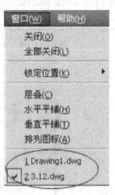

图 3.132　切换文档

本项目在项目 2 的基础上进一步绘制办公楼底层平面图,介绍了在利用 AutoCAD 绘图时如何标注文字、尺寸、标高及如何绘制指北针、详图索引符号等。要求大家能够计算出各种比例图形中的符号类对象的尺寸。

在本项目中详细讲解了以下内容。

图纸内文字高度的设定、文字格式的设定、标注文字、文字的编辑,尺寸标注的基本概念、尺寸标注样式的设定、标注尺寸、修改尺寸标注。

如何测量房间的面积以及直线长度、角度和直线的水平投影和垂直投影的长度。

门窗图形类图块和标高等符号类图块的制作和使用方法,写块(Make Block)、创建块(Write Block)两种图块制作方法的特点,修改图块属性的方法,块编辑器的使用,多重插入图块。

画直线、圆及多段线,用圆心、起点、角度的方法画圆弧,极轴的使用方法,临时追踪的使用、文字的正中对正。

表格的样式、插入表格、编辑表格尺寸、编辑表格单元、OLE 链接表格。

AutoCAD 的设计中心以及在不同的图形文档窗口中交换图形对象。

习 题

一、单选题

1. 在 AutoCAD 里绘制出图比例为 1:100 的图形时,标高符号的尺寸和制图规范内所规定的尺寸相比(   )。

    A. 要大　　　　　　　　B. 要小　　　　　　　　C. 相等

2. 在【文字样式】对话框中将文字高度设定为(   )。

    A. 0　　　　　　　　　　B. 300　　　　　　　　C. 500

3. "±" 的输入方法为(   )。

    A. P%　　　　　　　　　B. C%　　　　　　　　C. D%

4. 如用 Windows 字库内的中文字体样式(如仿宋体)输入(   ),则会出现乱码 "□"。

    A. ±　　　　　　　　　　B. °　　　　　　　　　C. φ

5. 文字编辑的命令为(   )。

    A. ED　　　　　　　　　B. DE　　　　　　　　C. RE

6. 【新建标注样式】对话框中,【主单位】选项卡内的【测量比例因子】为 "1" 时,为如实标注,如果线长为 1000mm,标注出的尺寸为(   )mm。

    A. 1600　　　　　　　　B. 1000　　　　　　　C. 2000

7. 【新建标注样式】对话框中【调整】选项卡内的【使用全局比例】和(   )应一致。

    A. 出图比例　　　　　　B. 绘图比例　　　　　　C. 局部比例

8. 标注墙段长度和洞口宽度时,第一道尺寸线的第一个尺寸应使用(   )标注命令来标注。

    A. 连续　　　　　　　　B. 基线　　　　　　　　C. 线性

9. 用(   )命令可以拉长尺寸界线起点的位置。

    A. 夹点编辑　　　　　　B. 拉伸　　　　　　　　C. 延伸

10. 为便于使用,通常将单扇门图块的尺寸定为(   )mm。

    A. 750　　　　　　　　　B. 1000　　　　　　　C. 900

11. 第三道总尺寸用(   )标注命令标注。

    A. 对齐　　　　　　　　B. 基线　　　　　　　　C. 线性

12．组成图块的所有图形元素是一个(　　)。

    A．整体　　　　　　　　　B．独立个体　　　　　　　C．都不是

13．用(　　)的方式制作的图块是一个存盘的块，它具有公共性。

    A．创建块　　　　　　　　B．写块　　　　　　　　　C．创建块和写块

14．对已经插入到图形中的图块，用(　　)命令进行修改。

    A．块在位编辑参照　　　　B．创建块　　　　　　　C．块编辑器

15．打开或关闭【极轴】的快捷键为(　　)。

    A．F10　　　　　　　　　B．F8　　　　　　　　　　C．F7

16．设定【临时捕捉】后，它能被使用(　　)次。

    A．5　　　　　　　　　　B．8　　　　　　　　　　C．1

17．在设定定位轴线编号属性时，文字的对正方式为(　　)对正。

    A．左　　　　　　　　　　B．正中　　　　　　　　C．中间

18．用圆心、起点、角度的方法画圆弧，圆心、起点、角度应按(　　)顺序选择。

    A．逆时针　　　　　　　　B．顺时针　　　　　　　C．都可以

19．出图比例为1∶100的图形内的一般文字高度为(　　)。

    A．350　　　　　　　　　B．35　　　　　　　　　C．3.5

20．通常将图块制作在(　　)图层上。

    A．0　　　　　　　　　　B．门　　　　　　　　　C．标高

二、简答题

1．建筑平面图内符号类对象的绘制有什么特点？

2．设置当前文字样式的方法有哪些？

3．文字的旋转角度和【文字样式】对话框中的【倾斜角度】有什么不同？

4．简述设计说明等大量文字的输入方法。

5．哪些地方涉及"当前"的概念？

6．简述标注轴线之间距离的第二道尺寸线的方法。

7．尺寸标注可以做哪些方面的修改？

8．测量房间面积和测量直线长度的命令分别是什么？

9．图块有什么作用？

10．如何设置【属性定义】对话框中的【值】？

11．制作图块的方法有哪些？

12．定义图块时所设定的基点有什么作用？

13．如何计算图块的插入比例？

14．用什么命令对制作好的图块进行修改？

15．多重插入图块适合在什么情况下使用？

16．一个图块是否只能设定一个属性？

17．简述OLE链接表格的方法。

18．AutoCAD的设计中心有什么作用？

19．如何在不同的图形窗口中交换图形对象？

三、自学内容

1. 使用【对齐】标注和【角度】标注命令，标注任意一条斜线的实际长度和角度。
2. 使用【半径】标注和【直径】标注命令标注任意一个圆的半径和直径。
3. 使用菜单栏中的【工具】|【查询】命令查询任意一个点的坐标。

四、绘图题

1. 制作图 3.133 所示的单个立面投影符号图块。
2. 标注项目 2 习题图 2.127 中的尺寸，并标注图名和标高。
3. 在 AutoCAD 内，绘制如图 3.134 所示的图纸目录表。

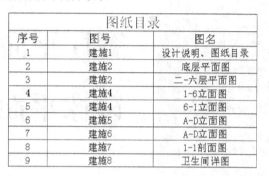

图纸目录		
序号	图号	图名
1	建施1	设计说明、图纸目录
2	建施2	底层平面图
3	建施2	二-六层平面图
4	建施4	1-6立面图
5	建施4	6-1立面图
6	建施5	A-D立面图
7	建施6	A-D立面图
8	建施7	1-1剖面图
9	建施8	卫生间详图

图 3.133 题 1 图

图 3.134 题 3 图

4. 利用所学的命令绘制图 3.135 所示的图形。

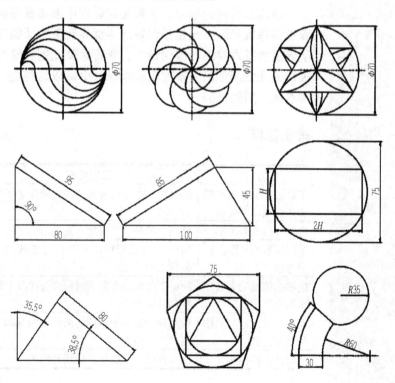

图 3.135 题 4 图

项目 **4**

餐厅平面布置图和顶棚镜像平面图的绘制

教学目标

通过本项目的学习，了解绘制餐厅平面布置图和顶棚镜像平面图的基本步骤，掌握绘制餐厅平面布置图和顶棚镜像平面图时所涉及的基本绘图和编辑命令，掌握线型比例的修改方法并重复应用前几章所学的基本绘图和编辑命令，以达到进一步加深理解和熟练运用的目的。

教学目标

能力目标	知识要点	权重
了解餐厅平面布置图和顶棚镜像平面图	绘制餐厅平面布置图和顶棚镜像平面图的步骤	3%
能跨文件复制图形	复制、带基点的复制、粘贴	3%
掌握模板的制作和使用方法	制作 1：1 的模板，利用 1：1 模板绘制各种比例的图形	10%
能够熟练地绘制餐厅平面布置图	绘制餐厅平面布置图时所涉及的基本绘图和编辑命令	42%
能够熟练地绘制顶棚镜像平面图	绘制顶棚镜像平面图时所涉及的基本绘图和编辑命令	40%
理解注释性比例	注释性比例的设定、使用和修改	2%

项目 2 和项目 3 中介绍了 AutoCAD 的基本图形绘制和编辑命令,本项目将通过绘制"附图 2 餐厅平面布置图"来学习新的绘图和编辑命令,并进一步加深对已学命令的理解,积累一些实用的编辑技巧和绘图经验;同时借助餐厅平面布置图来学习 AutoCAD 的注释性比例。

4.1 绘制 1:50 餐厅建筑平面图

1. 图形绘制前的准备

(1) 新建一个图形并将其命名为"餐厅平面布置图",利用【图层特性管理器】建立如图 4.1 所示的图层并将【轴线】图层的线型修改为"CENTER"。

(2) 选择菜单栏中的【格式】|【线型】命令,打开【线型管理器】对话框,如图 4.2 所示,其中【全局比例因子】和【当前对象缩放比例】均为 1。

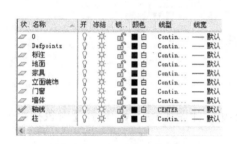

图 4.1 餐厅平面布置图的图层

图 4.2 设置线型比例

(3) 将状态栏上常用工具区中的【注释比例】设为 1:50,如图 4.3 所示。

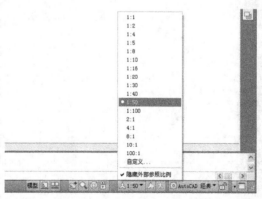

图 4.3 设置注释比例

特 别 提 示

- 当注释性比例设为 1:50 时,AutoCAD 将把线型的"全局比例因子"自动放大 50 倍,所以图 4.2 内的【全局比例因子】应是 1。
- 注释性比例只对设定后绘制图形的"全局比例因子"有效,所以应先设置注释性比例,后绘制图形。

● 如果绘图过程中修改了注释性比例，可以用【特性匹配】命令修改之前绘制图形的注释性比例。

2. 绘制轴线

(1) 将【轴线】层设置为当前层。

(2) 按照"图 C1 餐厅平面布置图"的尺寸，用【直线】和【偏移】命令绘制轴线，如图 4.4 所示。

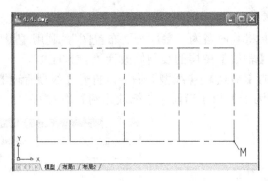

图 4.4　绘制轴线

3. 绘制柱子

(1) 将【柱】图层设置为当前层。

(2) 右击任意一个工具按钮，弹出【工具栏】菜单，如图 4.5 所示，选择【对象捕捉】，调出【对象捕捉】工具栏，如图 4.6 所示。

图 4.5　【工具栏】菜单

图 4.6　【对象捕捉】工具栏

● 在【工具栏】菜单中，显示勾选标志的是 AutoCAD 工作界面上已显示的工具栏。如果当前不显示【绘图】、【修改】、【图层】及【标准】等工具栏，可以用调出【对象捕捉】工具栏的方法重新调出。

(3) 在 A 轴线和 5 轴线相交处绘制尺寸为 300mm×400mm 的柱，柱和轴线的关系如图 4.7 所示。

单击【绘图】工具栏上的【矩形】图标 □ 或在命令行输入"Rec"并按 Enter 键，启动【矩形】命令，查看命令行：

命令： _rectang

指定第一个角点或 [倒角(C)/标高(E)/圆角(F)/厚度(T)/宽度(W)]：

① 单击【对象捕捉】工具栏上的【捕捉自】图标 □。

② 在指定第一个角点或 [倒角(C)/标高(E)/圆角(F)/厚度(T)/宽度(W)]：_from 基点：提示下，捕捉图 4.4 中的 M 点(即以 M 点作为确定矩形左下角的基点)。

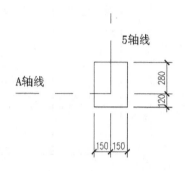

图 4.7 柱的尺寸及位置

③ 在指定第一个角点或 [倒角(C)/标高(E)/圆角(F)/厚度(T)/宽度(W)]：_from 基点：<偏移>：提示下，输入矩形左下角点 B 相对于基点 M 的坐标"@-150，-120"，结果如图 4.8 所示，这样就绘出了矩形的左下角点 B。

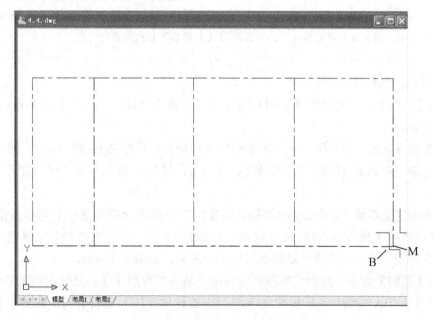

图 4.8 绘制矩形的左下角点

④ 在指定另一个角点或 [面积(A)/尺寸(D)/旋转(R)]：提示下，输入矩形右上角点 C 相对于 B 点的坐标"@300，400"，然后按 Enter 键结束命令，结果如图 4.9 所示。

上面介绍了一个非常有用的作图辅助工具【捕捉自】。借助于【捕捉自】命令，通过 5 轴线和 A 轴线的交点 M 找到了矩形的左下角点 B。注意仔细区分上面步骤②和步骤③中命令行的细微区别。

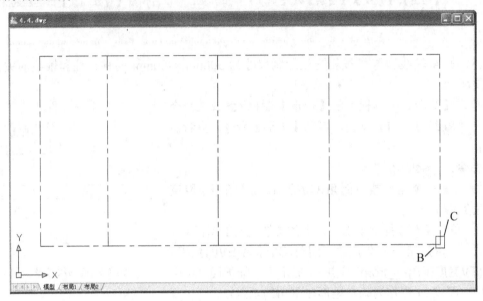

图 4.9　绘制 A 轴线和 5 轴线相交处的柱

特 别 提 示

- 在 2.11 节中用定义相对坐标基点的方法绘制了楼梯扶手，对比该命令和【捕捉自】的异同。
- 试一试，用定义相对坐标基点的方法绘制 A 轴线和 5 轴线相交处的柱。

(4) 复制出另外 7 个柱子。

单击【修改】工具栏上的【复制】图标 或在命令行输入"Co"并按 Enter 键，启动【复制】命令。

① 在**选择对象：**提示下，选择刚才绘制的矩形柱，并按 Enter 键进入下一步命令。

② 在**指定基点或 [位移(D)] <位移>：**提示下，捕捉 A 轴线和 5 轴线的交点作为复制基点。

③ 在**指定基点或 [位移(D)] <位移>：指定第二个点或 <使用第一个点作为位移>：**提示下，分别捕捉 A 轴线和 2 轴线、3 轴线、4 轴线的交点，捕捉 B 轴线和 2 轴线、3 轴线、4 轴线、5 轴线的交点，这样便复制出另外 7 个柱子，如图 4.10 所示。

学习【复制】命令一定要理解基点的作用，基点的作用是使被复制出的对象能够准确定位，所以基点(A 轴线和 5 轴线的交点)必须准确地捕捉到(注意打开【对象捕捉】功能)。

特 别 提 示

- 也可用【阵列】命令复制另外 7 个柱子，参数为 2 行、4 列、行偏移 6500、列偏移−3900。

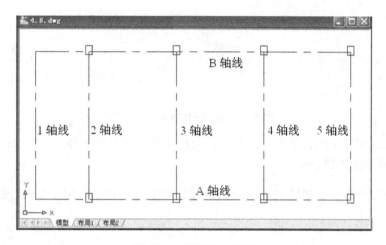

图 4.10　复制 7 个柱子

图 4.10　复制 7 个柱子

4. 用【多线】命令绘制 220 厚墙体

1) 绘制 A 轴线和 B 轴线上的 220 厚墙体

(1) 将【墙体】图层设置为当前层，设 Standard 样式为当前多线样式。

(2) 选择菜单栏中的【绘图】|【多线】命令，或在命令行输入"Ml"，启动【多线】命令，查看命令行：

命令：_mline

当前设置：　对正 = 上，比例 = 20.00，样式 = STANDARD

① 在**指定起点或** [对正(J)/比例(S)/样式(ST)]：提示下，输入"S"后按 Enter 键。

② 在**输入多线比例 <20.00>**：提示下，输入"220"后按 Enter 键，把多线的比例由 20 更改为 220。

③ 对正类型默认为"上"，不需修改。

④ 在**指定起点或** [对正(J)/比例(S)/样式(ST)]：提示下，打开【对象捕捉】功能，捕捉 A 点作为多线的起点，将光标水平向右拖动，会发现墙的位置不正确，如图 4.11 所示，按 Esc 键中断【多线】命令。

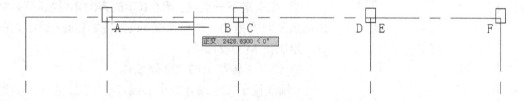

图 4.11　绘制 AB 墙的错误操作

(3) 再次按 Enter 键重复【多线】命令。

① 在**指定起点或** [对正(J)/比例(S)/样式(ST)]：提示下，捕捉 B 点。

② 在**指定下一点或** [闭合(C)/放弃(U)]：提示下，将光标水平向左拖动，然后捕捉 A 点(如图 4.12 所示)，按 Enter 键结束命令，绘制出 BA 墙体。

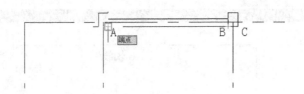

图 4.12　绘制 AB 墙的正确操作

（4）多次重复【多线】命令，按照从右向左运笔的方向绘制 DC、FE、HG、JI、LK 等段墙体，结果如图 4.13 所示。

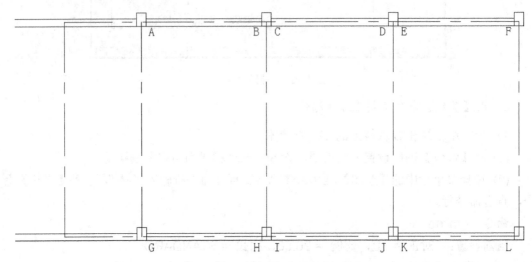

图 4.13　绘制 A 和 B 轴线上的墙

2）绘制 5 轴线上的 220 厚墙体

启动【多线】命令，查看命令行：

命令：_mline

当前设置：对正 = 上，比例 = 220.00，样式 = STANDARD

图 4.14　绘制 5 轴线墙体

① 在指定起点或 [对正(J)/比例(S)/样式(ST)]：提示下，捕捉 M 点，如图 4.14 所示。

② 在指定下一点或 [闭合(C)/放弃(U)]：提示下，将光标水平向上拖动，然后捕捉 N 点，按 Enter 键结束命令，绘制出 MN 段墙体。

3）绘制 1 轴线上的 220 厚墙体

1 轴线位于 220 墙体的中心线，所以多线的对正类型应改为"无"。

启动【多线】命令，查看命令行：

命令：_mline

当前设置：对正 = 上，比例 = 220.00，样式 = STANDARD

① 在指定起点或 [对正(J)/比例(S)/样式(ST)]：提示

下，输入"J"后按 Enter 键。

② 在**输入对正类型 [上(T)/无(Z)/下(B)] <上>**：提示下，输入"Z"后按 Enter 键，将对正方式改为"Z"(即中心对正)。

③ 在**指定起点或 [对正(J)/比例(S)/样式(ST)]**：提示下，捕捉 B 轴线和 1 轴线的交点作为多线的起点。

④ 在**指定下一点或 [闭合(C)/放弃(U)]**：提示下，将光标向下拖动，捕捉 A 轴线和 1 轴线的交点，按 Enter 键结束命令，结果如图 4.15 所示。

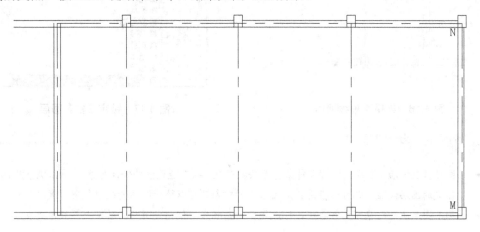

图 4.15　绘制 1 轴线墙体

4) 理解【多线】命令

餐厅建筑平面中大部分墙体的中心线和轴线不重合，所以不能利用轴线对墙体进行定位。观察"餐厅建筑平面图"(见附图 2 餐厅平面布置图)可知该部分的墙线和柱子的某个边线相重合，可以借助于 8 根柱子，并将多线的对正类型设定为"上"或"下"来定位墙体。但是绘制墙线时不易判断出应该用"上"对正还是用"下"对正类型。有一个技巧，只需掌握"上"或"下"一种对正类型，就可以完成墙体的绘制。将对正设置为"上"，如果从左向右画墙不对，则从右向左画墙肯定可以，如餐厅 A 轴线和 B 轴线上的 220 墙体的绘制；如果从上向下画墙不对，则从下向上画墙肯定可以，如餐厅 5 轴线上的 220 墙体的绘制。

⬤ 特 别 提 示 ┅┅┅┅┅┅┅┅┅┅┅┅┅┅┅┅┅┅┅┅┅┅┅┅┅┅┅┅┅┅┅┅┅

● 餐厅建筑平面图的绘图顺序为先画轴线，再由轴线定柱子的位置，然后由柱子定墙的位置。而项目 2 中办公楼建筑平面图的绘图顺序为先画轴线，再由轴线定墙的位置。

┅┅┅

5) 编辑 1 轴线墙体

用多线编辑命令修改 A、B 轴线和 1 轴线的相交处，结果如图 4.16 中圆圈内所示。

6) 锁定【柱】图层

单击【图层】工具栏上的【图层控制】下拉按钮，在下拉列表中单击【柱】图层的锁，锁由蓝变黄并呈闭锁状态，【柱】图层被锁定，如图 4.17 所示。

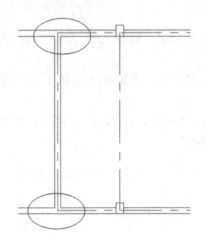

图 4.16　编辑 1 轴线墙体

图 4.17　锁定【柱】图层

特别提示

- 图层被锁定后，图层上的所有对象将无法被修改，从而避免意外修改对象。AutoCAD 2010 把被锁定的图层淡显，既可以查看锁定图层上的对象又可以降低图形的视觉复杂程度。
- 锁定图层上的对象可正常打印，可以显示对象捕捉，但锁定图层的对象上不显示夹点。

7) 分解墙线

(1) 单击【修改】工具栏上的【分解】图标 或在命令行输入"X"并按 Enter 键，启动【分解】命令。

(2) 在**选择对象**：提示下，输入"All"后按 Enter 键，所有用【多线】命令绘制的墙线均变为虚线，然后按 Enter 键结束命令。

注意：由于【柱】图层被锁定后不能被【分解】命令分解，这里可以用"All"的方法选择对象。

5. 绘制门窗洞口

(1) 将【墙体】图层设置为当前层，同时将【轴线】图层关闭，参照 2.8 节所述的方法及图 4.18 所示的尺寸，用【对象追踪】、【直线】和【偏移】命令绘制门窗洞口边线，结果如图 4.18 所示。

(2) 单击【修改】工具栏上的【修剪】图标 或在命令行输入"Tr"并按 Enter 键，启动【修剪】命令。

① 在**选择对象或 <全部选择>**：提示下，按 Enter 键执行尖括号内的默认值"全部选择"，将图形文件中的所有图形对象都作为剪切边界。

② 在**选择要修剪的对象，或按住 Shift 键选择要延伸的对象，或[栏选(F)/窗交(C)/投影(P)/边(E)/删除(R)/放弃(U)]**：提示下，输入"F"后按 Enter 键。

③ 在**指定第一个栏选点或 [放弃(U)]：及指定下一个栏选点或 [放弃(U)]** ：提示下，在 A~J 处依次单击，拖出如图 4.19 所示的虚线，虚线和两个"门"及四个"窗"相交。

④ 按 Enter 键后，所有与虚线相交的墙线被剪掉。

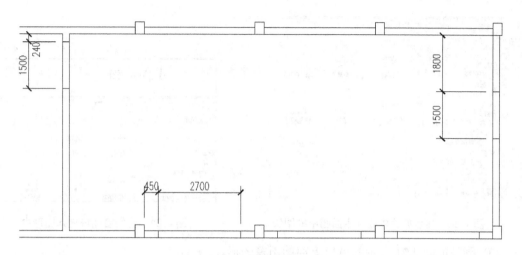

图 4.18　绘制门窗洞口

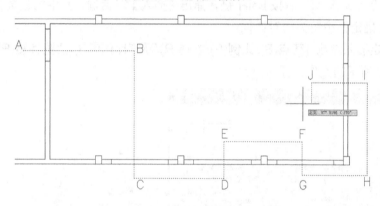

图 4.19　执行栏选

特 别 提 示

● 从 AutoCAD 2006 版开始，多线不需分解就可以用【修剪】命令进行修剪。

6. 绘制门窗

(1) 将【门窗】图层设置为当前层。

(2) 单击【标准】工具栏上的【设计中心】图标🔳或按 Ctrl+2 组合键，打开 AutoCAD 的【设计中心】窗口。

　　① 在【设计中心】窗口中，单击左上角的【打开】按钮📂，打开【加载】对话框，选择前面绘制的"办公楼底层平面图"，将其加载到【设计中心】中。

　　② 双击左侧的【块】选项，显示"办公楼底层平面图.dwg"所包含的所有图块名称列表，如图 4.20 所示。

　　③ 选择列表中"门"和"窗"图块，并将其拖动到当前图形中，如图 4.21 所示。这样"门"和"窗"图块进入该图形的图块库内。

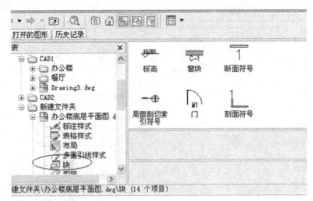

图 4.20 显示办公楼底层平面图中的图块

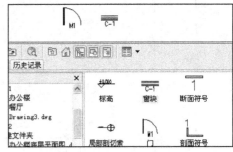

图 4.21 将门窗图块拖入图形中

(3) 删除如图 4.21 所示的窗口上部的门窗图形。

(4) 在命令行输入"I"后按 Enter 键，弹出【插入】对话框，其中的参数设置如图 4.22 所示。单击【确定】按钮关闭对话框。

① 在**指定插入点或 [基点(B)/比例(S)/旋转(R)/预览比例(PS)/预览旋转(PR)]:** 提示下，捕捉如图 4.23 所示的点作为插入点。

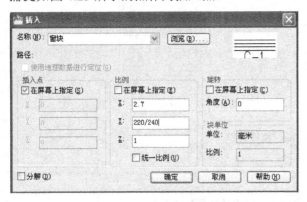

图 4.22 【插入】对话框

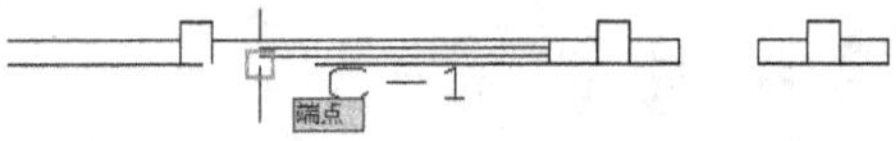

图 4.23 捕捉插入点

② 在**输入轴线编号 <C-1>:** 提示下，按 Enter 键执行尖括号内的值，同时结束命令。

(5) 双击窗图块，打开【增强属性编辑器】对话框，将【文字选项】选项卡内的【宽度因子】修改为"1"。

(6) 启动【复制】命令，复制出另外 2 个窗。

(7) 在 1 轴线和 5 轴线的门洞口内插入"门"图块，注意勾选【统一比例】复选框，比例值为 0.75，旋转角度分别为 90 和-90，结果如图 4.24 所示。

(8) 启动【镜像】命令，分别镜像复制出另外两个门扇，结果如图 4.25 所示。

观察图 4.25 发现，1 轴线和 5 轴线上的门均有两个"M-1"编号。

(9)修改 1 轴线和 5 轴线上门的编号。

① 双击其中一个"M-1"，打开【增强属性编辑器】对话框，将【值】文本框中的"M-1"删除后按【确定】按钮，关闭对话框。

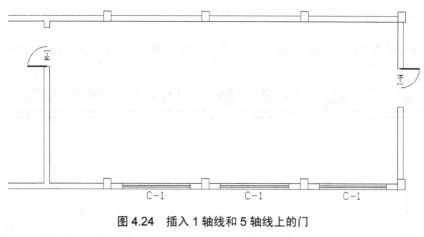

图 4.24　插入 1 轴线和 5 轴线上的门

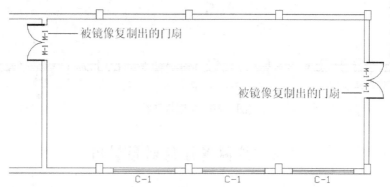

图 4.25　插入并复制门窗

② 无命令的状态下，单击剩余的"M-1"，该门块变虚并出现两个蓝色夹点，如图 4.26 所示。

③ 单击"M-1"上的蓝色夹点使其变红，则"M-1"变活，将其放到如图 4.27 所示的位置。

④ 双击"M-1"，打开【增强属性编辑器】对话框，如图 4.28 所示，将文字的高度改为 150。

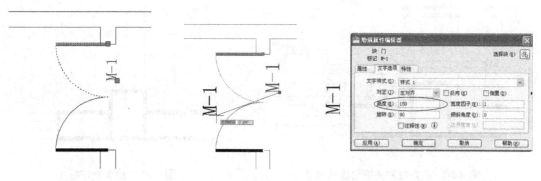

图 4.26　单击"M-1"　　　图 4.27　改变"M-1"位置　　　图 4.28　改变"M-1"高度

7. 加粗墙和柱

在命令行输入"Pe"并按 Enter 键，启动多段线编辑命令，将墙柱的线宽加粗至 30mm，结果如图 4.29 所示。

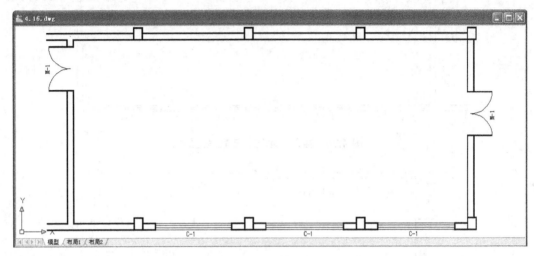

图 4.29　加粗墙和柱

4.2　绘制餐厅内部布置图

1. 绘制装饰柱

装饰柱和装饰台度的尺寸如图 4.30 所示。

(1) 将【立面装饰】图层设置为当前层，打开【正交】和【对象捕捉】功能。

(2) 单击【绘图】工具栏上的【多段线】图标 ↵ 或在命令行输入"Pl"并按 Enter 键，启动【多段线】命令。

① 在指定起点：提示下，捕捉如图 4.30 所示的 A 点。

② 在当前线宽为 0.0000，指定下一个点或[圆弧(A)/半宽(H)/长度(L)/放弃(U)/宽度(W)]：提示下，将光标垂直向上拖动，输入"300"后按 Enter 键，结果如图 4.31 所示。

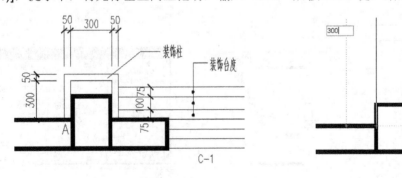

图 4.30　装饰柱和装饰台度的尺寸　　　　图 4.31　绘制装饰柱 1

③ 在指定下一个点或 [圆弧(A)/半宽(H)/长度(L)/放弃(U)/宽度(W)]：提示下，将光标水

平向右拖动，输入"300"后按 Enter 键。

④ 在指定下一个点或 [圆弧(A)/半宽(H)/长度(L)/放弃(U)/宽度(W)]：提示下，将光标垂直向下拖动，输入"300"后按 Enter 键结束命令，结果如图 4.32 所示。

(3) 执行【偏移】命令，将图 4.32 中的 M 线向外偏移 15mm 和 50mm。最后删除 M 线，结果如图 4.33 所示。

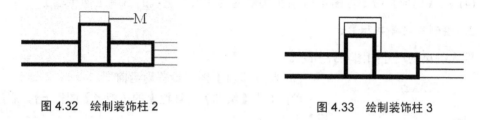

图 4.32　绘制装饰柱 2　　　　　　　　图 4.33　绘制装饰柱 3

● 将全局宽度为"0"的多段线加粗至 30mm，AutoCAD 是以 0 宽度的多段线为中心，左加"15"，右加"15"。所以捕捉 A 点绘制出的图 4.28 中的 M 线的位置位于 30mm 宽多段线的中心位置。

(4) 执行【复制】命令，将装饰柱复制到另外两个柱子上，结果如图 4.34 所示。

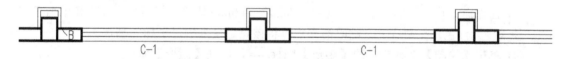

图 4.34　绘制装饰柱 4

2. 绘制装饰台度

(1) 单击【绘图】工具栏上的【直线】图标✏或在命令行输入"L"并按 Enter 键，启动【直线】命令。

① 在 line 指定第一点：提示下，将光标放在如图 4.34 所示的 B 点处，不单击，待出现端点捕捉符号后，将光标垂直向上慢慢拖动，会出现一条虚线，然后输入"75"后按 Enter 键，确定直线的起点。

② 在指定下一点或[放弃(U)]：提示下，将光标水平向右拖动，按住 Shift 键右击，在弹出的【临时捕捉】快捷菜单中选择【垂足】选项。

③ 将光标放在如图 4.35 所示的位置，出现垂足捕捉后单击，按 Enter 键结束命令。

图 4.35　绘制装饰台度 1

(2) 执行【偏移】命令，将刚才绘制的台度线向上偏移 100mm 和 75mm。

(3) 执行【复制】命令，复制出 3、4 轴线和 4、5 轴线之间的台度，结果如图 4.36 所示。

图 4.36 绘制装饰台度 2

(4) 用【延伸】命令将图 4.36 所示圆圈内的 3 条台度线的右端延伸至墙上。

3. 绘制室内餐桌和凳子

四人餐桌的尺寸如图 4.37 所示。

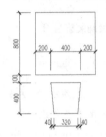

图 4.37 餐桌和凳子的尺寸

(1) 将【家具】图层设置为当前层。

(2) 单击【绘图】工具栏上的【矩形】图标 ▭，启动【矩形】命令。

① 在**指定第一个角点或 [倒角(C)/标高(E)/圆角(F)/厚度(T)/宽度(W)]**：提示下，在餐厅内部任意单击一点作为矩形的第一个角点。

② 在**指定另一个角点或 [面积(A)/尺寸(D)/旋转(R)]**：提示下，输入"@800，800"后按 Enter 键结束命令，绘制出 800mm×800mm 的四人餐桌。

(3) 在无命令状态下单击刚才绘制的 800mm×800mm 矩形，然后单击左下角的蓝色夹点，使其变为红色，按两次 Esc 键取消夹点，将该点定义为相对坐标的基点。

(4) 单击【绘图】工具栏上的【矩形】图标 ▭，启动【矩形】命令。

① 在**指定第一个角点或 [倒角(C)/标高(E)/圆角(F)/厚度(T)/宽度(W)]**：提示下，输入"@200，-500"后按 Enter 键，表示把矩形的左下角点绘制在相对坐标基本点偏右 200、偏下 500 处，结果如图 4.38 所示。

② 在**指定另一个角点或 [面积(A)/尺寸(D)/旋转(R)]**：提示下，输入"@400，400"后按 Enter 键结束命令，结果如图 4.39 所示。

图 4.38 绘制凳子 1   图 4.39 绘制凳子 2

(5) 单击【修改】工具栏上的【倒角】图标 ⌐ 或在命令行输入"Cha"并按 Enter 键，启动【倒角】命令，查看命令行：

命令：_chamfer

当前设置：（"修剪"模式)当前倒角距离 1 = 0.0000，距离 2 = 0.0000

① 在**选择第一条直线或 [放弃(U)/多段线(P)/距离(D)/角度(A)/修剪(T)/方式(E)/多个(M)]**：提示下，输入"D"后按 Enter 键，表示要改变倒角距离。

② 在**指定第一个倒角距离<0.0000>：**提示下，输入"400"，将第一倒角距离设定为400mm。

③ 在**指定第二个倒角距离<400.0000>：**提示下，输入"40"，将第二倒角距离设定为40mm。

④ 在**选择第一条直线或 [放弃(U)/多段线(P)/距离(D)/角度(A)/修剪(T)/方式(E)/多个(M)]：**提示下，拾取图 4.39 中的 A 线。

⑤ 在**选择第二条直线，或按住 Shift 键选择要应用角点的直线：**提示下，拾取图 4.39 中的 B 线偏左一端，结果如图 4.40 所示。

(6) 按 Enter 键重复【倒角】命令。

① 查看命令行可知：AutoCAD 以用户上一次使用的值为默认值，所以不需再次设置第一和第二倒角距离。

命令：_chamfer

当前设置：（"修剪"模式)当前倒角距离 1 = 400.0000，距离 2 = 40.0000

② 在**选择第一条直线或 [放弃(U)/多段线(P)/距离(D)/角度(A)/修剪(T)/方式(E)/多个(M)]：**提示下，拾取图 4.39 中的 C 线。

③ 在**选择第二条直线，或按住 Shift 键选择要应用角点的直线：**提示下，拾取图 4.39 中的 B 线偏右一端，结果如图 4.41 所示。

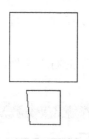 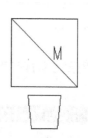

图 4.40　绘制凳子 3　　　　　　　　　　图 4.41　绘制凳子 4

特 别 提 示

- 观察步骤（6）【倒角】命令可知，模式为"修剪"，如果将模式修改为"不修剪"，执行【倒角】命令后结果不一样。
- 当【倒角】命令的第一和第二倒角距离不同时，第一和第二倒角对象选择顺序不同，倒角结果不同。

(7) 启动【直线】命令，分别捕捉桌子的左上角点和右下角点作为直线的起点和端点，绘制出如图 4.41 所示的辅助线 M。

(8) 在无命令状态下选择凳子和辅助线 M，出现蓝色夹点，如图 4.42 所示，单击辅助线 M 中间的夹点使其变红。查看命令行，此时命令行显示【拉伸】命令。

① 反复按 Enter 键，直至滚动至【旋转】命令。

② 在**指定旋转角度或 [基点(B)/复制(C)/放弃(U)/参照(R)/退出(X)]：**提示下，输入"C"后按 Enter 键，执行【复制】子命令。

③ 在旋转(多重)指定旋转角度或 [基点(B)/复制(C)/放弃(U)/参照(R)/退出(X)]：提示下，分别输入"90"按 Enter 键、输入"180"按 Enter 键、输入"270"按 Enter 键，最后按 Enter 键结束命令，结果如图 4.43 所示。

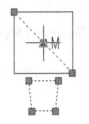

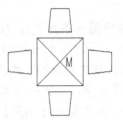

图 4.42　绘制凳子 5　　　　　　　　　　　　图 4.43　绘制凳子 6

（特　别　提　示）

● 第（8）步执行了夹点编辑中的旋转复制命令，复制出 3 个对象并将它们分别围绕热夹点相对于源对象旋转 90°、180° 和 270°。

● 用环形阵列命令也可以实现步骤（8）的效果，参数为：【中心点】选择辅助线 M 的中点，选择凳子为旋转对象，【项目总数】为 4，【填充角度】为 360。

（9）删除图 4.43 中的两个对角线后，用【旋转】命令将桌子和凳子旋转 45°，形成调角布置。

（10）参照附图 2 餐厅平面布置图，将桌子和凳子放到餐厅的右下角处，结果如图 4.44 所示。

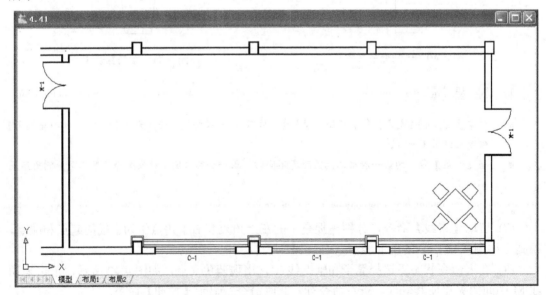

图 4.44　放置四人餐桌

（11）使用【阵列】命令复制出其他 9 组桌子和凳子，参考参数为：2 行、5 列、行偏移 1600，列偏移−2100。

(12) 将右上角一组桌凳删除，结果如图 4.45 所示。

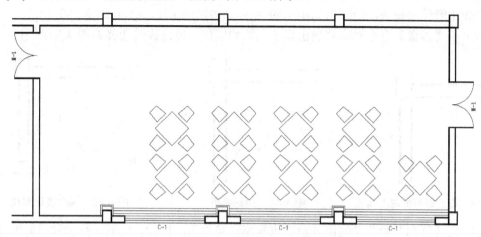

图 4.45　阵列复制四人餐桌

4. 绘制火车座

火车座的尺寸如图 4.46 所示。

(1) 当前层仍为【家具】图层，用窗口放大命令将餐厅的右上角放大。

(2) 单击【绘图】工具栏上的【矩形】图标 □，启动【矩形】命令。

① 在**指定第一个角点或 [倒角(C)/标高(E)/圆角(F)/厚度(T)/宽度(W)]**：提示下，捕捉图 4.46 中所示的 M 点作为矩形的第一个角点。

② 在**指定另一个角点或 [面积(A)/尺寸(D)/旋转(R)]**：提示下，输入 "@-200,-1200"后按 Enter 键结束命令，绘制出 1200mm 长、200mm 宽的靠背。

(3) 重复【矩形】命令，捕捉靠背的左上角点为第一个角点，对角点的坐标为 "@-400，-1200"，绘制出 1200 长、400 宽的座位。

(4) 启动【直线】命令，捕捉 400×1200 座位的两个长边的中点，作为直线的起点和终点，结果如图 4.47 所示。

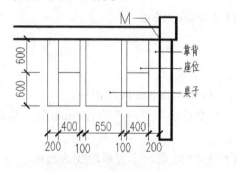

图 4.46　火车座的尺寸

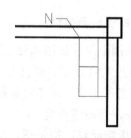

图 4.47　绘制靠背和座位

(5) 打开【正交】、【对象捕捉】和【对象追踪】功能，启动【矩形】命令。

① 在**指定第一个角点或 [倒角(C)/标高(E)/圆角(F)/厚度(T)/宽度(W)]**：提示下，捕捉图 4.47 中所示的 N 点，不单击，如图 4.48 所示，将光标向左拖动，会出现一条虚线，输入 "100"后按 Enter 键，确定矩形的左上角点的位置。

② 在指定另一个角点或 [面积(A)/尺寸(D)/旋转(R)]：提示下，输入"@-650，-1200"后按 Enter 键结束命令，绘制出如图 4.49 所示的 1200mm 长、650mm 宽的桌子。

(6) 用【镜像】命令对称复制出桌子左侧的座位，镜像线的选择如图 4.50 所示。

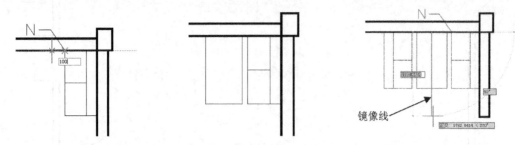

图 4.48 确定矩形的右上角点　　图 4.49 绘制桌子　　图 4.50 镜像复制座位

(7) 用【阵列】命令复制出其余的火车座，参数为：1 行、6 列、列偏移-1850，结果如图 4.51 所示。

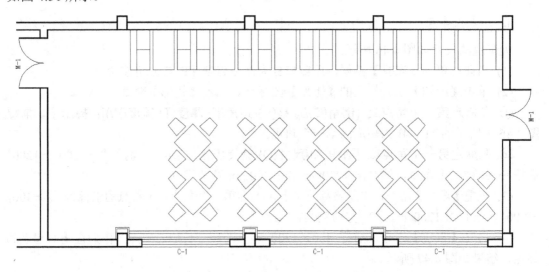

图 4.51 用【阵列】命令复制火车座

5. 绘制酒柜和吧台

吧台和酒柜尺寸如图 4.52 所示。

(1) 如图 4.53 所示，用【矩形】命令绘制 400mm×2600mm 的酒柜。

(2) 打开【正交】和【对象捕捉】功能，在命令行输入"PL"后按 Enter 键，启动【多段线】命令，当前线宽为"0"。

① 在指定起点：提示下，捕捉如图 4.53 所示的 M 点，作为多段线的起点。

② 在指定下一个点或 [圆弧(A)/半宽(H)/长度(L)/放弃(U)/宽度(W)]：提示下，将光标水平向右拖动，输入"1475"并按 Enter 键，绘制出第一段多段线。

③ 在指定下一个点或 [圆弧(A)/半宽(H)/长度(L)/放弃(U)/宽度(W)]：提示下，将光标垂直向下拖动，输入"2600"并按 Enter 键结束命令，绘制出如图 4.54 所示的 N 线，按 Enter 键结束命令。

(3) 启动【偏移】命令，将 N 线向右偏移 600mm，结果如图 4.54 所示。

(4) 单击【修改】工具栏上的【圆角】图标 或在命令行输入"F"并按 Enter 键，启动【圆角】命令，查看命令行：

命令：fillet

当前设置：模式 = 修剪，半径 = 0.0000

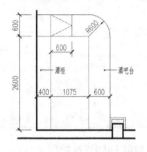

图 4.52　吧台和酒柜尺寸

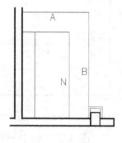

图 4.53　绘制酒柜　　　　　图 4.54　绘制吧台

① 在**选择第一个对象或 [放弃(U)/多段线(P)/半径(R)/修剪(T)/多个(M)]**：提示下，输入"R"并按 Enter 键，表示要修改倒角半径。

② 在**指定圆角半径 <0.0000>**：提示下，输入"600"并按 Enter 键，表示将倒角半径修改为 600mm。

③ 在**选择第一个对象或 [放弃(U)/多段线(P)/半径(R)/修剪(T)/多个(M)]**：提示下，选择图 4.54 中 A 线的偏右端处。

④ 在**选择第二个对象，或按住 Shift 键选择要应用角点的对象**：提示下，选择图 4.54 中 B 线的偏上端处，结果如图 4.55 所示。

(5) 当前层仍为【家具】图层，用【直线】和【偏移】命令绘制工作区出入口处的上翻门，结果如图 4.56 所示。

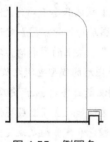

图 4.55　倒圆角

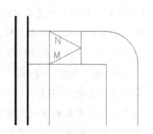

图 4.56　绘制上翻门

(6) 修改线型：图 4.56 中表示上翻门开启方向的 M 线和 N 线应为虚线。

① 加载虚线：选择菜单栏中的【格式】|【线型】命令，打开【线型管理器】对话框。

② 单击【线型管理器】对话框右上角的【加载】按钮，打开【加载或重载线型】对话框。

③ 如图 4.57 所示，找到"HIDDEN"线型并选中后单击【确定】按钮，返回【加载或重载线型】对话框，结果如图 4.58 所示。

④ 单击【确定】按钮，关闭对话框。

⑤ 在无命令状态下选择图 4.56 中的 M 线和 N 线。

⑥ 如图4.59所示，在【特性】工具栏上【线型控制】下拉列表中选择"HIDDEN"线型，结果如图4.60所示：M线和N线的线型被更改成虚线"HIDDEN"。

图4.57 选中HIDDEN线型

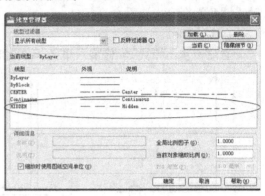

图4.58 加载HIDDEN线型

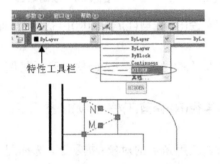

图4.59 选择HIDDEN线型

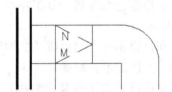

图4.60 将M线和N线更改为HIDDEN线型

● ○ 特 别 提 示 ∙∙

- 【特性】工具栏上的【颜色控制】、【线型控制】、【线宽控制】默认状态下均为"ByLayer"，即随层，它表示绘制在图层上的对象的颜色、线型和线宽和【图层特性管理器】对话框中的设定相同。例如"家具"层的线型为Continuous，则绘制在"家具"层上的图形均为实线。如果更改"家具"层的线型，绘制在"家具"层上的设定为ByLayer图形的线型也随之改变，即随层。
- 第⑥步将表示上翻门开启方向的M线和N线的【线型控制】设定由"ByLayer"更改为"HIDDEN"，而【颜色控制】和【线宽控制】的设定仍为"ByLayer"，这样如果在【图层特性管理器】对话框内改变"家具"层的颜色、线型和线宽，M线和N线的颜色和线宽随之改变，而它们的线型不会改变，仍保持为HIDDEN。
- 为便于修改图形的特征，一般情况下建议选择"ByLayer"。

(7) 修改虚线的线型比例：取消夹点后，可以看出虚线的线段太长，不美观。接下来修改虚线的线型比例以改变虚线的显示。

① 如图4.61所示，在无命令的状态下选中M线和N线。

② 单击【标准】工具栏上的【特性】图标 ▣，打开【特性】对话框，将线型比例由"1"改为"0.4"，然后关闭对话框。由于该虚线的线型比例发生变化，所以其显示状态发生了变化。

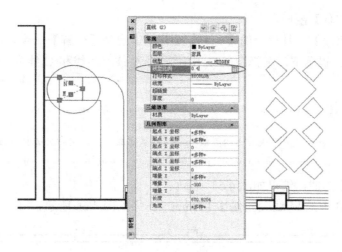

图 4.61 修改线型比例

- 通常需要反复修改线型比例，直至合适为止。
- 一般情况下较长的非 Continuous 线（如 HIDDEN 和 CENTER）的显示通过【线型管理器】内的【全局比例因子】即可实现。但是较短的非 Continuous 线还需要调整【特性】对话框内的线型比例，以达到美观的要求。

4.3 绘制餐厅地面布置图

1. 绘制 150 宽蒙古黑花岗岩镶边

(1) 启动【偏移】命令，偏移距离设为 150mm，将酒柜的外侧边线、一条台度线和部分墙体向餐厅内部偏移 150mm，偏移复制出如图 4.62 内圆圈标示的图形。

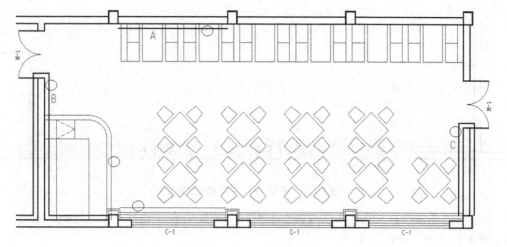

图 4.62　偏移复制图形

(2) 关闭【家具】图层。

(3) 单击【修改】工具栏上的【分解】图标 ，启动【分解】命令。

在**选择对象**：提示下，选择图 4.62 中所示的 A 线、B 线和 C 线为分解对象，然后按 Enter 键结束命令。

特 别 提 示 ⋯⋯⋯⋯⋯⋯⋯⋯⋯⋯⋯⋯⋯⋯⋯⋯⋯⋯⋯⋯⋯⋯⋯⋯⋯⋯⋯⋯⋯⋯⋯⋯⋯⋯⋯⋯⋯⋯

● 多段线被分解后，会变成普通的直线(line)，线宽变成"0"，同时失去整体性。

⋯⋯

(4) 删除多余的线，结果如图 4.63 所示。

(5) 将图 4.63 中的 M 线向左偏移 150mm，结果如图 4.64 所示。

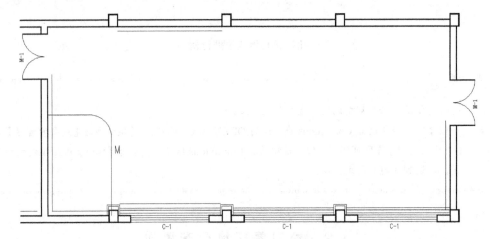

图 4.63　分解并修改多段线

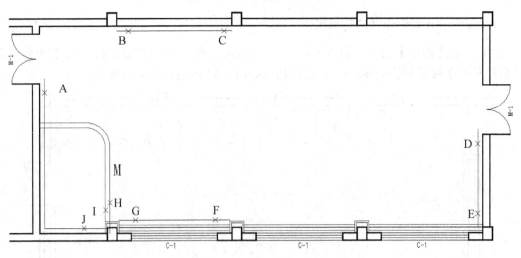

图 4.64　将 M 线向左偏移 150mm

(6) 单击【修改】工具栏上的【圆角】图标 或在命令行输入"F"并按 Enter 键，启动【圆角】命令，查看命令行：

命令：fillet

当前设置： 模式 = 修剪，半径 = 0.0000

① 在**选择第一个对象或 [放弃(U)/多段线(P)/半径(R)/修剪(T)/多个(M)]**：提示下，拾取图 4.64 所示的 A 处。

② 在**选择第二个对象，或按住 Shift 键选择要应用角点的对象**：提示下，拾取 B 处。

(7) 多次重复【圆角】命令，修改 C 和 D 处、E 和 F 处、G 和 H 处、I 和 J 处，结果如图 4.65 所示。

(8) 启动【修剪】命令，将图 4.65 中椭圆内的两条短线剪掉。

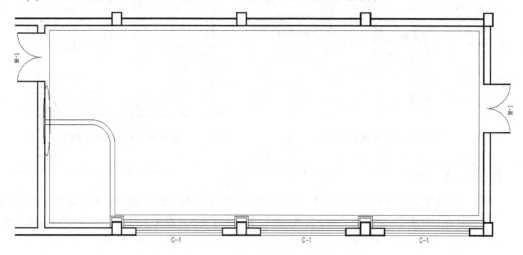

图 4.65　用【圆角】命令修改图形

(9) 换图层：由于 150mm 的镶边是由墙体、酒柜和台度线偏移而得到的，所以它们目前分别位于【墙体】、【家具】和【立面装饰】图层上，应将它们换到【地面】图层上。

2. 绘制 600mm × 600mm 中国红花岗石

(1) 将【地面】图层设置为当前层，同时打开【家具】图层，【轴线】图层仍处于关闭状态。

(2) 单击【绘图】工具栏上的【图案填充】图标❑或在命令行输入"H"后按 Enter 键，打开【图案填充和渐变色】对话框，然后打开【类型】下拉列表，如图 4.66 所示。图案填充类型分为预定义、用户定义和自定义 3 种。

(3) 用【预定义】图案填充。

① 选择填充类型为"预定义"，然后单击【图案】文本框右侧的❑按钮，打开【填充图案选项板】对话框，选择【其他预定义】选项卡中的 NET 图案，如图 4.67 所示。

●（特）别（提）示

● 【其他预定义】选项卡中的 AR-CONC 是混凝土图案，AR-SAND 是砂浆图案，【ANSI】选项卡中的 ANSI31 是砖图案，将 AR-CONC 和 ANSI31 叠加后即为钢筋混凝土图案。

② 单击【确定】按钮返回【图案填充和渐变色】对话框，【图案】文本框内显示为 NET，如图 4.68 所示。

③ 将【角度】设置为"0"，表示填充时不旋转填充图案；将【比例】设置为"200"，表示填充时将图案放大200倍。

图 4.66　选择填充类型　　　　　　　　　图 4.67　选择 NET 图案

特 别 提 示

● 填充比例是控制图案疏密的参数，比例值越大，图案越稀；比例值越小，图案越密。当比例参数设置不合适时，图案会显示不出来，所以在设置该参数时应反复试验、预览以获得最佳效果。

④ 在【图案填充原点】选项组内选择【指定的原点】单选按钮，此时【单击以设置新原点】按钮变为可用状态，如图4.69所示。

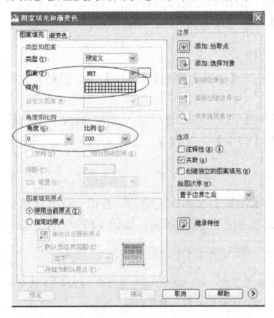

图 4.68　【图案填充和渐变色】对话框　　　　图 4.69　选择【指定的原点】单选按钮

⑤ 然后单击【单击以设置新原点】按钮 ，在**指定原点：**提示下，选择如图 4.70 所示部位为图案填充的新原点。

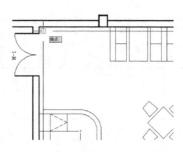

图 4.70 选择图案填充的新原点

特 别 提 示

● 如果图案填充原点位置不同，相同图案填充的效果也就不同。默认状态下图案填充原点位于被填充区域的中心。该案例中选择左上角点为图案填充的新原点，这时填充图案从左上角点向右下角点绘制，当填充区域的尺寸不是填充图案的整数倍时，不完整的图案放在填充区域的下部和右侧。

⑥ 单击【拾取点】按钮，指定被填充区域的内部点，这时对话框消失。

⑦ 在拾取内部点或 [选择对象(S)/删除边界(B)]：提示下，在家具之间单击。此时 AutoCAD 检测到包含这一点的封闭区域的边界并呈虚线显示，如图 4.71 所示。

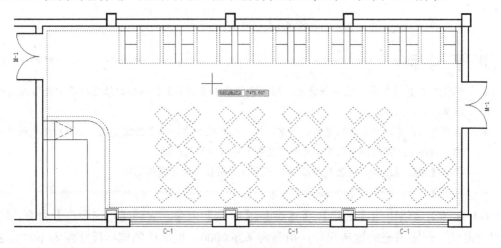

图 4.71 选择被填充的区域

⑧ 按 Enter 键返回【图案填充和渐变色】对话框。单击【预览】按钮，观察填充效果，按 Esc 键再返回【图案填充和渐变色】对话框。单击【确定】按钮关闭对话框，结果如图 4.72 所示。

注意：被填充区域必须是封闭的区域，否则将无法填充。AutoCAD 2010 新增检测到无效的图案填充边界，并标示红色圆，以显示问题区域位置的功能，如图 4.73 所示。退出命令后，红色圆仍处于显示状态，从而有助于用户查找和修复图案填充边界。再次启动 HATCH 命令时，或者如果输入"REDRAW"（重画）或"REGEN"（重生成）命令，红色圆将消失。

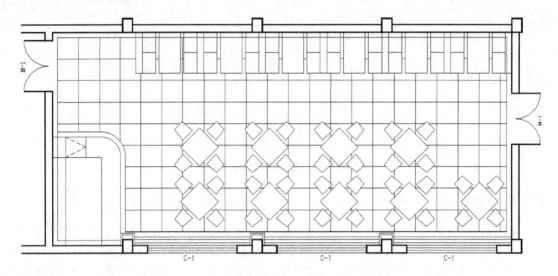

图 4.72 填充地面

图 4.73 问题区域标示

特 别 提 示 ....

- 预览功能并没有真正地执行填充过程，只有单击【确定】按钮后，填充结果才能写入图形数据库。
- 在预览状态下，如果对填充效果满意，按 Enter 键或右击接受图案填充；如果对填充效果不满意，则按 Esc 键返回【图案填充和渐变色】对话框修改参数。
- 单击【图案填充和渐变色】对话框右下角的 ⊙ 图标可展开高级选项。

(4) 选择菜单栏中的【工具】|【查询】|【距离】命令，启动【查询距离】命令。测量用"预定义"图案填充的地砖尺寸，距离为 635.0000，但地砖的实际尺寸应为 600，这样用"预定义"内的 NET 图案填充地砖的尺寸不够精准。

(5) 用【用户定义】图案填充。

① 打开【图案填充和渐变色】对话框，在【类型】下拉列表中选择【用户定义】选项。

② 观察【样例】选项右侧的图案，可以发现图案为水平的线条状。勾选【双向】复选框，可以发现【样例】选项右侧的图案变为网格状，如图 4.74 所示。

③ 设定【角度】为"0"，【间距】为"600"。

④ 单击【单击选择新原点】按钮，仍选择如图 4.70 所示部位为图案填充的新原点。

⑤ 单击【拾取点】按钮，这时对话框消失，在拾取内部点或 [选择对象(S)/删除边界(B)]: 提示下，在餐厅内部要填充的区域单击，选择填充区域。

图 4.74 选择填充类型为【用户定义】

⑥ 按 Enter 键返回【图案填充和渐变色】对话框，单击【确定】按钮关闭对话框，结果如图 4.75 所示。

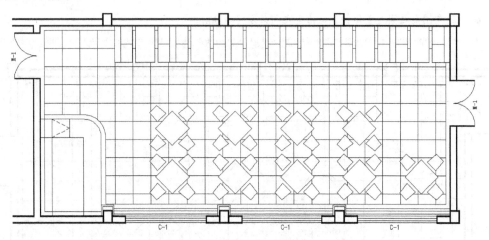

图 4.75 用【用户定义】图案填充地面

⑦ 在命令行输入"Di"后按 Enter 键，启动【测量距离】命令。测量用【用户定义】图案填充的地砖的尺寸，距离= 600.0000。

特 别 提 示

- 选择图案填充类型为【预定义】时，只能通过控制【比例】值来大致控制填充图案的大小。
- 选择图案填充类型为【用户定义】时，AutoCAD 允许用户准确地设定图案的尺寸。

（6）关闭【家具】图层，填充吧台区域地砖。

① 【图案填充和渐变色】对话框中的参数设置如图 4.74 所示。

② 单击【单击选择新原点】按钮，选择如图 4.76 所示部位为图案填充的新原点。

③ 选择中间空白区域为填充区域，结果图 4.77 所示。

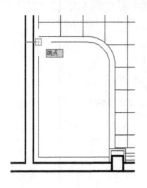

图 4.76　选择新原点

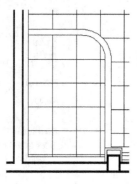

图 4.77　吧台区填充地砖

3. 修整图形

打开【家具】图层，启动【分解】命令，将填充图案分解，参照图 4.78，修剪火车座、酒柜和吧台所遮盖的 150 宽蒙古黑花岗岩镶边和地砖。

特　别　提　示

● 填充图案之间是整体关系，修剪之前必须将其分解。

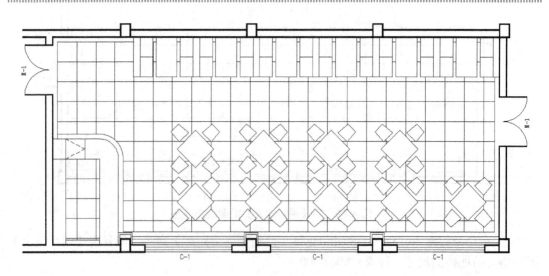

图 4.78　修整图形

4. 绘制配景

AutoCAD 提供了【徒手绘图】(Sketch)命令，使用该命令可以像铅笔一样自由地绘制图形。

1) 修改系统变量 SKPOLY

(1) 在命令行输入"skpoly"后按 Enter 键。

(2) 在**输入 SKPOLY 的新值 <0>**：提示下，输入"1"后按 Enter 键结束命令。这样就将系统变量 SKPOLY 的值由"0"修改为"1"。

（特）（别）（提）（示）

● 系统变量 SKPOLY 的值为"0"时，用【徒手绘图】命令绘制的随意图形由一些碎线组成(如图 4.79 所示)，不便于修改图形；SKPOLY 的系统变量为"1"时，用【徒手绘图】命令绘制的随意图形为一条多段线(如图 4.80 所示)，便于修改图形。

图 4.79　SKPOLY 值为"0"时　　　　图 4.80　SKPOLY 值为"1"时

2) 使用【徒手绘图】命令绘制图形

(1) 在命令行输入"Sketch"后按 Enter 键，启动【徒手绘图】命令。

(2) 在**记录增量 <1.0000>**：提示下，输入"10"。记录增量是用于 AutoCAD 自动记录点的最小距离间隔，也就是说，只有光标的当前位置点与上一个记录点之间的距离大于 10mm 时，才将其作为一个点记录。

(3) 在**徒手画．画笔(P)/退出(X)/结束(Q)/记录(R)/删除(E)/连接(C)**：提示下，在需要绘制配景的位置单击一点作为徒手绘图的起点，此时命令行提示**<笔 落>**，表示"画笔"已经落下。

(4) 按照花的形状轮廓移动光标，观察绘图区域，屏幕上会出现显示光标轨迹的绿线，如图 4.81 所示。

（特）（别）（提）（示）

● 如果当前层为绿色，那么执行【徒手绘图】命令时的线将显示为红色。

● 执行【徒手绘图】命令时，单击左键落笔，再单击左键提笔，两者交替执行，按 Enter 键结束命令。

(5) 绘制完一段花后单击，此时命令行提示**<笔 提>**，表示"画笔"抬起，这时可以将光标移到其他位置，由于处于"提笔"状态，所以 AutoCAD 并不记录这段光标的轨迹。

(6) 按 Enter 键结束命令，结果绘制的绿线变为当前层的颜色，结果如图 4.82 所示。

（特）（别）（提）（示）

● 在使用【徒手绘图】命令时，无法从键盘上输入坐标。另外，在使用【徒手绘图】命令时应关闭【捕捉】和【正交】功能。

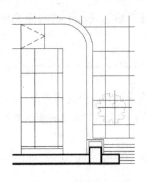

图 4.81　光标移动轨迹

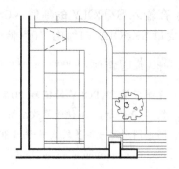

图 4.82　使用【徒手绘图】命令绘制配景

4.4　标注文字和尺寸

项目 3 中已经介绍了文字和标注的格式设定及编辑方法，以及图块和表格的制作方法。本节重点介绍 AutoCAD 注释性功能在文字和标注中的应用。

1. 初步理解注释性功能

前面介绍过符号类对象（文字、标注、图框、标高符号、定位轴线编号、立面投影符号等）出图后(打印在图纸上的)尺寸是一定的，但在 AutoCAD 模型空间内的尺寸(即出图前的尺寸)是不定的，其随着出图比例变化而变化。例如，打印在图纸上的文字高度是 3mm，打印前 1∶100 图内是 3mm×100=300mm，1∶50 图内是 3mm×50=150mm。这样在标注文字时用户需要根据出图比例对文字高度做简单的换算，即将图纸空间的文字高度换算为模型空间的文字高度。

使用注释性功能，首先设定注释性比例(即出图比例)，文字高度和标注样式的设定不需按出图比例进行换算，均按图纸空间的尺寸输入，AutoCAD 会自动根据注释性比例将其放大为模型空间内的尺寸。

（特）（别）（提）（示）

● 新建一个图形文件，默认的注释性比例为 1∶1。

● 注释性比例只对设定后标注的文字和尺寸有效，所以应先设定注释性比例再进行标注。

2. 设定注释性比例

1) 设定全局注释性比例

在 4.1 "图形绘制前的准备"已经将全局注释比例设定为 1∶50。

2) 设定注释性文字样式

选择菜单栏中的【格式】|【文字样式】命令，打开【文字样式】对话框，其中的参数设定如图 4.83 所示。

① 勾选【注释性】复选框，注意此时对话框内的【高度】变成【图纸文字高度】。

注意："图纸文字高度"是出图后的文字高度，一般字高为 3mm，图名字高为 5~7mm。

② 勾选【注释性】复选框后，用【单行文字】或【多行文字】命令标注文字时，必须设定【图纸文字高度】。

3) 设定注释性标注样式

选择菜单栏中的【格式】|【标注样式】命令，或【标注】|【标注样式】命令，打开【标注样式管理器】对话框。

① 如图 4.84 所示，选中注释性的【Annotative】标注样式，然后单击【修改】按钮，打开【修改标注样式】对话框。

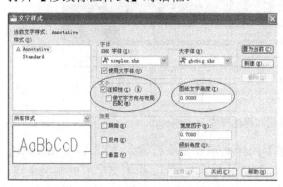 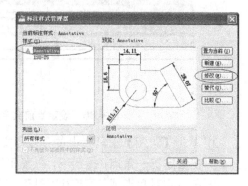

图 4.83　注释性文字样式的设定　　　　图 4.84　选中注释性的【Annotative】样式

② 其中【线】、【符号和箭头】、【文字】、【主单位】选项卡的设定如项目 3 中的图 3.21、图 3.22、图 3.23 和图 3.25 所示。

③ 在【调整】选项卡内勾选【注释性】复选框，如图 4.85 所示。此时【使用全局比例】变为灰色，不能使用。

④ 如果勾选【注释性】复选框，【线】、【符号和箭头】、【文字】和【主单位】选项卡内的设定均为出图后尺寸标注的设定。

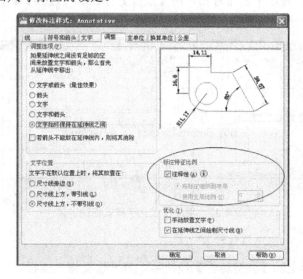

图 4.85　【调整】选项卡的设定

特 别 提 示 ....

● 注释性的【文字样式】和【标注样式】前面带有 ▲ 图标。

● 全局注释比例设定为 1∶50，AutoCAD 会将文字样式和标注样式的所有设定自动放大 50 倍。

3. 使用注释性功能

(1) 在【样式】工具栏中将当前文字样式和标注样式分别设定为注释性样式 Annotative，如图 4.86 所示。

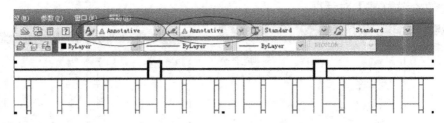

图 4.86　设定当前文字样式和标注样式为 Annotative

(2) 单击【绘图】工具栏上的【多行文字】图标 **A** 或在命令行输入"T"后按 Enter 键。

① 在**指定第一角点**：提示下，在餐厅平面布置图内单击一点，作为文字框的左上角点。

② 在**指定对角点或** [高度(H)/对正(J)/行距(L)/旋转(R)/样式(S)/宽度(W)]：提示下，光标向右下角拖出矩形框后单击，打开【文字格式】对话框和文字输入框。

③ 在【文字格式】对话框中，当前文字样式为"Annotative"，【高度】设为"3"，然后在文字输入框内输入"600×600 中国红花岗石（对缝花拼），150 宽蒙古黑花岗岩镶边"，如图 4.87 所示，单击【确定】按钮关闭对话框。

注意：当采用注释性文字样式时，【文字格式】对话框中输入的【高度】应为出图后的文字高度，所以这里输入"3"。

(3) 参照附图 2 餐厅平面布置图，用【线性】标注和【连续】标注命令标注火车座的桌子和椅子的尺寸，结果如图 4.88 所示。

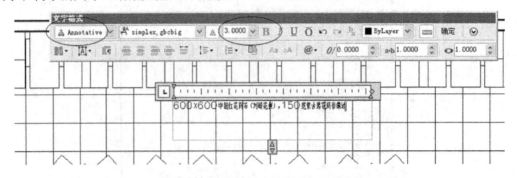

图 4.87　用注释性文字样式标注字体

4. 进一步理解 AutoCAD 注释性功能

(1) 单击状态栏上的【快捷特性】按钮 ▦，打开快捷特性面板。

(2) 在无命令时单击刚才所标注的文字，会自动弹出快捷特性面板，该面板处于折叠状态，将鼠标指针放在面板下边线的位置即可自动展开，如图 4.89 所示。

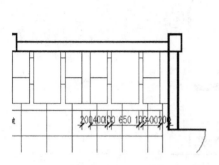

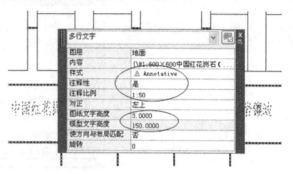

图 4.88　用注释性标注样式标注尺寸　　　图 4.89　多行文字的快捷特性

(3) 观察图 4.89 可知：

① 多行文字为"注释性"样式，前面带有注释性图标 ⚠，注释比例为 1∶50。

② 多行文字的"图纸文字高度"是 3mm，"模型文字高度"是 150mm。

(4) 注释比例 1∶50 是在前面 4.1"图形绘制前的准备"中设置的，观察图 4.86 发现标注该多行文字时，文字高度设置为 3mm。"模型文字高度"150mm 是 AutoCAD 自动根据输入的字高按注释比例放大得到的，即 3 mm×50＝150 mm。

(5) 通常在 AutoCAD 的模型空间绘制图形，在模型空间内我们所看到的文字高度就是"模型文字高度"，这里是 150mm。

5. 修改注释性比例

(1) 单击状态栏上的【快捷特性】按钮。在无命令时单击前面所标注的文字，会自动弹出快捷特性面板。

(2) 如图 4.90 所示，单击【注释比例】文本框右侧的省略号按钮。

(3) 打开【注释对象比例】对话框，如图 4.91 所示。单击右上角的【添加】按钮，弹出【将比例添加到对象】对话框，这里选择 1∶100，如图 4.92 所示。单击【确定】按钮关闭对话框后，将 1∶100 添加到【注释对象比例】对话框的对象比例列表内。此时列表内有 1∶50 和 1∶100 两个注释比例。

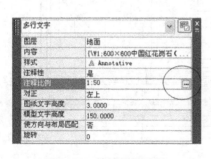

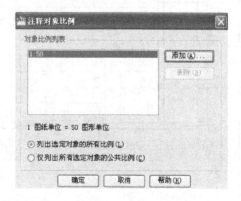

图 4.90　快捷特性面板　　　　　图 4.91　【注释对象比例】对话框

(4) 选中 1∶50，单击【删除】按钮，这样文字的注释比例由 1∶50 修改为 1∶100。

注意：如果不删除 1∶50，则该文字具有两个注释比例。

图 4.92　【将比例添加到对象】对话框

特 别 提 示

- 右下角"常用工具区"设置【注释比例】只对将要标注的文字和尺寸标注起作用，已经标注的文字和尺寸标注的注释性比例只能用【特性匹配】命令或在【对象特性管理器】及快捷特性面板内修改。
- 一个文字和尺寸标注可以有多个注释比例。

6. 标注文字和尺寸

(1) 用"Annotative"文字样式和标注样式，标注餐厅平面布置图内的其他文字和尺寸，并加以修整。

(2) 插入标高和多个立面投影符号，结果如图 4.93 所示。

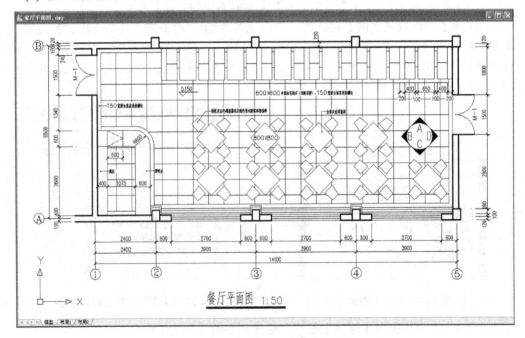

图 4.93　完成餐厅平面布置图的绘制

4.5 模板的制作

1. 模板的作用

前面在绘制办公楼底层平面图和餐厅平面布置图时，首先需要新建一个图形，然后建立图层、设定线型比例、设定文字样式等，这里面包含大量的重复性工作。如果建立一个适合用户绘图习惯的模板，模板内已经包含了一些基本的设定，可以直接进入模板绘制新图，可以省去大量重复性的工作，大大提高绘图效率。下面介绍建立 1∶1 的模板文件。

2. 1∶1 的模板的制作方法

(1) 新建一个图形文件。

(2) 建立图层：参照 2.4 节中的"建立图层"，建立【轴线】、【墙线】、【门窗】、【楼梯】、【地面】、【装饰】、【灯具】、【室外】、【文本】、【标注】和【辅助】等图层，将轴线的线型加载为 DASH DOT 或 CENTER，设定图层颜色。

(3) 线型比例：由于建立的是 1∶1 的模板文件，所以【线型管理器】对话框中的【全局比例因子】为"1"，同时加载 HIDDEN 线型。

(4) 设置文字样式：参照 3.2.2 节设置文字样式。

(5) 设置标注样式：参照 3.3.2 节设置尺寸标注样式。

(6) 设置多线样式：参照 2.9.1 节设置 Window 多线样式，并将 Standard 设置为当前样式。启动【多线】命令，将对正方式改为"无"，比例改为"240"。

(7) 制作基本图块。

① 参照 3.5.2 节制作"门"和"窗"图块。

② 参照 3.5.3 节，按照 1∶1 比例制作定位轴线编号、标高、详图索引符号、详图符号、剖切符号、指北针、单个立面投影符号和多个立面投影符号，以及 A1、A2、A3 图框等图块。

(8) 调整图纸离眼睛的距离。

① 打开【正交】功能并启动【直线】命令。

② 绘制一条长度为 15000mm 的水平线。由于新建图形有距离眼睛较近的特点，所以只能看到线头，看不到线尾。

③ 在命令行输入"Z"后按 Enter 键，再输入"E"后按 Enter 键，执行【范围缩放】命令，结果整条直线占满整个屏幕。

执行【范围缩放】命令后，将图纸推远了，所以能够看到直线的两个端点。

④ 启动【擦除】命令，将水平线擦除。

(9) 将图形文件另存：选择文件类型为【AutoCAD 图形样板(*.dwt)】，此时 AutoCAD 自动选择 AutoCAD 2010 安装目录下的 Template(样板)文件夹，把文件命名为"模板"，如图 4.94 所示。

(10) 单击【保存】按钮后，弹出如图 4.95 所示的【样板选项】对话框，在【说明】文本框中可以输入对样板的说明。

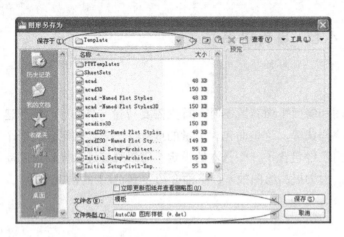

图 4.94　另存图形文件　　　　　　　　　　图 4.95　【样板选项】对话框

特　别　提　示

● 素材压缩包中项目 4 附有样板文件"模板 1∶1"，读者可以参考使用。

4.6　绘制比例为 1∶50 顶棚镜像平面图

前面已经绘制了餐厅平面布置图，顶棚镜像平面图可在餐厅平面布置图的基础上进行绘制。另外，顶棚镜像平面图的尺寸可以参照"附图 3 顶棚镜像平面图"。

1．新建图形文件

1）选择样板

选择菜单栏中的【文件】|【新建】命令，默认状态下会弹出【选择样板】对话框，如图 4.96 所示。选择"模板"文件，绘制 1∶50 顶棚镜像平面图并保存该图，将其命名为"餐厅顶棚镜像平面图"。

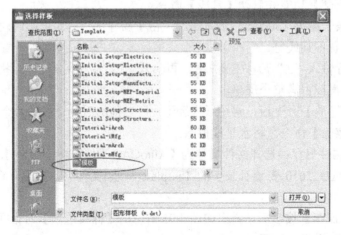

图 4.96　【选择样板】对话框

2) 修改图层

(1) 修改图层名称：打开【图层特性管理器】，选中【室外】图层，然后按 F2 键，该图层被激活，将【室外】改为【顶棚装饰】。用相同的方法将【门窗】图层改为【通风口】图层。

(2) 清理【楼梯】图层。

① 选择菜单栏中的【文件】|【绘图实用程序】|【清理】命令，打开【清理】对话框并展开【图层】列表，如图 4.97 所示。

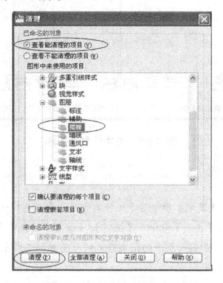

图 4.97 【清理】对话框

② 选中【楼梯】图层，单击【清理】按钮。

◯ 特 别 提 示

- 使用【清理】命令可以清理未经使用的图层、多线样式、图块、文字样式、线型、表格样式和标注样式等。

3) 修改部分参数

(1) 将【线型管理器】对话框中的【全局比例因子】改为"50"。

(2) 打开【标注样式管理器】，选择【标注】样式，在【修改标注样式】对话框【调整】选项卡内将【使用全局比例】改为"50"。

2. 图形准备

(1) 打开餐厅平面布置图，锁定【标注】、【地面】、【门窗】和【家具】图层。

(2) 选择菜单栏中的【文件】|【复制】命令，在**选择对象：**提示下，输入"All"后按 Enter 键，执行全选。

(3) 按 Ctrl+Tab 组合键或通过窗口菜单命令，将"餐厅顶棚镜像平面图"设置为当前图形文件，然后按 Ctrl+V 组合键。在**指定插入点：**提示下，在屏幕上任意一点单击，以确定插入点，结果如图 4.98 所示。

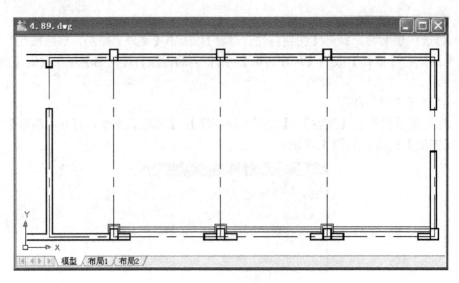

图 4.98 跨文件复制图形

⬤ 特 别 提 示

● 菜单栏中的【修改】|【复制】命令用于文件内部的图形复制,如将某平面图中的门由 A 处复制到 B 处;而【编辑】|【复制】命令或【编辑】|【带基点的复制】命令用于将图形复制到剪贴板上,是跨文件的复制,如将一层平面图文件中的门复制到二层平面图文件中,或将 CAD 图形复制到 Word 等文档中。

● 【编辑】|【复制】命令的复制基点默认在文件的左下角点,不允许修改;【编辑】|【带基点的复制】命令则允许根据需要确定复制基点,便于文件粘贴时准确定位。

(4) 关闭【轴线】图层。

(5) 选择菜单栏中的【修改】|【分解】命令,或在命令行输入"X"并按 Enter 键,启动【分解】命令,在**选择对象**:提示下,输入"All"后按 Enter 键,表示选择屏幕上所有显示的图形对象作为分解对象,按 Enter 键结束命令,结果如图 4.99 所示。

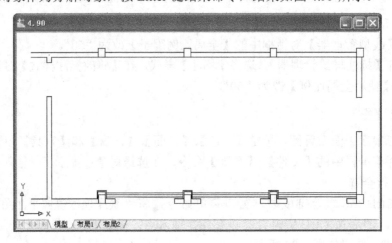

图 4.99 分解图形

(6) 将【墙线】层设置为当前层，在命令行输入"PL"后按 Enter 键，启动【多段线】命令，将当前线宽改为 30mm，绘制立面装饰墙轮廓线，如图 4.100 所示。

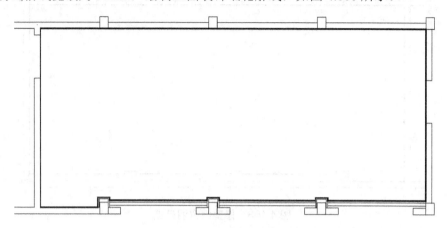

图 4.100　绘制立面装饰墙轮廓线

(7) 选择菜单栏中的【工具】|【快速选择】命令，打开【快速选择】对话框。

① 【快速选择】对话框中的参数设置如图 4.101 所示，表示要选择【立面装饰】图层上的所有对象。

② 单击【确定】按钮关闭对话框，结果【立面装饰】图层上的所有对象变虚，它们都是被选中的对象，如图 4.102 所示。

③ 按【Delete】键，刚才被选中的对象被删除。

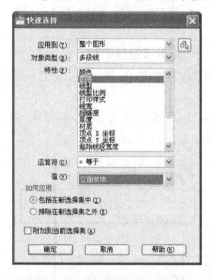

图 4.101　【快速选择】对话框　　　　　**图 4.102　选择【立面装饰】图层上的对象**

 （特）（别）（提）（示）

● 在【快速选择】对话框内，如果选择【排除在新选择集外】单选按钮，表示除【立面装饰】图层上的图形对象外，其他图层的图形对象均被选中。

(8) 将【墙体】层设置为当前层，用前面已学过的命令将图形修整至如图 4.103 所示。

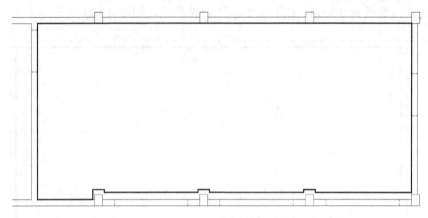

图 4.103　修整门窗洞口处

3．绘制灯槽和灯带

（特）（别）（提）（示）

● 餐厅分为四人餐桌区、火车座区、酒吧台区、纵向交通区域和门前缓冲区域，顶棚的造型配合餐厅分区设计，以强调空间区域的划分。

（1）将【顶棚装饰】层设置为当前层，打开【正交】和【对象捕捉】功能。单击【绘图】工具栏上的【多段线】图标 ⤵ 或在命令行输入"PL"并按 Enter 键，启动【多段线】命令。

① 在**指定起点**：提示下，捕捉图 4.104 所示的 A 点处，作为多段线的起点。

② 在**指定下一个点或** [圆弧(A)/半宽(H)/长度(L)/放弃(U)/宽度(W)]：提示下，将光标垂直向上拖动，输入"3950"后按 Enter 键。

③ 在**指定下一个点或** [圆弧(A)/半宽(H)/长度(L)/放弃(U)/宽度(W)]：提示下，如图 4.104 所示，将光标水平向右拖动，输入"9965"后按 Enter 键。

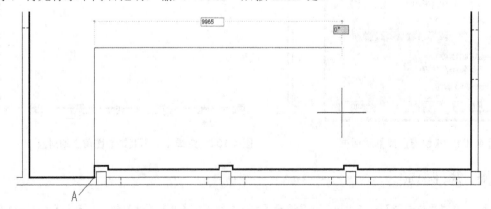

图 4.104　光标水平向右拖动并输入 9965

④ 在**指定下一个点或** [圆弧(A)/半宽(H)/长度(L)/放弃(U)/宽度(W)]：提示下，将光标垂

直向下拖动，输入"1650"后按 Enter 键。

⑤ 在**指定下一个点或 [圆弧(A)/半宽(H)/长度(L)/放弃(U)/宽度(W)]:** 提示下，将光标水平向右拖动，输入"1800"后按 Enter 键，结果如图 4.105 所示。

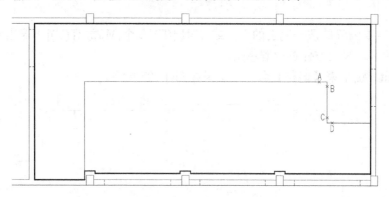

图 4.105　绘制灯槽线

(2) 单击【修改】工具栏上的【圆角】图标 或在命令行输入"F"并按 Enter 键，启动【圆角】命令，查看命令行：

命令：fillet

当前设置：模式 = 修剪，半径 = 0.0000

① 在**选择第一个对象或 [放弃(U)/多段线(P)/半径(R)/修剪(T)/多个(M)]:** 提示下，输入"R"后按 Enter 键，表示要修改圆角的半径。

② 在**指定圆角半径 <0.0000>:** 提示下，输入"300"后按 Enter 键，表示将圆角的半径修改为 300。

③ 在**选择第一个对象或 [放弃(U)/多段线(P)/半径(R)/修剪(T)/多个(M)]:** 提示下，拾取如图 4.105 所示的 A 处。

④ 在**选择第二个对象，或按住 Shift 键选择要应用角点的对象:** 提示下，如图 4.105 所示的 B 处。

⑤ 重复【圆角】命令，将圆角半径修改为"500"，修改 C 和 D 处，结果如图 4.106 所示。

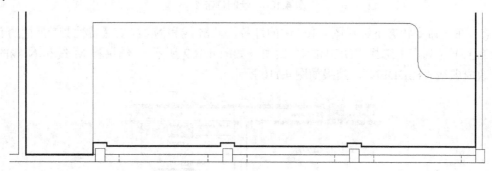

图 4.106　将灯槽线倒圆角

(3) 单击【修改】工具栏上的【偏移】图标 或在命令行输入"O"并按 Enter 键，启动【偏移】命令。

① 在**指定偏移距离或[通过(T)/删除(E)/图层(L)]<通过>**：提示下，输入灯槽的宽度"200"后按 Enter 键，表示偏移距离为 200mm。

② 在**选择要偏移的对象，或 [退出(E)/放弃(U)] <退出>**：提示下，选择刚才绘制的多段线。

③ 在**指定要偏移的那一侧上的点，或 [退出(E)/多个(M)/放弃(U)] <退出>**：提示下，在刚才绘制的多段线上方任意位置单击。

④ 按 Enter 键结束【偏移】命令，结果如图 4.107 所示。

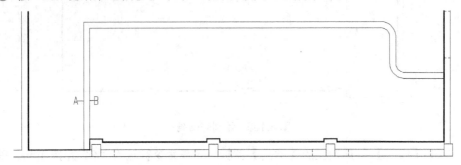

图 4.107　偏移复制灯槽线

(4) 按 Enter 键重复【偏移】命令，偏移距离设为"75"，将图 4.107 中的 A 线和 B 线分别向内偏移"75"，形成灯槽内的灯带 M 线和 N 线，结果如图 4.108 所示。

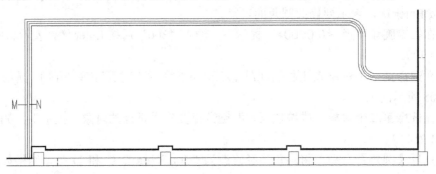

图 4.108　绘制灯带 1

(5) 在无命令状态下选择图 4.108 中的灯带，即 M 线和 N 线，在【特性】工具栏的【线型控制】下拉列表中选择"HIDDEN"线型（如图 4.109 所示）。结果将 M 线和 N 线的线型更改成虚线"HIDDEN"，结果如图 4.110 所示。

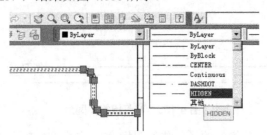

图 4.109　【线型控制】下拉列表

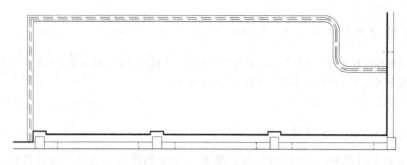

图4.110 更改灯带的线型

(6) 在无命令状态下选择图 4.109 中的两条虚线(即灯带),单击【标准】工具栏上的"特性"图标 □,打开【特性】面板,将【线型比例】由"1"改为"0.5",然后关闭对话框,如图 4.111 所示。

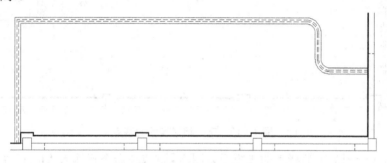

图4.111 更改虚线的线型比例

(7) 选择菜单栏中的【修改】|【对象】|【多段线】命令,或在命令行输入"Pe"并按 Enter 键,启动多段线编辑命令。

① 在**选择多段线或 [多条(M)]:**提示下,输入"M"后按 Enter 键,表示一次要编辑多条多段线。

② 在**选择对象:**提示下,选择图 4.111 中的两条虚线后按 Enter 键。

③ 在**输入选项 [闭合(C)/合并(J)/宽度(W)/编辑顶点(E)/拟合(F)/样条曲线(S)/非曲线化 (D)/线型生成(L)/放弃(U)]:**提示下,输入"L"后按 Enter 键,表示要执行【线型生成】子命令。

④ 在**输入多段线线型生成选项 [开(ON)/关(OFF)]:**提示下,输入"ON"后按 Enter 键,表示要打开线型生成。

将线型生成打开前后转角部位灯带的显示状态进行对比,发现转角处虚线的显示状态发生了变化,如图 4.112 所示。

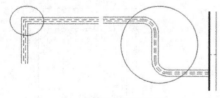

(a) 打开线型生成前

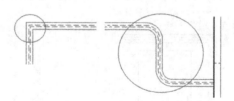

(b) 打开线型生成后

图4.112 对比线型生成打开前后的显示状态

● 多段线编辑命令内的【线型生成】选项用来控制多段线为非实线状态时的显示方式，即控制虚线或中心线等非实线线型的多段线角点的连续性。

4. 绘制四人餐桌上方区域的顶棚造型

(1) 在无命令时单击内侧灯槽线，然后单击左上角的蓝色夹点使其变成红色，如图 4.113 所示，按 Esc 键两次取消夹点，以定义下一步操作的相对坐标基本点。

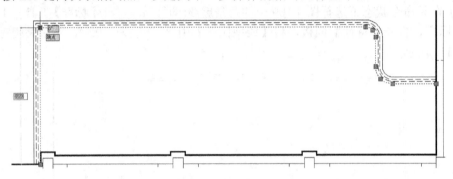

图 4.113 定义相对坐标的基点

(2) 单击【绘图】工具栏上的【矩形】图标 □ 或在命令行输入 "Rec" 并按 Enter 键，启动【矩形】命令。

① 在**指定第一个角点或 [倒角(C)/标高(E)/圆角(F)/厚度(T)/宽度(W)]**：提示下，输入 "@455，-200" 后按 Enter 键，表示把矩形的左上角点绘制在刚才定义的相对坐标基本点偏右 455mm、偏下 200mm 处。

② 在**指定另一个角点或 [面积(A)/尺寸(D)/旋转(R)]**：提示下，输入矩形右下角点相对于左上角点的坐标，即 "@1350，-1350" 后，按 Enter 键结束命令，结果如图 4.114 所示。

(3) 单击【绘图】工具栏上的【圆】图标 ⊙ 或在命令行输入 "C" 并按 Enter 键，启动【圆】命令。

① 在**_circle 指定圆的圆心或 [三点(3P)/两点(2P)/切点、切点、半径(T)]**：提示下，捕捉矩形的左下角点为圆心。

② 在**指定圆的半径或 [直径(D)]**：提示下，输入 "200" 后按 Enter 键，表示圆的半径为 200mm，结果如图 4.115 所示。

(4) 启动【复制】命令，复制出如图 4.116 所示的另外 3 个圆。

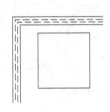
图 4.114 绘制矩形

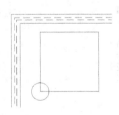
图 4.115 绘制半径 200 的圆

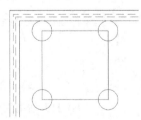
图 4.116 修剪图形

(5) 启动【修剪】命令，将图形修剪至如图 4.117 所示。

● **特 别 提 示** ....

● 如果用三点、两点或相切、相切、半径的方法画圆，可在第②步输入 3P、2P 或 T。如果用圆心直径的方法画圆，可在第③步输入 D。

....

(6) 在无命令时单击图 4.117 内的图形，如图 4.118 所示，可以看出该图形由 4 个圆弧和 4 条直线共 8 个独立的对象组成。

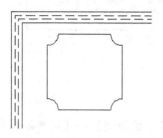

图 4.117　修整四角

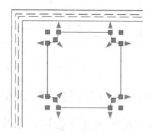

图 4.118　观察图形

(7) 选择菜单栏中的【修改】|【对象】|【多段线】命令，启动多段线编辑命令。

① 在**选择多段线或 [多条(M)]:** 提示下，选择如图 4.118 中的任意一个 1/4 圆弧。

② 在**选定的对象不是多段线，是否将其转换为多段线? <Y>:** 提示下，按 Enter 键执行尖括号内的默认值 "Y(即 Yes)"。

③ 在**输入选项 [闭合(C)/合并(J)/宽度(W)/编辑顶点(E)/拟合(F)/样条曲线(S)/非曲线化(D)/线型生成(L)/放弃(U)]:** 提示下，输入 "J" 后按 Enter 键。

④ 在**选择对象:** 提示下，选择 4 条直线和另外 3 个 1/4 圆弧。

⑤ 按 Enter 键结束命令。

(8) 启动【偏移】命令，设定偏移距离为 50，将图形向内偏移 50mm，结果如图 4.119 所示。

(9) 将图库内的彩绘玻璃图案插入图中，结果如图 4.120 所示。

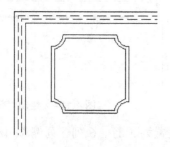

图 4.119　偏移图形

图 4.120　插入图案

(10) 启动【阵列】命令，打开【阵列】对话框，设置为 2 行、6 列、行偏移 -1650、列偏移 1900，选择图 4.118 所示的图形，结果如图 4.121 所示。

(11) 将图 4.121 中右上角多余的顶棚造型删除。

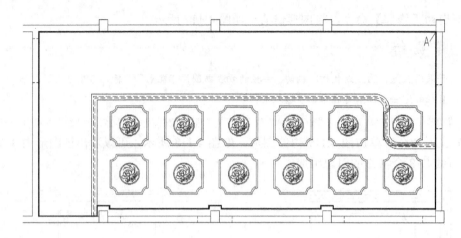

图 4.121　阵列图形

5. 绘制火车座区域的顶棚造型

(1) 当前层仍为【顶棚装饰】图层，打开【正交】、【对象捕捉】和【对象追踪】功能。

(2) 单击【绘图】工具栏上的【圆】图标◉或在命令行输入"C"并按 Enter 键，启动【圆】命令。

① 在_circle 指定圆的圆心或 [三点(3P)/两点(2P)/切点、切点、半径(T)]：提示下，捕捉如图 4.121 所示的 A 处，不单击，将光标水平向左慢慢拖动，拖出虚线后，输入圆心到 A 点的距离"925"并按 Enter 键。

② 在指定圆的半径或 [直径(D)]：提示下，输入圆的半径"600"后按 Enter 键，结果如图 4.122 所示。

(3) 用【修剪】命令将图 4.122 修改至如图 4.123 所示，再用【偏移】命令将图 4.122 内的圆弧向内偏移 50。

(4) 用【矩形】命令绘制长度为 604mm、宽度为 64mm 的灯管，并将其线型改为 HIDDEN，结果如图 4.124 所示。

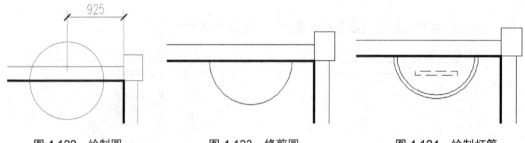

图 4.122　绘制圆　　　　　图 4.123　修剪圆　　　　　图 4.124　绘制灯管

(5) 启动【阵列】命令，打开【阵列】对话框，设置为 1 行、6 列、列偏移-1850，选择图 4.124 内的顶棚造型为阵列对象，结果如图 4.125 所示。

特别提示

● 常用的日光灯长度与功率：20W 长 604mm，30W 长 910mm，40W 长 1213mm。

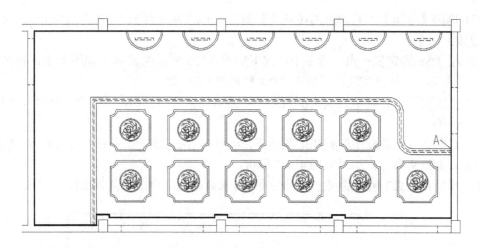

图 4.125　阵列图形

6. 绘制纵向交通区域和门前缓冲区域的顶棚筒灯

1) 点格式的设定

选择菜单栏中的【格式】|【点样式】命令，打开【点样式】对话框，其中的参数设置如图 4.126 所示，单击【确定】按钮关闭对话框。

图 4.126　【点样式】对话框

● **特 别 提 示** ··

- 在【点样式】对话框中，如果选择【相对于屏幕设置大小】单选按钮，则设置的点的大小为屏幕的百分之几，如点的大小为屏幕的 3%。由于这个相对尺寸比较抽象，所以使用较少；如果选择【按绝对单位设置大小】单选按钮，则设定的是绝对尺寸，如点的大小为 100 单位(mm)，该尺寸就很直观。
- 这里选用 LJ-DL90W3A4 型筒灯，光源类型为 LED 灯，光源功率为 3（W），电压：100～240（V），灯罩材质为铝合金，开孔尺寸为 63（mm），外形尺寸为 90（mm），所以点的大小为 90。

···

2) 绘制辅助线

(1) 将【灯具】层设置为当前层，打开【正交】、【对象捕捉】和【对象追踪】功能。

(2) 单击【绘图】工具栏上的【直线】图标／或在命令行输入"L"后按 Enter 键，启动【直线】命令。

① 在 _line 指定第一点：提示下，捕捉如图 4.125 所示的 A 处，但不单击，将光标水平向左慢慢拖动，拖出虚线后，输入"950"并按 Enter 键。

② 在指定下一点或 [放弃(U)]：提示下，垂直向上拖动光标，并在命令行输入"2380"后按 Enter 键。

③ 在指定下一点或 [放弃(U)]：提示下，水平向左拖动光标，并在命令行输入"12890"后按 Enter 键结束命令，结果如图 4.127 所示。

(3) 参照图 4.127 所示的尺寸，用相同的方法绘制酒吧台上部的辅助线。

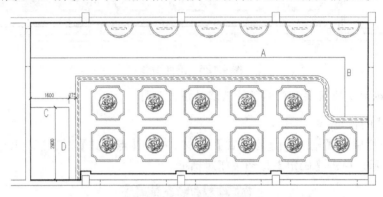

图 4.127　绘制辅助线

3) 定距插点

(1) 选择菜单栏中的【绘图】|【点】|【定距等分】命令，或在命令行输入"Me"后按 Enter 键，启动【定距等分】命令。

① 在选择要定距等分的对象：提示下，在图 4.127 中的 A 线的右半部分单击。

② 在指定线段长度或 [块(B)]：提示下，输入"950"，表示从 A 线右边开始，用 950mm 的距离对 A 线进行测量，结果从 A 线右端点每 950mm 插入一个点，如图 4.128 所示。

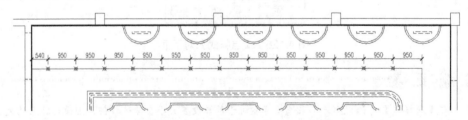

图 4.128　定距插入纵向通道的筒灯

● 特　别　提　示

- 如果被等分对象的长度不是输入距离的整倍数，使用【定距等分】命令时，定距等分对象选择的位置不同，结果就不同。因为距离的测量是从离选择对象处最近的端点开始的，不足的部分放在末端。
- 想一想，为什么用直线绘制辅助线，可以用多段线吗？请试一试。

(2) 多次重复【绘图】|【点】|【定距等分】命令，分别选择 B 线偏上部分（等分距离为 950），C 线偏右部分（等分距离为 650），D 线偏上部分（等分距离为 650），结果如图 4.129 所示。

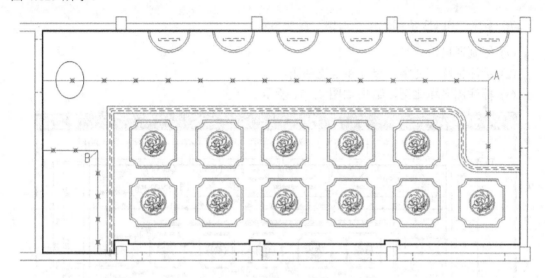

图 4.129　定距插入其他筒灯

4）插入其他筒灯

单击【绘图】工具栏上的【点】图标 或在命令行输入"Po"后按 Enter 键，启动【点】命令。在指定点：提示下，分别捕捉图 4.129 内的 A 点和 B 点，形成转角处的两个筒灯。

5）修整图形

最后将图 4.129 圆圈内的筒灯和辅助线删除，结果如图 4.130 所示。

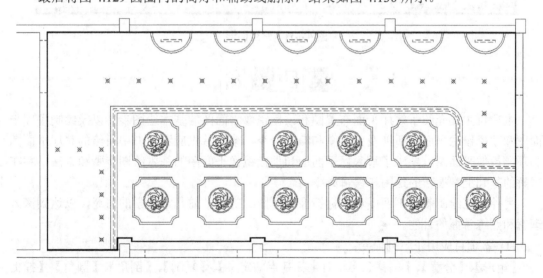

图 4.130　修整图形

 特 别 提 示

● 绘图工具栏上的【点】命令用于绘制多个点。

● 如果在【点样式】对话框内将点的样式或大小进行修改，则已被插入的所有点的点样式或大小自动随之修改。

7. 参照"图 C2 顶棚镜像平面图"修整图形

(1) 绘制通风口。

(2) 标注标高、文字、尺寸和定位轴线。

(3) 标注图名和比例，结果如图 4.131 所示。

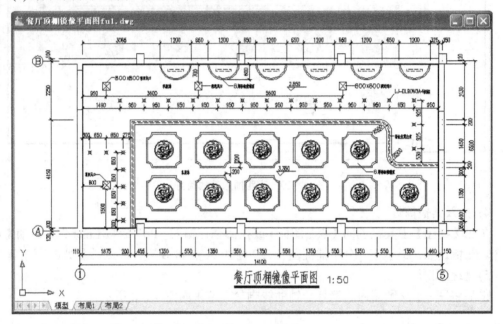

图 4.131　修整图形

项目小结

本项目主要介绍了餐厅平面布置图和顶棚镜像平面图的基本绘图步骤以及绘制餐厅平面图和顶棚镜像平面图所涉及的绘图和编辑命令。读者首先应看懂书中所给的餐厅平面图和顶棚镜像平面图，要求了解餐厅平面图和顶棚镜像平面图的基本绘图步骤和方法，并在理解的基础上掌握新的绘图和编辑命令。

另外，在绘制餐厅平面图和顶棚镜像平面图时应用了前几章所学的命令，以达到深入理解和熟练掌握的目的。

(1) 本项目应用了下列命令：

【矩形】、【分解】、【偏移】、【相对坐标基点的定义】、【复制】、【倒角】、【圆角】、【捕捉自】、【阵列】、【修剪】、【直线】、【移动】、【对象追踪】、【多段线】及【多段线编辑】等。

(2) 本项目学习了下列命令：

注释性比例的设定、使用和修改，【多线】、【点】、【圆】、【锁定图层】、【编辑】|【复制】、【编辑】|【带基点的复制】、【编辑】|【粘贴】、【相切】、【相切】、【相切】的方法画圆、

【相切、相切、半径】的方法画圆、【打断于点】、【三点画弧】、利用【夹点编辑】旋转复制图形、利用【夹点编辑】拉伸图形、【定数等分】、【定距插块】、【填充】、【徒手做图】、【线型控制】、【修改线型比例】、【清理图层】、【快速选择】。

(3) 利用适合的模板画图可以省去大量重复性的工作，提高绘图效率，因此本项目学习了 1∶1 模板的制作和使用方法。

习　题

一、单选题

1. 如果用【偏移】命令偏移一个用【矩形】命令绘制的正方形的一条边，需要将正方形(　　)。
    A．延伸　　　　　　　　　B．分解　　　　　　　　　C．修剪

2. 执行【阵列】命令时，如果向上生成图形，则行偏移为(　　)。
    A．正　　　　　　　　　　B．负　　　　　　　　　　C．不分正负

3. 红夹点是(　　)夹点，是编辑图形的基点。
    A．热　　　　　　　　　　B．冷　　　　　　　　　　C．温

4. 绘制直线时，如果直线的起点在已知点左上方的某个位置，可以利用定义坐标基点和(　　)方法寻找直线的起点。
    A．对象追踪　　　　　　　B．极轴　　　　　　　　　C．捕捉自

5. 用多段线编辑命令连接线时，要求被连接的线必须(　　)。
    A．首尾相连　　　　　　　B．以任何方式相连　　　　C．中间相连

6. (　　)只能使用一次，再次使用时，需要重新启动它。
    A．所有捕捉　　　　　　　B．临时捕捉　　　　　　　C．永久性捕捉

7. 执行【阵列】命令时，如果向左生成图形，则列偏移为(　　)。
    A．正　　　　　　　　　　B．负　　　　　　　　　　C．不分正负

8. 【图案填充和渐变色】对话框中【图案填充原点】的位置不同，相同图案填充的效果(　　)。
    A．相同　　　　　　　　　B．不相同　　　　　　　　C．相似

9. 【草图设置】对话框中的【节点】用来捕捉(　　)。
    A．直线的端点和中点　　　B．直线的端点　　　　　　C．点

10. 绘制矩形时，如果矩形的一个角点在已知点水平向左的某个位置，可以利用(　　)方法寻找矩形的这个角点。
    A．捕捉自　　　　　　　　B．正交　　　　　　　　　C．对象追踪

11. 【图案填充和渐变色】对话框中的【填充比例】是控制图案(　　)的参数。
    A．远近　　　　　　　　　B．大小　　　　　　　　　C．形状

12. 用【矩形】命令绘制的正方形的 4 条边为(　　)。
    A．多段线　　　　　　　　B．直线　　　　　　　　　C．多线

13．填充 600mm×600mm 的地板砖时，应该用(　　)填充类型。

    A．预定义　　　　　　　　B．自定义　　　　　　　　C．用户定义

14．在预览状态下，如果对填充效果不满意，则按(　　)键返回【图案填充和渐变色】对话框来修改参数。

    A．Enter　　　　　　　　B．Delete　　　　　　　　C．Esc

15．AutoCAD 图形样板文件的扩展名为(　　)。

    A．.dwg　　　　　　　　B．.dwt　　　　　　　　C．.dwv

二、简答题

1．【打断】和【打断于点】命令有什么区别？

2．【移动】命令中的基点有什么作用？

3．在【点样式】对话框中如何设置点的大小，为什么？

4．执行【徒手绘图】(Sketch)命令时，系统变量 SKPOLY 对绘制出的图形有什么影响？

5．执行【填充】命令时，被填充的区域有什么要求？

6．【捕捉】和【对象捕捉】辅助工具有什么区别？

7．制作 1∶1 的模板和 1∶100 的模板有哪些不同？两者使用方法是否相同？

8．【编辑】|【复制】、【编辑】|【带基点的复制】两个命令有什么不同？

9．【复制】命令和 Ctrl+C 快捷键的作用有什么不同？

10．什么是方向、长度的方法画线？

11．在设定文字样式和标注样式时勾选【注释性】复选框后，文字高度如何输入？

三、自学内容

1．通过使用【编辑】菜单中的【粘贴】、【粘贴为块】和【选择性粘贴】命令，总结这些命令的不同之处。

2．通过使用【构造线】和【射线】命令，体会这两个命令的差别。

3．用【样条曲线】命令绘制立面图中的花瓶。

四、绘图题

1．绘制如图 4.132 所示的五角星，圆的直径为 1000mm。

2．绘制如图 4.133 所示的长度为 1500mm、宽度为 800mm 的浴盆。

3．填充如图 4.134 所示的图形。

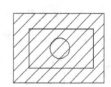

图 4.132　题 1 图　　　　　　　图 4.133　题 2 图　　　　　　　图 4.134　题 3 图

4. 绘制如图 4.135 所示的立面图。

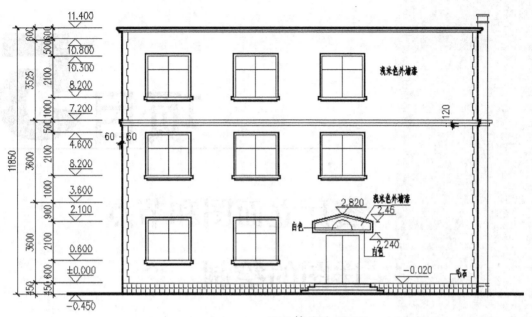

图 4.135　题 4 图

5. 利用所学的命令绘制图 4.136 中所示的图形。

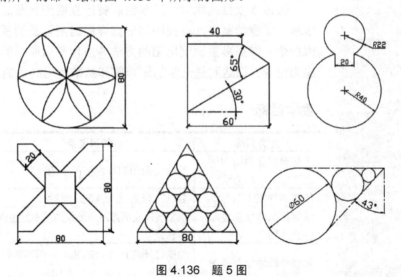

图 4.136　题 5 图

项目 **5**

餐厅立面图和节点
详图的绘制

教学目标

　　通过本项目的学习，了解绘制餐厅立面图和节点详图的基本步骤，掌握绘制餐厅立面图和节点详图时所涉及的基本绘图和编辑命令，掌握多重比例出图的方法并应用前面所学的基本绘图和编辑命令，以达到进一步加深理解和熟练运用的目的。

教学目标

能力目标	知识要点	权重
了解餐厅立面图和节点详图的绘制方法	绘制立面图和剖面图的步骤	3%
能跨文件复制图形	复制、带基点的复制、粘贴	3%
能够熟练地绘制餐厅的立面图	绘制餐厅立面图时所涉及的基本绘图和编辑命令	32%
能够熟练地绘制详图	绘制详图时所涉及的基本绘图和编辑命令	32%
能在模型空间内进行多重比例的出图	图块的特点、在位编辑参照、计算图形尺寸、【打印】对话框中的设置	15%
能在布局空间内进行多重比例的出图	理解布局的概念、建立和修改视口、设置当前视口、设置视口的出图比例、【页面设置管理器】中的设置	15%

本项目主要学习图 C3 餐厅 C 立面图和图 C4 装饰构造详图等装饰施工图的绘制方法。同时，借助于它们介绍多重比例的出图方法。餐厅平面图、立面图和顶棚镜像平面图的设计是相互呼应、互为一致的，所以绘制餐厅 C 立面图时应参照前面绘制的餐厅平面布置图和顶棚镜像平面图。餐厅 C 立面图的投影方向从餐厅平面图中的多个立面投影符号中可得到。

5.1 绘制餐厅 C 立面框架

1. 图形绘制前的准备

选择菜单栏中的【文件】|【新建】命令，打开【选择样板】对话框。选择"模板"文件，进入该模板绘制 1∶50 餐厅 C 立面图并保存该图形。利用【图层特性管理器】将图层修改至如图 5.1 所示；将【线型管理器】对话框中的【全局比例因子】改为"50"；打开【标注样式管理器】，将【标注】样式的【调整】选项卡内的【使用全局比例】改为"50"。

2. 绘制立面框架

(1) 将【立面装饰】层设置为当前层。
(2) 单击【绘图】工具栏上的【矩形】图标 ▭，启动【矩形】命令。

图 5.1 立面图的图层

① 在指定第一个角点或 [倒角(C)/标高(E)/圆角(F)/厚度(T)/宽度(W)]：提示下，在屏幕的左下角任意单击一点作为矩形的第一个角点。

② 在指定另一个角点或 [面积(A)/尺寸(D)/旋转(R)]：提示下，输入"@4300，3350"后按 Enter 键结束命令。"4300"是相邻两个装饰柱外边沿之间的距离，"3350"是餐厅地面到四人餐桌上部顶棚的距离。

③ 由于新建图形距眼睛比较近，所以只能看到图形的局部，如图 5.2 所示。下面利用【范围缩放】命令将其推远，输入"Z"后按 Enter 键，再输入"E"后按 Enter 键。

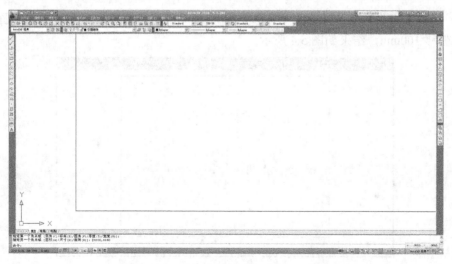

图 5.2 执行【范围缩放】命令前的视图

④ 用【实时缩放】命令 将视图调整到如图 5.3 所示的状态。

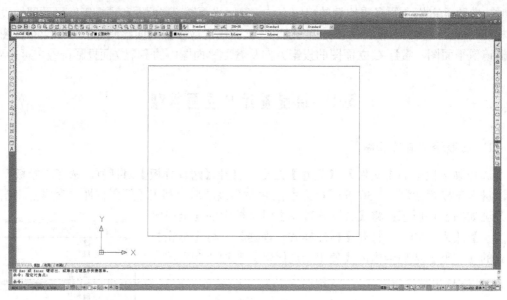

图 5.3　调整视图

(3) 将矩形最下面的水平线向上偏移 120mm，生成踢脚线。

① 单击【修改】工具栏上的【分解】图标，启动【分解】命令。

② 在**选择对象：**提示下，选择矩形为分解对象，然后按 Enter 键结束命令。

（特）（别）（提）（示）

- 由于矩形是一条闭合多段线，所以其 4 条边为整体关系，在偏移生成踢脚线之前应先将其分解，否则矩形的 4 条边会一起向内偏移。
- 矩形被分解后，组成矩形的 4 条边由一条闭合多段线变成普通的 4 条直线(line 线)。

③ 单击【修改】工具栏上的【偏移】图标，启动【偏移】命令，将最下面的水平线向上偏移 100mm，结果如图 5.4 所示。

图 5.4　偏移生成踢脚线

(4) 重复【偏移】命令，将踢脚线依次向上偏移 20mm、460mm、20mm、50mm、300mm、50mm、1800mm，生成台度等其他装饰线，结果如图 5.5 所示。

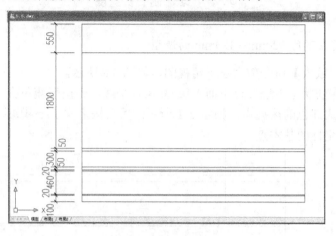

图 5.5　偏移生成台度等其他装饰线

(5) 继续使用【偏移】命令将左侧的垂直线向右分别偏移 400mm、500mm，将右侧的垂直线向左偏移 400mm、500mm，结果如图 5.6 所示。

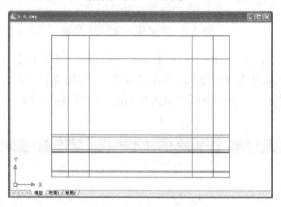

图 5.6　偏移生成垂直线

(6) 使用【修剪】命令，将图形修剪至如图 5.7 所示。

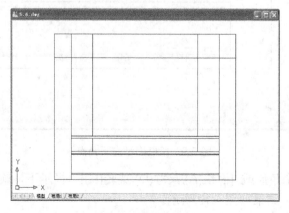

图 5.7　修剪图形

5.2　绘制台度

1.　绘制台度左下角 520mm×320mm 的造型

(1)　用【窗口放大】命令放大左下角视图，如图 5.8 所示。

(2)　在无命令的状态下选择自下而上第 3 条水平线，则出现蓝色夹点。单击左侧的蓝色夹点，使其变成红色的热夹点，如图 5.8 所示。然后按两次 Esc 键取消夹点，这样就将该点定义成相对坐标的基本点。

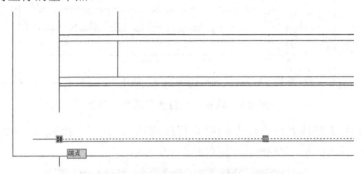

图 5.8　定义相对坐标的基点

(3)　单击【绘图】工具栏上的【矩形】图标 □，启动【矩形】命令。

① 在指定第一个角点或 [倒角(C)/标高(E)/圆角(F)/厚度(T)/宽度(W)]：提示下，输入造型左下角点相对于坐标基本点的坐标"@200，60"后按 Enter 键。这样就绘出矩形的左下角点，如图 5.9 所示。

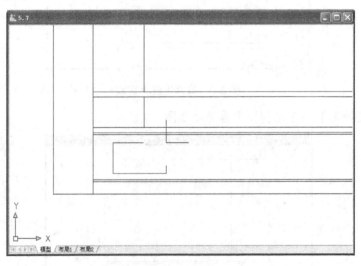

图 5.9　绘制造型左下角点

② 在指定另一个角点或 [面积(A)/尺寸(D)/旋转(R)]：提示下，输入"@520，320"后按 Enter 键结束命令，结果如图 5.10 所示。

(4)　使用【偏移】命令，将刚才绘制的矩形向内偏移 30mm，结果如图 5.11 所示。

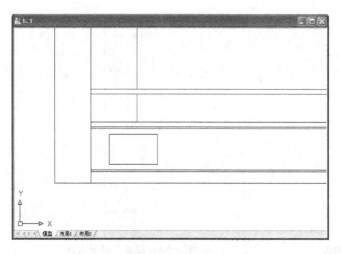

图 5.10　绘制 520mm×320mm 的造型　　　　图 5.11　向内偏移矩形

2. 使用【阵列】命令形成其他造型

【阵列】对话框中参数的设定：1 行、5 列、列偏移 670，行偏移可为任意值，结果如图 5.12 所示。

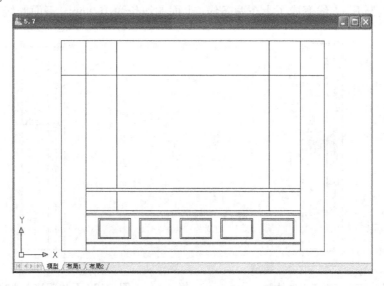

图 5.12　使用【阵列】命令生成其他窗洞口

3. 绘制立面台度的"花瓶"

(1) 在图中空白处，按照图 5.13 所示的尺寸，用【矩形】、【分解】、【偏移】、【修剪】等命令绘制图形。

(2) 在无命令的状态下，单击 1 线，1 线变虚并且出现 3 个夹点，如图 5.14 所示。由此可以观察 1 线的长度是 100mm+160mm=260mm。

(3) 单击【修改】工具栏上的【打断于点】图标□，启动【打断于点】命令。

① 在**选择对象**：提示下，选择 1 线。

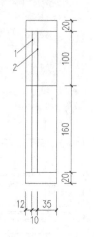

图 5.13　绘制"花瓶"的辅助线

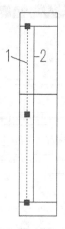

图 5.14　观察 1 线的长度

② 在**指定第一个打断点**：提示下，按照图 5.15 所示捕捉 1 线和 3 线的交点后命令自动结束。

在无命令的状态下，单击 3 线以上部分的 1 线，可以观察到仅 3 线以上的 1 线部分变虚，并且也出现 3 个夹点，如图 5.16 所示。这说明通过【打断于点】命令，从 1 线与 3 线相交处将 1 线断开，1 线变成了上下两条线，上面的线长为 100mm，下面的线长为 160mm。

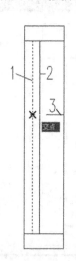

图 5.15　打断于点的位置

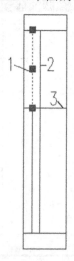

图 5.16　再次观察 1 线的长度

（特）（别）（提）（示）

● 2.11 节的"绘制楼梯折断线"中介绍过【打断】命令。【打断】命令是将一条线从中间断掉一段，而【打断于点】命令则是将一条线从某个位置断开。

（4）重复【打断于点】命令，从 2 线和 3 线相交处将 2 线断开。

（5）选择菜单栏中的【绘图】|【圆弧】|【三点】命令，启动三点画弧命令。

① 在**指定圆弧的起点或 [圆心(C)]**：提示下，捕捉如图 5.17 所示的 A 点作为圆弧的起点。

② 在**指定圆弧的第二个点或** [圆心(C)/端点(E)]：提示下，捕捉 2 线的中点作为圆弧的第二个点。

③ 在**指定圆弧的端点**：提示下，捕捉 B 点作为圆弧的端点，结果如图 5.18 所示。

(6) 以 3 线为边界将 4 线上部分修剪掉，结果如图 5.18 所示。

(7) 重复三点画弧命令，起点、第二点和端点分别选在 B 点、4 线的中点和 C 点处，结果如图 5.19 所示。

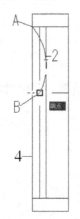 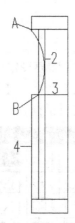 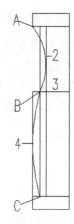

图 5.17　绘制"花瓶"第 1 段圆弧　　图 5.18　修剪 4 线上部分　　图 5.19　绘制"花瓶"第 2 段圆弧

(8) 用【修剪】和【删除】命令将图 5.19 整理成如图 5.20 所示的状态。

(9) 在无命令的状态下，选择如图 5.20 所示的 1、2 圆弧和 3 线，并单击 3 线中间的夹点使其变红，结果如图 5.21 所示。

(10) 查看命令行，此时命令行为【拉伸】，反复按 Enter 键直至滚动至【镜像】命令。

① 在**指定第二点或** [基点(B)/复制(C)/放弃(U)/退出(X)]：提示下，输入"C"后按 Enter 键，执行子命令【复制】。

② 在**指定第二点或** [基点(B)/复制(C)/放弃(U)/退出(X)]：提示下，打开【正交】功能，如图 5.22 所示，将光标垂直向下拖动，在任意位置单击，命令自动结束。

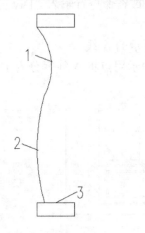 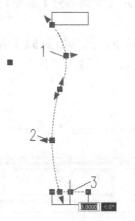 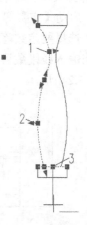

图 5.20　整理图形　　　　　图 5.21　选择夹点　　　　图 5.22　用【夹点编辑】命令生成
　　　　　　　　　　　　　　　　　　　　　　　　　　　"花瓶"的另半部分

● 上面执行了夹点编辑中的【镜像】命令，如果输入"C"，执行的是不删除源对象的镜像；如果不输入"C"，则执行的是删除源对象的镜像。镜像线的起点位于红色夹点的位置，另一个端点在光标垂直向下拖动后指定的任意位置。

4. 放置台度的花瓶

1) 点样式的设定

利用点的命令来定位"花瓶"，首先需要设定点样式。

选择菜单栏中的【格式】|【点样式】命令，打开【点样式】对话框，其中的参数设定如图 5.23 所示，单击【确定】按钮关闭对话框。

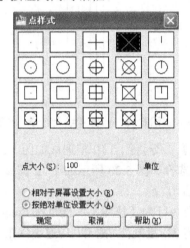

图 5.23　【点样式】对话框

2) 利用定数等分的方法定位"花瓶"

(1) 选择菜单栏中的【绘图】|【点】|【定数等分】命令，或在命令行输入"Div"后按Enter 键，启动【定数等分】命令。

① 在**选择要定数等分的对象**：提示下，选择如图 5.24 所示的 A 线。

② 在**输入线段数目或 [块(B)]**：提示下，输入"10"，表示用点将 A 线等分为 10 份，结果如图 5.24 所示。

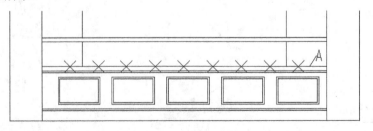

图 5.24　用点将 A 线等分为 10 份

(2) 右击状态栏上的【对象捕捉】图标，在弹出的快捷菜单中选择【设置】选项，打开【草图设置】对话框，勾选【节点】复选框。

◉ 特 别 提 示 ....

- 通常用【定数等分】命令等分对象。
- 【节点捕捉】命令是用于捕捉"点"的。

....

(3) 用【复制】命令将"花瓶"复制到阳台上，"花瓶"最下部的中点和"点"相重合，所以复制基点应选择在"花瓶"最下部的中点部位，结果如图 5.25 所示。

(4) 最后删除定数等分插入的点。

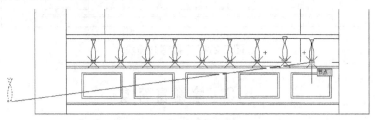

图 5.25　复制"花瓶"

3) 利用定距等分的方法定位"花瓶"

(1) 选择菜单栏中的【绘图】|【点】|【定距等分】命令，或在命令行输入"Me"后按 Enter 键，启动【定距等分】命令。

① 在**选择要定距等分的对象**：提示下，单击图 5.24 中 A 线的左半部分，选择 A 线。

② 在**指定线段长度或 [块(B)]**：提示下，输入"270"，表示从 A 线左边开始，用 270mm 的距离对 A 线进行测量，结果从 A 线左端点每 270mm 插入一个点。

(2) 用【复制】命令将"花瓶"复制到阳台上，结果如图 5.26 所示。

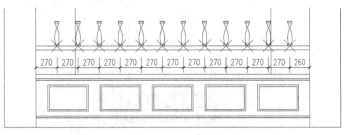

图 5.26　定距等分插点

4) 利用定数插块的方法定位"花瓶"

(1) 使用【创建块】命令把"花瓶"制作成名为"花瓶"的图块，块的基点选择在"花瓶"最下部的中点部位。

(2) 选择菜单栏中的【绘图】|【点】|【定数等分】命令，或在命令行输入"Div"后按 Enter 键，启动【定数等分】命令。

① 在**选择要定数等分的对象**：提示下，选择如图 5.24 所示的 A 线。

② 在**输入线段数目或 [块(B)]**：提示下，输入"B"，表示用块进行定数等分。

③ 在**输入要插入的块名**：提示下，输入"花瓶"以确定块的名称。

④ 在**是否对齐块和对象？[是(Y)/否(N)] <Y>**：提示下，输入"Y"，表示块与被等分对象是对齐的。

⑤ 在**输入线段数目**：提示下，输入"13"，结果如图 5.27 所示。

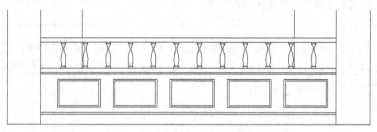

图 5.27　定数等分插块

5.3　绘制窗帘盒

1．绘制窗帘盒轮廓

(1) 单击【绘图】工具栏上的【圆】图标 ⊘ 或在命令行输入"C"并按 Enter 键，启动【圆】命令。

① 在**_circle 指定圆的圆心或 [三点(3P)/两点(2P)/切点、切点、半径(T)]**：提示下，打开对象捕捉功能，捕捉如图 5.28 所示的 A 线的中点处，不单击鼠标，将光标垂直向下拖动后输入 2800，然后按 Enter 键，找到圆的圆心。

② 在**指定圆的半径或 [直径(D)]**：提示下，输入圆的半径"2800"后按 Enter 键，结果如图 5.28 所示。

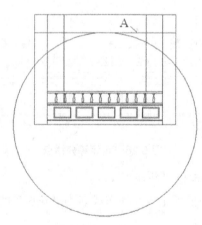

图 5.28　绘制圆

(2) 用【修剪】命令，将图形修剪至如图 5.29 所示。

(3) 启动【偏移】命令，分别将图 5.29 中的 A 线和 B 线向内偏移 50mm，如图 5.30 所示。

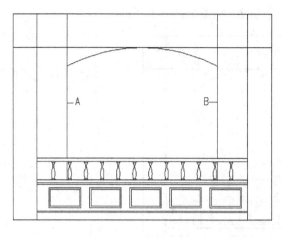

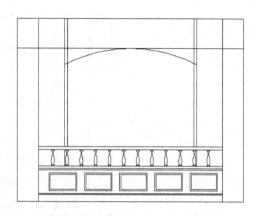

图 5.29　修剪圆　　　　　　　　　　图 5.30　向内偏移 A 线和 B 线

(4) 单击【绘图】工具栏上的【圆】图标 ⊘ 或在命令行输入 "C" 并按 Enter 键，启动【圆】命令。

① 在_circle 指定圆的圆心或 [三点(3P)/两点(2P)/切点、切点、半径(T)]: 提示下，输入 "T" 并按 Enter 键，表示将用 "切点、切点、半径" 的方式绘制圆。

② 在指定对象与圆的第一个切点: 提示下，将光标放在图 5.31 所示处单击。

③ 在指定对象与圆的第二个切点: 提示下，将光标放在图 5.32 所示处单击。

④ 在指定圆的半径: 提示下，输入圆的半径 "400" 并按 Enter 键，结果如图 5.33 所示。

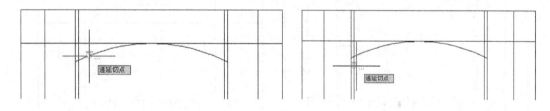

图 5.31　指定对象与圆的第一个切点　　　图 5.32　指定对象与圆的第二个切点

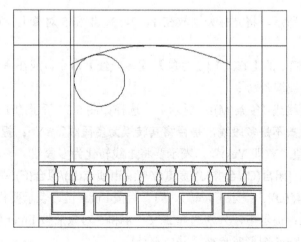

图 5.33　用 "切点、切点、半径" 的方式绘制圆

(5) 启动【镜像】命令，对称复制出右侧的圆，结果如图 5.34 所示。

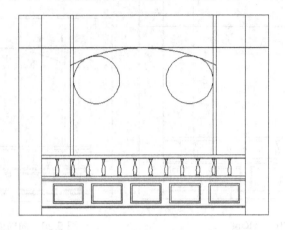

图 5.34　镜像复制右侧的圆

(6) 用【修剪】命令，将图 5.34 修剪至如图 5.35 所示。

(7) 用【删除】命令，将图 5.35 中的 C 线、D 线和 E 线删除。

(8) 启动【偏移】命令，将图 5.35 中的 F 线向下偏移 900 mm，结果如图 5.36 所示。

(9) 用【修剪】命令，将图 5.36 修剪至如图 5.37 所示。

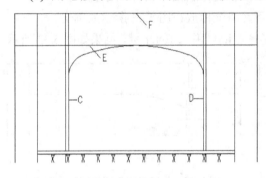

图 5.35　修剪图形

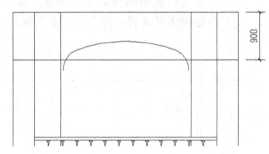

图 5.36　删除 C 线、D 线和 E 线并偏移 F 线

(10) 如图 5.37 所示，将光标分别放在 1、2、3、4 和 5 对象上，可以发现它们是独立的 5 个图形对象。

(11) 选择菜单栏中的【修改】|【对象】|【多段线】命令，或在命令行输入 "Pe" 并按 Enter 键，启动多段线编辑命令。

① 在**选择多段线或 [多条(M)]**：提示下，选择如图 5.37 所示的 1 线，此时该线变虚。

② 在**选定的对象不是多段线，是否将其转换为多段线? <Y>**：提示下，按 Enter 键执行尖括号内的默认值 "Y(即 Yes)"，表示要将 1 线转化为多段线。

③ 在**输入选项 [闭合(C)/合并(J)/宽度(W)/编辑顶点(E)/拟合(F)/样条曲线(S)/非曲线化(D)/线型生成(L)/放弃(U)]**：提示下，输入 "J" 后按 Enter 键，表示要执行【合并】子命令。

④ 在**选择对象**：提示下，分别选择 2、3、4 和 5 对象后按 Enter 键，以确定将要合并的图形对象。结果 1~5 图形对象被合并成整体。

(12) 启动【偏移】命令，将步骤（11）合并的对象分别向上偏移 20 mm 和 60 mm，结果如图 5.38 所示。

图 5.37　修剪圆弧　　　　　　　　　　　　图 5.38　偏移图形

2. 绘制窗帘盒细部装饰

(1) 参照图 5.39 中的尺寸，用【偏移】、【修剪】和【删除】命令，将图形由 5.38 绘制到如图 5.39 所示。

(2) 在命令行输入"Pe"并按 Enter 键，启动多段线编辑命令，将图 5.39 中的 1～5 图形对象连接成整体。然后用【偏移】命令将其向内偏移 20 mm，结果如图 5.40 所示。

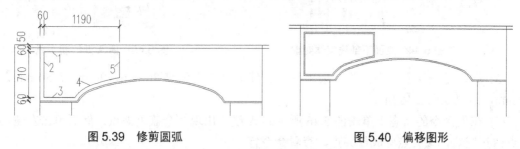

图 5.39　修剪圆弧　　　　　　　　　　　　图 5.40　偏移图形

(3) 启动【镜像】命令，对称复制出右侧的造型，结果如图 5.41 所示。

(4) 居中绘制直径为 290 mm 的圆，并向内偏移 20 mm，结果如图 5.42 所示。

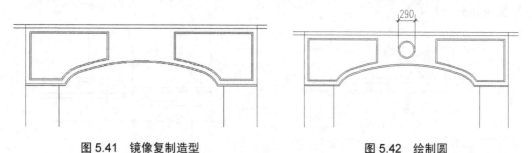

图 5.41　镜像复制造型　　　　　　　　　　图 5.42　绘制圆

5.4　绘制装饰柱

1. 绘制柱础

柱础的尺寸如图 5.43 所示。

(1) 在无命令的状态下，将光标放在立面图最下面一根线上，该线整体变虚，如图 5.44 所示，说明立面图最下部是由一条直线组成的。

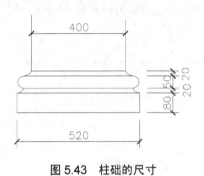

图 5.43　柱础的尺寸

(2) 单击【修改】工具栏上的【打断于点】图标，启动【打断于点】命令。

① 在**选择对象**：提示下，选择图 5.44 中的 1 线。

② 在**指定第一个打断点**：提示下，捕捉图 5.44 中所示的 A 点，命令自动结束。

通过【打断于点】命令将 1 线从 A 处断开，分成左右 2 条直线。在无命令的状态下，将光标放在柱最下部的直线上，可以观察到仅该部分的直线变虚，如图 5.45 所示。

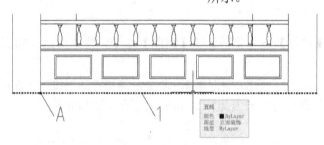

图 5.44　立面下部线整体变虚　　　　图 5.45　由 A 处打断 1 线

(3) 启动【偏移】命令，将柱最下部的直线分别向上偏移 80 mm、20 mm、50 mm、20 mm，结果如图 5.46 所示。

(4) 在无命令的状态下单击图 5.46 所示的 A 线，出现 3 个蓝色夹点，然后单击左侧的夹点使其变红，该夹点变成热夹点，查看命令行。

(5) 在指定拉伸点或 [基点(B)/复制(C)/放弃(U)/退出(X)]：提示下，打开【正交】功能，将光标水平向左拖动，输入"60"后按 Enter 键，结果如图 5.47 所示，A 线从左端点处向左拉长 60mm。

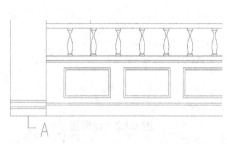

图 5.46　将柱最下部的直线向上偏移

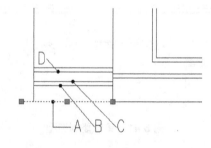

图 5.47　向左将 A 线拉长 60mm

(6) 用相同的方法将 A 线向右拉长 60mm，将 B 线向左、右分别拉长 60mm，将 C 和 D 线向左、右分别拉长 30mm，结果如图 5.48 所示。

(7) 用【修剪】命令，将图形修剪至如图 5.49 所示。

(8) 启动【直线】命令，绘制出图 5.50 中所示的 M 线和 N 线。

(9) 单击【修改】工具栏上的【圆角】图标或在命令行输入"F"并按 Enter 键，启动【圆角】命令，圆角半径可为任意值。

① 在**选择第一个对象或 [放弃(U)/多段线(P)/半径(R)/修剪(T)/多个(M)]**：提示下，选择图 5.50 所示的 A 线偏左部分。

② 在**选择第二个对象，或按住 Shift 键选择要应用角点的对象**：提示下，选择图 5.50 所示的 B 线偏左部分。

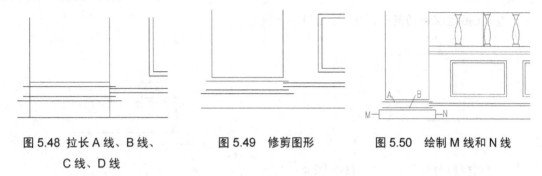

图 5.48 拉长 A 线、B 线、 　　图 5.49　修剪图形 　　　　图 5.50　绘制 M 线和 N 线
　　　　C 线、D 线

(10) 重复【圆角】命令，第一对象和第二对象分别选择图 5.50 中所示 A 线、B 线偏右部分，结果如图 5.51 所示。

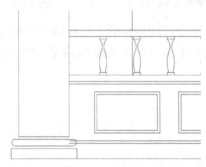

图 5.51　用【圆角】命令修改图形

●（特）（别）（提）（示）

- 两条平行线可以倒圆角，此时不管圆角半径是多少，AutoCAD 将自动在两条平行线的端点画一个半圆，半圆的直径为平行线的间距。
- 两条平行线同侧端点在同一垂直线时，执行【圆角】命令时，选择任何部分作为第一对象，结果都是相同的。
- 两条平行线的同侧端点不在同一垂直线时，执行【圆角】命令时，选择任何部分作为第一对象，结果是不相同的，结果对比如图 5.52 所示。

(11) 单击【绘图】工具栏上的【样条曲线】图标~或在命令行输入"Spl"并按 Enter 键，启动【样条曲线】命令。

① 在**指定第一个点或 [对象(O)]**：提示下，打开【对象捕捉】功能，捕捉如图 5.53 所示的 N 点。

② 在**指定下一点或 [闭合(C)/拟合公差(F)] <起点切向>**：提示下，关闭【对象捕捉】功能，如图 5.53 所示，在 MN 连线的中点略微偏右下部分单击，以确定样条曲线的第二点。

③ 在**指定下一点或 [闭合(C)/拟合公差(F)] <起点切向>**：提示下，打开【对象捕捉】功能，如图 5.53 所示的 M 点(即图中十字光标的位置)。

④ 在**指定起点切向**：提示下，按 Enter 键，表示不指定起点切向，采用系统自动计算的默认切向。

⑤ 在**指定端点切向**：提示下，按 Enter 键。

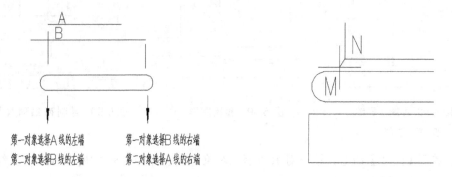

图 5.52　用【圆角】命令修改平行线　　　　图 5.53　指定样条曲线的第二点

(12) 重复【样条曲线】命令，用相同的方法绘制左侧的另一条曲线，结果如图 5.54。

(13) 用【镜像】和【修剪】命令将图 5.54 修剪至如图 5.55 所示。

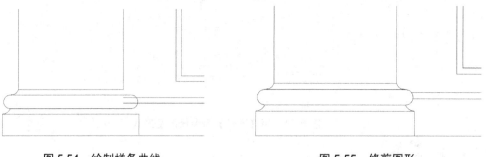

图 5.54　绘制样条曲线　　　　　　　　图 5.55　修剪图形

2. 绘制柱身

(1) 单击【绘图】工具栏上的【直线】图标／或在命令行输入"L"后按 Enter 键，启动【直线】命令。

① 在**_line 指定第一点**：提示下，捕捉图 5.56 所示处。

② 在**指定下一点或 [放弃(U)]**：提示下，按住 Shift 键右击，弹出【捕捉】快捷菜单，选择【垂足捕捉】选项后，将光标放在如图 5.57 所示处，出现垂足捕捉后单击，然后按 Enter 键结束命令。

(2) 启动【偏移】命令，将刚才绘制的直线分别向下偏移 20mm、200mm、20mm，结果如图 5.58 所示。

(3) 单击【修改】工具栏上的【圆角】图标□或在命令行输入"F"并按 Enter 键，启动【圆角】命令，圆角半径为任意值，将图 5.58 修整至如图 5.59 所示。

(4) 启动【修剪】命令，将图 5.59 修剪至如图 5.60 所示。

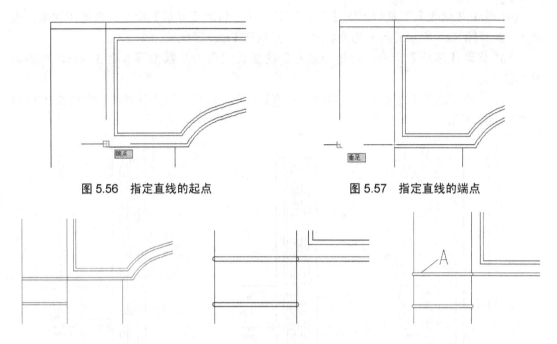

图 5.56　指定直线的起点　　　　　　　　图 5.57　指定直线的端点

图 5.58　偏移直线　　　　图 5.59　用【圆角】命令修整平行线端部　　　　图 5.60　修剪图形

通过(1)～(3)步的操作，用线脚将装饰柱分成了上柱和下柱两部分。

(5) 在无命令的状态下选择图 5.60 所示的 A 线，则出现 3 个蓝色夹点。单击左侧的蓝色夹点使其变成红色的热夹点，然后按两下 Esc 键取消夹点，这样就将该点定义成相对坐标的基本点。

(6) 单击【绘图】工具栏上的【矩形】图标 □，启动【矩形】命令。

① 在**指定第一个角点或 [倒角(C)/标高(E)/圆角(F)/厚度(T)/宽度(W)]**：提示下，输入上柱装饰线左下角到相对坐标的基本点的坐标"@60，60"后按 Enter 键。这样就绘出矩形的左下角点，如图 5.61 所示。

② 在**指定另一个角点或 [面积(A)/尺寸(D)/旋转(R)]**：提示下，输入"@280，710"后按 Enter 键结束命令，结果如图 5.62 所示。

(7) 启动【偏移】命令，将刚才绘制的矩形向内偏移 20mm，结果如图 5.63 所示。

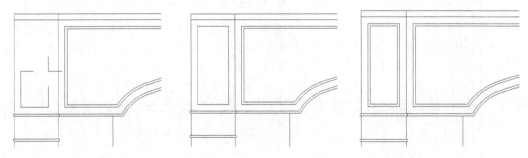

图 5.61　确定矩形的左下角点　　　图 5.62　确定矩形的右上角点　　　　图 5.63　偏移矩形

(8) 重复步骤(5)～(7)，绘制如图 5.64 所示的矩形，矩形的大小为"245×1940"，矩形的左下角点到图 5.64 中 A 点的坐标为"@77.5，60"。

(9) 单击【修改】工具栏上的【分解】图标，启动【分解】命令。在**选择对象：**提示下，选择图 5.64 所示的矩形为分解对象，然后按 Enter 键结束命令。

(10) 启动【偏移】命令，将矩形最左侧的垂直线向右分别偏移 6 个 35mm，结果如图 5.65 所示。

(11) 将矩形的上下边删除后，启动【圆角】命令，圆角半径为任意值，将图 5.65 修整至如图 5.66 所示。

图 5.64　绘制矩形　　　　图 5.65　偏移直线　　　　图 5.66　用【圆角】命令修整图形

(12) 用【直线】、【偏移】、【修剪】和【圆角】命令绘制图 5.67 圆圈中所示的图形。

(13) 重复步骤(5)～(7)，绘制如图 5.68 所示的矩形 A，矩形的大小为"380×1110"，矩形的左下角点到图 5.67 中的 B 点的坐标为"@60，60"。

(14) 启动【偏移】命令，将矩形 A 向内偏移 20mm，结果如图 5.68 所示。

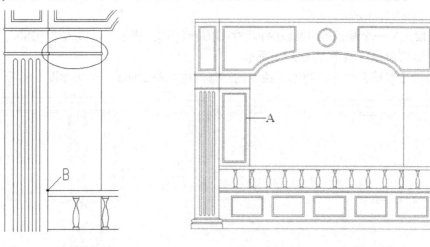

图 5.67　绘制装饰线　　　　　　　图 5.68　矩形 A 向内偏移 20mm

(15) 启动【镜像】命令，复制出右侧的装饰柱，并用【修剪】命令修剪图形，结果如图 5.69 所示。

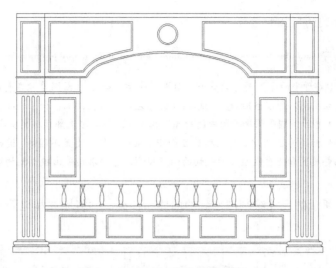

图 5.69　镜像复制出右侧装饰柱

5.5　整 理 图 形

1. 复制并修改图形

(1) 单击【修改】工具栏上的【复制】图标 ，启动【复制】命令。复制出另外两个柱距的立面装饰，结果如图 5.70 所示。

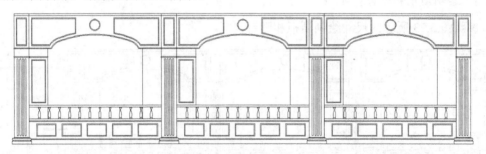

图 5.70　复制出立面装饰

(2) 将最左边的装饰柱删除，并用【延伸】、【修剪】等命令修改图形左边缘，结果如图 5.71 所示。

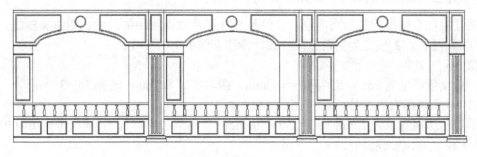

图 5.71　删除多余的装饰柱

2. 绘制被剖到的顶棚和墙体

特 别 提 示

● 观察图 C1 餐厅平面布置图中的多个立面投影符号可知：C 立面图是站在餐厅内部面向窗户所看到的墙的立面图，所以 5 轴线柱和墙在立面图左边，酒柜、吧台和 1 轴线墙在立面图右边。

● 观察图 C2 餐厅顶棚镜像平面图中的标高可知：四人餐桌区上部顶棚的标高为 3.35 米，吧台区上部顶棚的标高为 2.85 米。所以和 C 立面衔接处的顶棚高度是不同的，这样 C 立面图应表达为沿着四人餐桌区和吧台区所做的剖切面的正投影，它要求绘制出被剖到的墙体和顶棚。

参照图 5.72 所示的尺寸绘制被剖到的墙体和顶棚，并将墙体和地面线加粗。

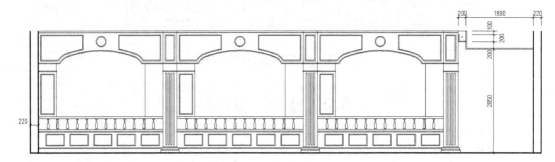

图 5.72   绘制被剖到的墙体和顶棚

3. 绘制酒柜和吧台

参照图 5.73 所示的尺寸绘制酒柜和吧台。

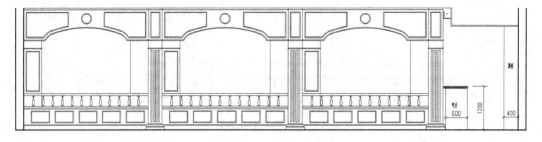

图 5.73   绘制酒柜和吧台

4. 标注立面图中的尺寸、做法和轴线

将【标注】图层设定为当前层，参照图 5.74 标注立面图中的尺寸、做法和轴线。

(1) 将【标注】设定为当前标注样式，标注立面图中的尺寸。

(2) 标注文字。

一般文字高度为 3mm×比例(50)=150mm，图名字高为 7mm×比例(50)=350mm。

(3) 绘制详图索引符号。

该符号圆圈直径为 10mm×比例(50)=500mm，详图编号字高为 3mm×比例(50)=150mm。

(4) 绘制定位轴线编号。

圆圈直径为 8mm×比例(50)=400mm，轴线编号字高为 5mm×比例(50)=250mm。

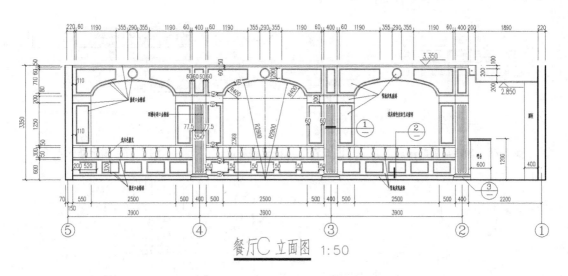

图 5.74 标注尺寸、做法和轴线

5.6 绘制节点详图

参见"图 C3 餐厅 C 立面图"，可知餐厅 C 立面图内引出 3 个详图：台度详图，其出图比例为 1∶15；柱础详图，其出图比例为 1∶10；装饰柱详图，其出图比例为 1∶10。

1. 绘制比例为 1∶10 的装饰柱详图

装饰柱详图绘制在餐厅 C 立面图文件上。观察图 5.74 可知，装饰柱详图是由 3 轴线上的柱经过水平剖切向下投影所得到的剖切索引详图，详图编号为 1。

1）绘制图形

(1) 打开餐厅平面图，锁定【地面】、【家具】、【标注】、【墙体】和【门窗】图层。

(2) 选择菜单栏中的【文件】|【带基点的复制】命令。

① 在**指定基点**：提示下，捕捉如图 5.75 所示的位置作为复制的基点。

② 在**选择对象**：提示下，选择如图 5.76 所示的图形作为复制的对象。

(3) 按 Ctrl+Tab 组合键或选择菜单栏中的【窗口】|【餐厅 C 立面图】命令，将"餐厅 C 立面图"设置为当前图形文件，然后按 Ctrl+V 组合键。在**指定插入点**：提示下，在如图 5.77 所示的立面图下部空白位置单击确定插入点。

特 别 提 示

● 在 AutoCAD 2010 中同时打开多个图形文件时，按 Ctrl+Tab 组合键可以切换当前的图形文件，或在【窗口】菜单中设置当前的图形文件。

(4) 用【直线】和【修剪】命令将图形修整成如图 5.78 所示。

(5) 用【直线】命令绘制如图 5.79 所示的 A 辅助线，先将其向右偏移 77.5mm，接着向右偏移 7 个 35mm，最后再偏移一个 77.5mm，结果如图 5.79 所示。

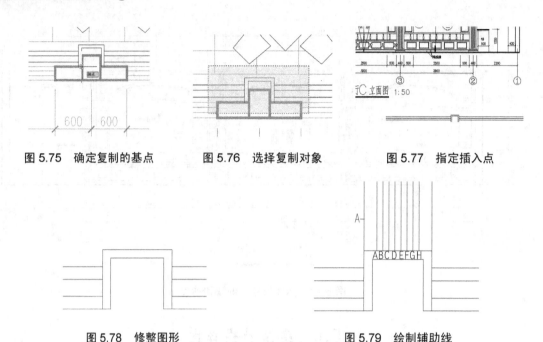

图 5.75　确定复制的基点　　　　图 5.76　选择复制对象　　　　图 5.77　指定插入点

图 5.78　修整图形　　　　　　　　　图 5.79　绘制辅助线

(6) 将【立面装饰】图层设置为当前层，单击【绘图】工具栏上的【圆】图标 或在命令行输入"C"并按 Enter 键，启动【圆】命令。

① 在_circle 指定圆的圆心或 [三点(3P)/两点(2P)/切点、切点、半径(T)]：提示下，输入"2P"后按 Enter 键，表示用两点的方式绘制圆。

② 在指定圆直径的第一个端点：提示下，捕捉如图 5.79 所示的 A 点作为直径的第一个端点。

③ 在指定圆直径的第二个端点：提示下，捕捉如图 5.79 所示的 B 点作为直径的第二个端点。这样我们绘制出直径的两个端点分别在 A 和 B 处，直径的大小为 35mm 的圆。

特　别　提　示

● 两点方式绘制圆是通过确定直径的两个端点来确定圆的大小和位置。

(7) 重复两点画圆命令，直径的两个端点分别捕捉 C 和 D、E 和 F、G 和 H，结果如图 5.80 所示。

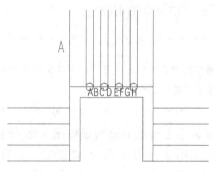

图 5.80　指定插入点

(8) 删除所有辅助线，并启动【修剪】命令，将图形修剪至如图 5.81 所示。

(9) 启动【直线】命令绘制 45° 木板拼缝，并启动【修改】｜【对象】｜【多段线】命令，将木板的轮廓线加粗至 4mm，结果如图 5.82 所示。

图 5.81　绘制凹槽　　　　　　　　　　　　图 5.82　加粗轮廓线

(10) 关闭【正交】和【对象捕捉】功能，在命令行输入 "Sketch" 后按 Enter 键，启动【徒手绘图】命令。

(11) 在**记录增量 <1.0000>**：提示下，输入 "2"。

(12) 在**徒手画. 画笔(P)/退出(X)/结束(Q)/记录(R)/删除(E)/连接(C)**：提示下，单击一点作为徒手画的起点，此时命令行提示**<笔 落>**，表示 "画笔" 已经落下。

(13) 按照木纹的材料图例移动光标，观察绘图区域，屏幕上会出现显示光标轨迹的绿线，如图 5.83 所示。

(14) 绘制一段木纹后单击，此时命令行提示**<笔 提>**，表示 "画笔" 抬起，这时可以将光标移到其他位置。由于处于 "提笔" 状态，所以 AutoCAD 并不记录这段光标的轨迹。

(15) 继续绘制其他木纹后按 Enter 键结束命令，绘制的绿线变为当前层的颜色，结果如图 5.84 所示。

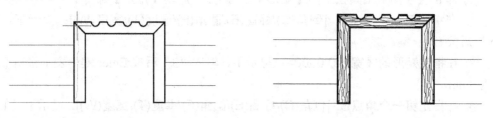

图 5.83　光标移动轨迹为绿线　　　　　　　　图 5.84　绘制木纹

2) 参照图 5.85 标注尺寸和文字

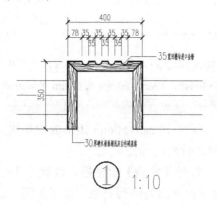

图 5.85　标注文字和尺寸

(1) 设定 1：10 的标注样式。

① 选择菜单栏中的【格式】|【标注样式】命令，打开【标注样式管理器】对话框。

② 选中【标注】标注样式，然后单击【新建】按钮，弹出【创建新标准样式】对话框，在【新样式名】文本框中输入"1 比 10"。

③ 单击【继续】按钮，进入【新建标注样式】对话框，该对话框中包含 7 个选项卡，除【调整】选项卡中的【使用全局比例】设定为"10"外，其他设定均与 3.3.2 节尺寸标注样式中的【标注】相同。

④ 将【1 比 10】标注样式设为当前标注样式。

⑤ 用【线性】、【连续】和【基线】标注命令标注装饰柱的宽度、高度和细部尺寸。

(2) 标注文字。

一般文字高度为 3.5mm×比例(10)＝35mm。

(3) 绘制详图符号圆圈。

该圆圈直径为 14mm×比例(10)＝140mm，详图编号字高为 10×比例(10)＝100mm，详图比例字高为 7×比例(10)＝70mm。

2. 绘制比例为 1：15 的台度详图

从图 5.74 中可看到，台度详图是在 3 和 4 轴线之间做垂直剖切向右投影所得到的局部剖切索引详图，详图编号为 2。

1) 绘制龙骨

(1) 打开【图层特性管理器】，新建【台度详图】图层，并将其设为当前层。

(2) 单击【绘图】工具栏上的【矩形】图标 ▭，启动【矩形】命令。

① 在**指定第一个角点或 [倒角(C)/标高(E)/圆角(F)/厚度(T)/宽度(W)]**：提示下，输入"W"后按 Enter 键。

② 在**指定矩形的线宽 <0.0000>**：提示下，输入"3"后按 Enter 键，表示将矩形线宽改为3mm。

③ 在**指定第一个角点或 [倒角(C)/标高(E)/圆角(F)/厚度(T)/宽度(W)]**：提示下，在立面图上部空白区域任意一点单击作为矩形的左下角点。

④ 在**指定另一个角点或 [面积(A)/尺寸(D)/旋转(R)]**：提示下，输入"@40，60"后按 Enter 键结束命令。

⬤ 特 别 提 示 ┄┄

● 龙骨的规格一般根据跨度、面层材料以及龙骨的分布情况来确定，一般的规格为 20mm×30mm、25mm×35mm、30mm×40mm、40mm×60mm 及 60mm×80mm 等。

┄┄

(3) 启动【直线】命令，绘制 40mm×60mm 矩形的对角线，结果如图 5.86 所示。这样就绘制出 40mm×60mm 纵向龙骨的断面图。

(4) 启动【阵列】命令，打开【阵列】对话框，设置为 3 行、2 列、行偏移 315、列偏移 150，选择图 5.86 所示的龙骨断面为阵列对象，结果如图 5.87 所示。

(5) 启动【直线】命令，绘制横向龙骨和竖向龙骨，结果如图 5.88 所示。

| 图 5.86 绘制对角线 | 图 5.87 绘制辅助线 | 图 5.88 绘制横向和纵向龙骨 |

● 台度的龙骨是一个三维框架，由横向、纵向和竖向三个方向的龙骨拼接而成。

2) 绘制地面

(1) 启动【直线】命令，绘制混凝土垫层的边线，线的起点在图 5.89 所示的 A 处，线长 650mm，结果如图 5.89 所示。

(2) 启动【偏移】命令，将混凝土垫层的边线分别向上偏移 20mm 和 30mm，形成找平层和面层，结果如图 5.90 所示。

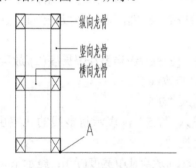

图 5.89 绘制垫层边线

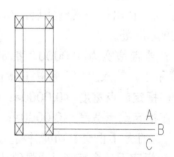

图 5.90 绘制找平层和面层

(3) 单击【绘图】工具栏上的【图案填充】图标 或在命令行输入"H"后按 Enter 键，打开【图案填充和渐变色】对话框。

① 选择填充类型为【预定义】，然后单击【图案】文本框右侧的 按钮，打开【填充图案选项板】对话框，选择【其他预定义】选项卡中的 AR-SAND 图案。

② 设置角度为"0"，比例为"0.3"。

③ 单击【图案填充和渐变色】对话框右上角的【选择对象】按钮 ，对话框消失。

④ 在**选择对象或 [拾取内部点(K)/删除边界(B)]:** 提示下，选择图 5.90 中的 B 线和 C 线。

⑤ 按 Enter 键返回【图案填充和渐变色】对话框，单击【确定】按钮关闭对话框，结果如图 5.91 所示。

(4) 按 Enter 键重复【图案填充】命令，打开【图案填充和渐变色】对话框，选择【其他预定义】选项卡中的 BRASS 图案。

① 将角度设为"45"，比例设成"10"。

② 单击【图案填充和渐变色】对话框右上角的【选择对象】按钮🔳，选择图 5.91 中的 A 线和 B 线为填充对象，结果如图 5.92 所示。

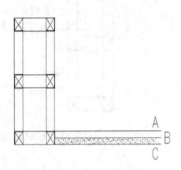

图 5.91　填充找平层

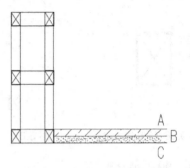

图 5.92　填充面层

(5) 选择菜单栏中的【修改】|【对象】|【多段线】命令，启动多段线编辑命令。将图 5.92 中的 C 线（即混凝土垫层的边线）加粗至 7.5mm（出图后的线宽为 0.5mm×比例 (15)=7.5mm）并将其延伸至图 5.93 的 M 点处。

3) 绘制墙体

(1) 打开【正交】、【对象捕捉】和【对象追踪】功能。单击【绘图】工具栏上的【多段线】图标 ↵ 或在命令行输入"PL"并按 Enter 键，启动【多段线】命令。

(2) 在**指定起点**：提示下，将光标放在如图 5.93 所示的 M 点，不单击，将光标垂直向下慢慢拖动，待出现一条虚线后，输入"200"后按 Enter 键，表示多段线的起点在 M 点垂直向下 200mm 处。

(3) 在**当前线宽为 0.0000，指定下一个点或 [圆弧(A)/半宽(H)/长度(L)/放弃(U)/宽度(W)]**：提示下，输入"W"后按 Enter 键，指定要修改线宽。

① 在**指定起点宽度 <0.0000>**：提示下，输入"7.5"。

② 在**指定端点宽度 <0.0000>**：提示下，输入"7.5"，表示将多线的线宽由"0"改为"7.5"。打开【正交】功能并将光标垂直向上拖动。

(4) 在**指定下一个点或 [圆弧(A)/半宽(H)/长度(L)/放弃(U)/宽度(W)]**：提示下，关闭【对象捕捉】功能，将光标垂直向上拖动，输入"660"后按 Enter 键，结果如图 5.94 所示。

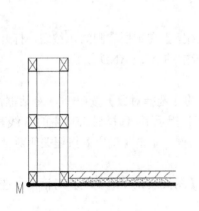

图 5.93　加粗垫层的边线

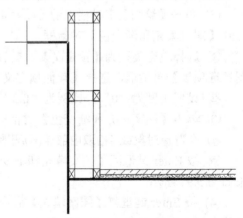

图 5.94　绘制墙体轮廓线 1

(5) 在**指定下一个点或 [圆弧(A)/半宽(H)/长度(L)/放弃(U)/宽度(W)]**:提示下,关闭【对象捕捉】功能,将光标水平向左拖动,输入"220"后按 Enter 键。

(6) 在**指定下一个点或 [圆弧(A)/半宽(H)/长度(L)/放弃(U)/宽度(W)]**:提示下,关闭【对象捕捉】功能,将光标垂直向下拖动,输入"660"后按 Enter 键,结果如图 5.95 所示。

(7) 启动【偏移】命令,将刚才绘制的墙体向外偏移 25mm,结果如图 5.96 所示。

(8) 用【修剪】和【分解】命令,将图形修整至如图 5.97 所示。

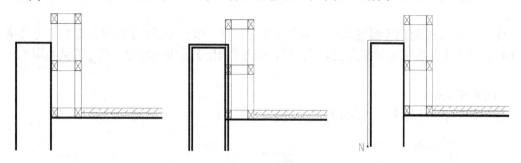

图 5.95　绘制墙体轮廓线 2　　图 5.96　绘制墙体饰面层 1　　图 5.97　绘制墙体饰面层 2

(9) 打开【正交】、【对象捕捉】和【对象追踪】,并启动【直线】命令。

① 在**_line 指定第一点**:提示下,捕捉如图 5.97 所示的 N 点处,不单击,将光标向左移动至如图 5.98 所示处单击,确定直线的起点。

② 在**指定下一点或 [放弃(U)]**:提示下,水平向右拖动光标至如图 5.99 所示处单击,确定直线的终点。按 Enter 键结束命令。

③ 按 Enter 键重复【直线】命令。

④ 在**_line 指定第一点**:提示下,捕捉如图 5.100 所示的 B 处,不单击,将光标向右移动至如图 5.100 所示处单击,确定直线的起点。

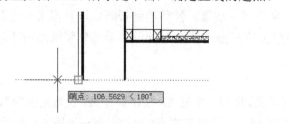

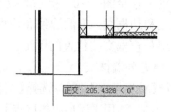

图 5.98　绘制折断线 1　　　　　　　　图 5.99　绘制折断线 2

⑤ 在**指定下一点或 [放弃(U)]**:提示下,水平向右拖动光标至如图 5.101 所示处单击,确定直线的终点。按 Enter 键结束命令。

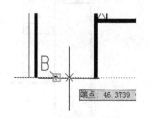

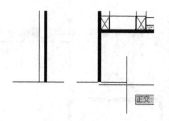

图 5.100　绘制折断线 3　　　　　　　　图 5.101　绘制折断线 4

⑥ 按 Enter 键重复【直线】命令，绘制如图 5.102 所示的折断符号。

(10) 单击【绘图】工具栏上的【图案填充】图标 或在命令行输入 "H" 后按 Enter 键，打开【图案填充和渐变色】对话框，选择【ANSI】选项卡中的 ANSI31 图案。

① 设置角度为 "0"，比例为 "10"。

② 单击【图案填充和渐变色】对话框右上角的【添加：拾取点】按钮 。

③ 在**拾取内部点或 [选择对象(S)/删除边界(B)]**：提示下，在墙体内部单击，确定填充区域。

④ 按 Enter 键返回【图案填充和渐变色】对话框。单击【预览】按钮，观察填充效果，按 Esc 键返回【图案填充和渐变色】对话框。单击【确定】按钮关闭对话框，结果如图 5.103 所示。

4) 绘制窗框

参照图 5.104 所示的尺寸绘制窗框，线宽为 1mm。

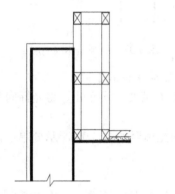
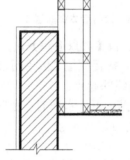
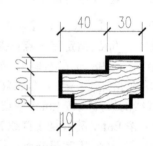

图 5.102　绘制折断符号　　图 5.103　填充墙体材料图例　　图 5.104　窗框的尺寸

将窗框移至图 5.105 所示的位置，窗框居中放置。然后绘制折断线以及投影时看到的窗洞边线和边框线，窗洞边线和边框线至少应高出龙骨架 500mm，最后修整圆圈内所示墙体饰面层和窗框交接位置的图形。

5) 填充外墙抹灰

执行【图案填充】命令，选择【其他预定义】选项卡中的 AR-SAND 图案，设置角度为 "0"，比例为 "0.3"。用【添加：拾取点】的方法确定外墙抹灰的填充区域，结果如图 5.106 所示。

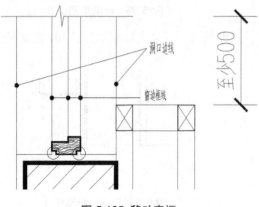
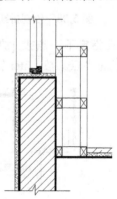

图 5.105　移动窗框　　　　　　　图 5.106　填充外墙抹灰

6) 绘制硬木板和线脚

① 参照图 5.107 所示的标注绘制台度表面的 20mm 厚硬木板(线宽 1mm)和 9mm 厚夹板。

② 参照图 5.108 所示的尺寸绘制绘制线脚①、线脚②和线脚③，线宽均为 1mm。

③ 将绘制好的线脚移至图 5.109 所示的位置，并绘制投影时看到的线脚②边框线。

7) 复制花瓶

单击【修改】工具栏上的【复制】图标 ❄，启动【复制】命令。复制立面图中的花瓶，花瓶底部中点与 20 厚硬木板表面中点重合，结果如图 5.110 所示。

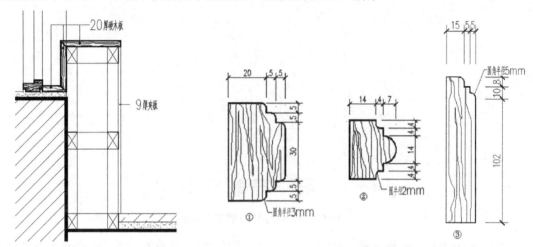

图 5.107　绘制台度的面板　　　　图 5.108　线脚的尺寸

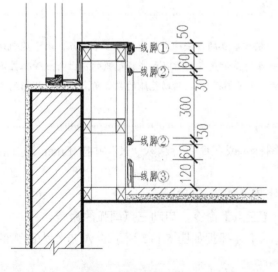

图 5.109　放置线脚

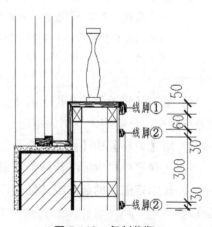

图 5.110　复制花瓶

8) 绘制花瓶上部的扶手

① 击【绘图】工具栏上的【矩形】图标 ▭ 或在命令行输入"Rec"并按 Enter 键，启动【矩形】命令，查看命令行：

命令：_rectang

指定第一个角点或 [倒角(C)/标高(E)/圆角(F)/厚度(T)/宽度(W)]:

② 按住 Shift 键右击,弹出【对象捕捉】快捷菜单,单击【捕捉自】图标 。

③ 在**指定第一个角点或 [倒角(C)/标高(E)/圆角(F)/厚度(T)/宽度(W)]:_from 基点**:提示下,捕捉图 5.110 中的花瓶的左上角点(即以该点作为确定矩形左下角的基点)。

④ 在**指定第一个角点或 [倒角(C)/标高(E)/圆角(F)/厚度(T)/宽度(W)]:_from 基点**:**<偏移>**:提示下,输入矩形左下角点相对于花瓶的左上角点的坐标"@-21.5,0",结果如图 5.111 所示,这样绘出了矩形的左下角点。

线脚①

图 5.111 确定矩形的左下角点

⑤ 在**指定另一个角点或 [面积(A)/尺寸(D)/旋转(R)]**:提示下,输入矩形右上角点相对于矩形左下角点的坐标"@100,50",然后按 Enter 键结束命令。

特 别 提 示

● 在 2.11 节中绘制楼梯扶手时,用定义坐标相对基点的方法确定矩形的第一个角点。由于花瓶是一个图块,无命令单击它时,只在图块基点处显示夹点,所以无法将花瓶的左上角点等位置定义为坐标相对基点,所以我们用作图辅助工具【捕捉自】,借助花瓶的左上角点来确定矩形的左下角点。

⑥ 单击【修改】工具栏上的【分解】图标 或在命令行输入"X"并按 Enter 键,启动分解命令,分解刚才绘制的矩形。

⑦ 用【偏移】和【修剪】命令,将图修整至如图 5.112 所示。

⑧ 选择菜单栏中的【绘图】|【圆弧】|【三点】命令,启动三点画弧的命令。

⑨ 在**指定圆弧的起点或 [圆心(C)]**:提示下,捕捉如图 5.112 所示的 A 点作为圆弧的起点。

⑩ 在**指定圆弧的第二个点或 [圆心(C)/端点(E)]**:提示下,捕捉 CD 线的中点作为圆弧的第二个点。

⑪ 在**指定圆弧的端点**:提示下,捕捉 B 点作为圆弧的端点,结果如图 5.113 所示。

⑫ 重复三点画弧的命令,绘制其他三个圆弧并修剪图形,结果如图 5.114 所示。

⑬ 将扶手的轮廓线加粗至 1mm,并绘制木材的材料图例,结果如图 5.115 所示。

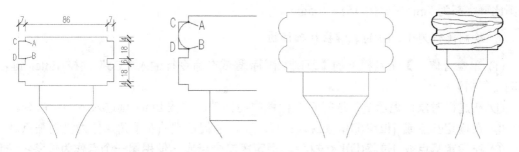

图 5.112　偏移并修剪图形　　图 5.113　三点画弧　　　图 5.114　修整图形 1　　　图 5.115　修整图形 2

9) 参照图 5.116 标注尺寸和文字

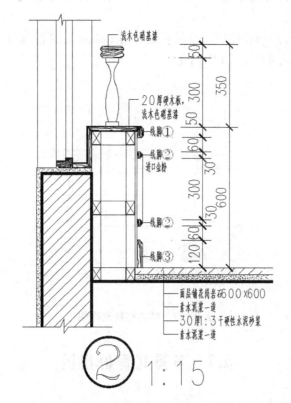

图 5.116　标注尺寸和文字

(1) 设定 1∶15 的标注样式。

① 新建样式名为 1∶15 的标注样式,在【新建标注样式:标注】对话框中,除【调整】选项卡中的【使用全局比例】设定为"15"外,其他设定均与 3.3.2 节"尺寸标注样式"中的【标注】相同,将该样式设置为当前标注样式。

② 用【线性】、【连续】和【基线】标注命令标注细部尺寸和总尺寸。

(2) 标注文字。

一般文字高度为 3mm×比例(15)＝45mm。

(3) 绘制详图符号圆圈和比例。

该圆圈直径为 14mm×比例(15)＝210mm,详图编号字高为 10mm×比例(15)＝150mm,

详图比例字高为 7mm×比例(15)=105mm。

3. 绘制比例为 1∶10 的装饰柱柱础详图

(1) 单击【修改】工具栏上的【复制】图标或在命令行输入"Co"并按 Enter 键，启动【复制】命令。

① 在选择对象：提示下，选择 C 立面图中的柱础，并按 Enter 键进入下一步命令。

② 在指定基点或 [位移(D)] <位移>：提示下，捕捉柱础的左下角点作为复制基点。

③ 在指定基点或 [位移(D)] <位移>：指定第二个点或 <使用第一个点作为位移>：提示下，在立面图下部空白处单击，确定被复制对象的位置。

(2) 将 1∶10 标注样式设置为当前标注样式，用【线性】和【连续】标注命令标注细部尺寸。

(3) 绘制详图符号圆圈和比例：该圆圈直径为 140mm，详图编号字高为 100mm，详图比例字高为 70mm，结果如图 5.117 所示。

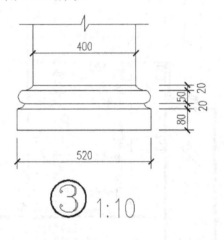

图 5.117　装饰柱柱础详图

5.7　多重比例的出图

在"餐厅 C 立面图"中布置 4 个图形："餐厅 C 立面图"，比例为 1∶50；"台度详图"，比例为 1∶15；装饰柱详图和柱础详图，它们的出图比例为 1∶10，这就涉及较难理解的多重比例的出图问题。

注意：在一张图纸上布置两种以上比例图形时，出图后(即图纸打印出来后)各种比例图形中的文字高度、标注及标高等符号的大小应该一致。

5.7.1　在模型空间进行多重比例的出图

(1) 打开"餐厅 C 立面图"。

(2) 利用【写块】(Write Block)命令将"台度详图"、"装饰柱详图"和"柱础详图"制作成图块。注意【写块】对话框中的【对象】选项组，选择【转换为块】单选按钮，如图 5.118 所示。

(3) 将"装饰柱详图"图块放大 5 倍。

① 在命令行输入"Sc"后按 Enter 键，启动【比例】命令。

② 在**选择对象：**提示下，选择"装饰柱详图"。

③ 在**指定基点或 [位移(D)] <位移>：**提示下，选择"装饰柱详图"的左下角作为放大图像的基点。

图 5.118　【写块】对话框中【对象】选项组的设置

④ 在**指定比例因子或 [复制(C)/参照(R)] <1.0000>：**提示下，输入"5"后按 Enter 键，表示将图形放大 5 倍，结果如图 5.119 所示。

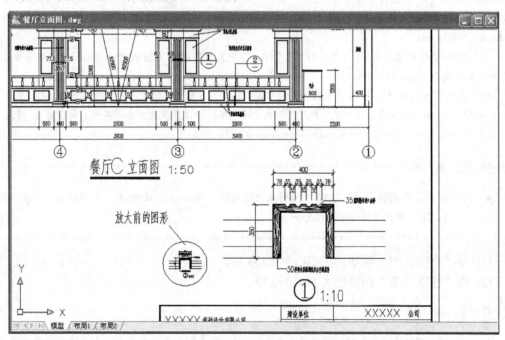

图 5.119　将"装饰柱详图"图块放大 5 倍

知 识 链 接 5-1

为什么要将"装饰柱详图"做成图块并放大 5 倍?

在图 5.119 中,特意保留了放大前的图形,经对比可知,右侧梁的断面图为放大后的"装饰柱详图"。这里需要做下面的计算。

1. 图形尺寸的计算

(1) 1:50 的图是指按实际尺寸缩小 50 倍画出的图形;1:10 的图是指按实际尺寸缩小 10 倍画出的图形。

(2) 在模型空间内是按照主图(即 1:50 餐厅 C 立面图)的比例打印出图的,打印时图纸上的所有图形均缩小到原来的 1/50,所以需要将 1:10 的"装饰柱详图"再放大 50/10=5 倍。

(3) "装饰柱详图"的图形是按 1:1 的比例绘制的,所以其断面的高度和宽度分别是 350mm 和 400mm。用【比例】命令将其放大 5 倍后,其的断面的高度和宽度分别变成 350mm×5=1750mm 和 400mm×5=2000mm,打印出图时随着主图缩小到原来的 1/50 后它们分别为 1750mm/50=35mm 和 2000mm/50=40mm,这样便形成 1:10 出图比例的装饰柱详图。

(4) "装饰柱详图"放大 50/10=5 倍后,其断面的高度和宽度尺寸分别变成 1750mm 和 2000mm,观察图 5.119,标注装饰柱详图断面高度和宽度的尺寸仍然为 350mm 和 400mm,这是由于将"装饰柱详图"做成了图块,使形成"装饰柱详图"的众多图元变成一个图元,只是将这个图元放大,而形成这个图元的内部众多图元被锁定,所以图形变大了而尺寸标注值并未随之改变。

2. 文字、尺寸标注和标高符号大小的计算

(1) 在 1:10 "装饰柱详图"中,文字"35 宽凹槽勾金粉漆"和标注尺寸值的高度均为 3.5mm×10=35mm,详图符号圆圈的直径为 14mm×10=140mm;将图块放大 5 倍后,文字"35 宽凹槽勾金粉漆"和标注尺寸值的高度均变为 35mm×5=175mm,详图符号圆圈的直径变为 140mm×5=700mm。

(2) 主图(餐厅 C 立面图)的出图比例为 1:50,图中文字高度为 3.5mm×50=175mm,标高符号三角形的高度变为 3mm×100=300mm。

(3) 观察图 5.119,对比可知主图和放大后"装饰柱详图"图块内的文字高度是相同的。打印缩小到 1/50 后,1:50 主图和 1:10 "装饰柱详图"内文字高度、标注高度及标高等符号的大小肯定一致。

特 别 提 示

● 1:10 的图是指按实际尺寸缩小 10 倍画出的图形。400mm×350mm 的"装饰柱详图"缩小到原来的 1/10 后的尺寸为 40mm×35mm。

(4) 将"台度详图"图块放大 50/15=3.333 倍。

(5) 将"柱础详图"图块放大 50/10=5 倍。

特 别 提 示

● 想一想,"台度详图"做成图块后放大 3.333 倍,台度的高度变成多少?但尺寸标注出的值是多少?为什么两者不一致?

● 将"台度详图"做成图块后如果需要修改，可以利用【工具】|【外部参照和在位编辑】|【在位编辑参照】命令将图形激活后进行修改，然后单击【参照编辑】工具栏上的【保存参照编辑】按钮关闭对话框。

● 执行【在位编辑参照】命令将对过去插入的所有该图块进行修改，这就是块的联动性。

(6) 插入"A3"图框：由于"A3"图框图块是按 1：1 比例制作的，所以在【插入】对话框中勾选【统一比例】复选框，将比例值设置为"50"，结果如图 5.120 所示。

(7) 选择菜单栏中的【文件】|【打印】命令，打开【打印-模型】对话框，其中的参数设置如图 5.121 所示。

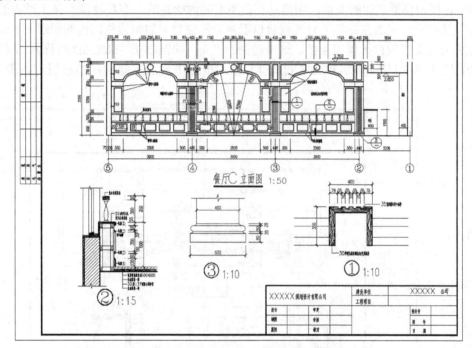

图 5.120　布置图形

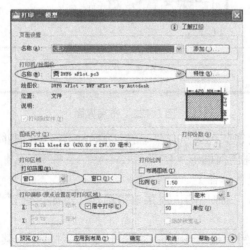

图 5.121　【打印-模型】对话框

特 别 提 示 ··

● 注意：利用模型空间进行多重比例出图，【打印-模型】对话框的【打印比例】选项组的设置是
按照主图的比例设定的，该案例中主图比例为 1：50。

● 由于机房的计算机上一般没有安装物理打印机，所以这里选择 AutoCAD 内自带的 ePlot.Pc3 绘
图仪进行打印设置。

··

5.7.2　在布局内进行多重比例的出图

(1) 布局和模型空间的关系：图形是在模型空间内绘制的，布局就像一张不透明的白纸
蒙在模型空间上，在这张白纸上开孔就可以看到开孔位置上的模型空间内的图形，其他部位
模型空间内的图形被白纸覆盖遮挡。这里提到的"孔"的概念在 AutoCAD 内称为"视口"。

(2) 打开图 5.117，然后单击【布局 1】进入布局 1 进行多重比例的布图，如图 5.122
所示。

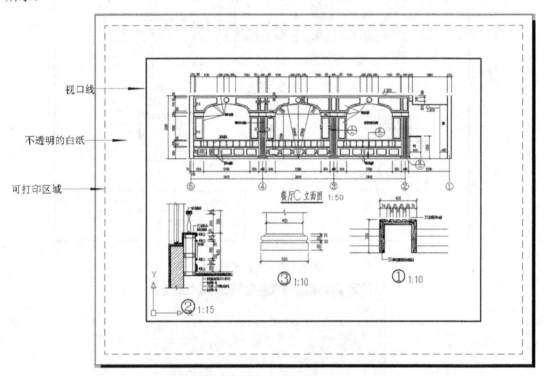

图 5.122　布局界面

(3) 单击视口线，出现蓝色夹点，然后按 Delete 键将视口删除。这时在不透明的白纸
上没有视口，所以看不到任何图形。

(4) 设置【页面设置管理器】。

① 右击【布局 1】，在弹出的快捷菜单中选择【页面设置管理器】选项，打开【页面
设置管理器】对话框。

② 单击【修改】按钮，进入【页面设置-布局 1】对话框，其中的参数设置如图 5.123
所示。

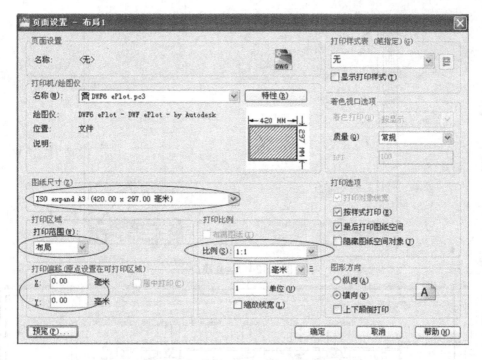

图 5.123　【页面设置-布局 1】对话框

（5）插入"A3"图块：选择菜单栏中的【插入】|【图块】命令，打开【插入】对话框，选择"A3"图块并勾选【统一比例】复选框，将比例值设置为"1"。

（特）（别）（提）（示）

- 想一想，为什么要在删除视口线后插入 A3 图框？
- 在布局内是按照 1∶1 的比例出图的，而所有图块都是按 1∶1 的比例制作的，所以将图块插入布局内时不需放大。

（6）建立视口。

① 建立【视口】图层，所有的视口均应绘制在【视口】图层上，这样在打印时可以将该图层冻结，以免将视口线打印出来。

② 右击任意一个按钮，在弹出的快捷菜单中选择【视口】选项，调出【视口】工具栏，单击该工具栏上的【单个视口】按钮。

在指定视口的角点或[开(ON)/关(OFF)/布满(F)/着色打印(S)/锁定(L)/对象(O)/多边形(P)/恢复(R)/2/3/4] <布满>：提示下，在如图 5.124 所示的视口左上角位置点单击。

在指定对角点：提示下，在如图 5.124 所示的视口右下角点位置单击，这样就建立一个矩形视口。

③ 修整视口：用【视口】工具栏上的【裁剪现有视口】按钮将上面建立的视口修整至如图 5.125 所示的状态。

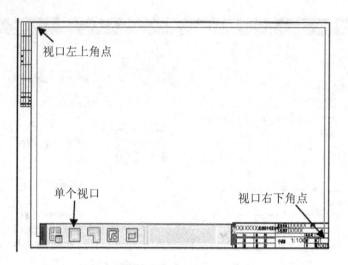

图 5.124　建立视口

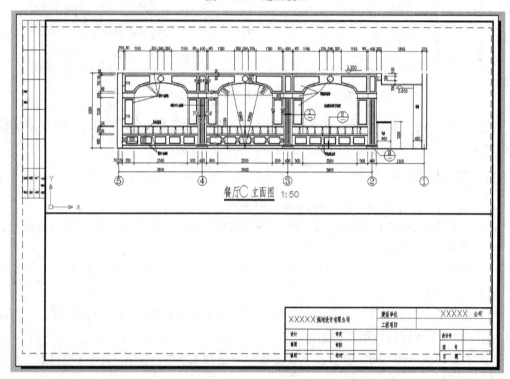

图 5.125　修整视口

④ 用【视口】工具栏上的【单个视口】命令建立如图 5.126 所示的两个视口。注意观察图 5.126，左下角的视口线为粗线，另外两个视口线为细线，其中粗线的视口为当前视口。只需在某个视口内单击，就可以将该视口设定为当前视口。

 特 别 提 示

● 如果有多个视口，各视口之间允许交叉、重叠。

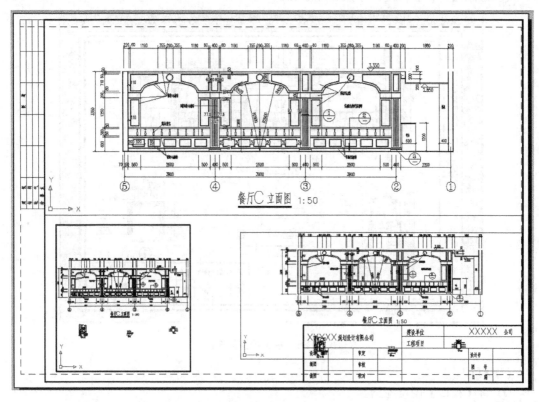

⑤ 将左下角视口设为当前视口，并用【窗口放大】命令调整至只显示"台度详图"的状态，如图 5.127 所示。最后在【视口】工具栏右侧的下拉列表中设置该图的出图比例为 1：15。

图 5.126 新建两个视口

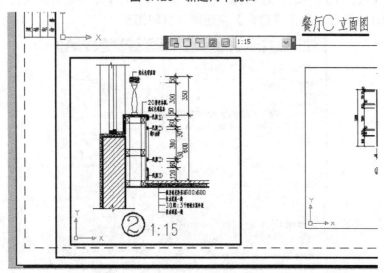

图 5.127 调整视图并设置出图比例

⑥ 将右下角视口设定为当前视口，并将视图调整至只显示"装饰柱详图"和"柱础详图"状态，在【视口】工具栏右侧的下拉列表中设置该图的出图比例为 1：10。

⑦ 将主图视口设定为当前视口，并在【视口】工具栏右侧的下拉列表中设置该图的出图比例为 1：50。

⑧ 冻结【视口】图层，结果如图 5.128 所示。

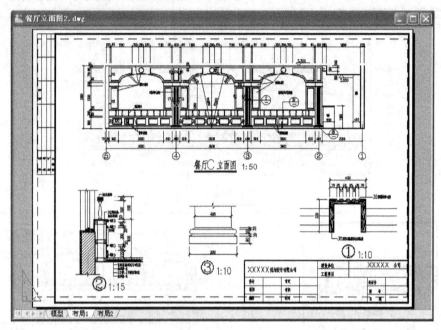

图 5.128　在布局空间布图

(7) 打印。

① 将【视口】图层冻结。

② 右击【布局 1】，在弹出的快捷菜单中选择【打印】选项，打开【打印-布局 1】对话框，如图 5.129 所示，单击【确定】按钮即可打印图形。

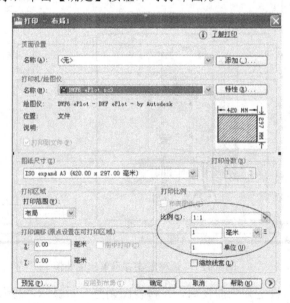

图 5.129　【打印-布局 1】对话框

● 特 别 提 示 ●·······

- 由于前面在【页面设置管理器】内已经对打印设备、图纸尺寸和打印比例进行了设置，所以图 5.129 所示【打印-布局 1】对话框内不需做任何设置。
- 注意，在布局空间内是以 1：1 的比例出图的。

··

项 目 小 结

本项目在前几个项目的基础上进一步深入学习绘制餐厅 C 立面图和装饰构造详图的绘制方法。在绘图过程中对前面所学命令重复使用，达到熟练掌握的目的。同时，通过绘制装饰施工图，进一步领悟不同图形的绘制方法。

本项目还介绍了较难理解的多重比例出图的方法，实际工作中经常会在一张图上布置不同比例的图形。在模仿课本实例的基础上，大家需要用心体会。

(1) 本项目学习了下列命令：

【三点画弧】、【样条曲线】、利用【夹点编辑】镜像复制图形、【切点、切点、半径】画圆、圆角修改平行线的端部、【两点画圆】等命令。

(2) 在模型空间和在图纸空间里进行多重比例的出图各有优势，可以根据自己的绘图习惯选用。

习 题

一、单选题

1. 出图比例为 1：100 的基础平面图在布局内打印时，打印比例为(　　)。
   A. 1：100　　　　　　　　B. 1：50　　　　　　　　C. 1：1
2. 设置当前视口的方法是在(　　)单击。
   A. 视口内　　　　　　　　B. 视口外　　　　　　　　C. 视口线上
3. 将按照 1：1 比例制作的图块插入布局内时，图块(　　)。
   A. 需要放大　　　　　　　B. 不需放大　　　　　　　C. 需要缩小
4. 打印时，【视口】图层一般应(　　)。
   A. 冻结　　　　　　　　　B. 显示　　　　　　　　　C. 锁定
5. 如果有多个视口，各视口之间(　　)交叉、重叠。
   A. 不允许　　　　　　　　B. 允许　　　　　　　　　C. 不可能
6. 利用模型空间进行多重比例出图，在【打印】对话框的【打印比例】选项的设置是按照(　　)的出图比例设定的。
   A. 主图　　　　　　　　　B. 附图　　　　　　　　　C. 都可以
7. 虚线图层应将线型加载为(　　)。
   A. HIDDEN　　　　　　　B. Continuous　　　　　　C. DASHDOT

8．用【圆角】命令修角，模式为【修剪】，圆角半径为(　　)。

A．50　　　　　　　　　　B．0　　　　　　　　　　C．30

9．当图层被锁定后，该图层上的图形不能被(　　)。

A．打印　　　　　　　　　B．修改　　　　　　　　　C．显示

10．出图比例为1∶20的图形标注样式内的【调整】选项卡内的【使用全局比例】值为(　　)。

A．10　　　　　　　　　　B．20　　　　　　　　　　C．25

二、简答题

1．【清理】命令有什么作用？

2．简述基础平面图的绘制步骤。

3．将实线变成虚线的方法有哪些？它们之间有什么区别？

4．修改线型比例的方法有哪些？

5．如何测得一条斜线的角度？

6．出图比例为1∶20的图内，出图前的文字高度一般是多少？

7．什么是视口？

8．没有设定视口时，为什么看不到图形？

9．出图比例为1∶50的图，如何在其模型空间内插入按照1∶1比例制作的图块？

10．为什么"装饰柱详图"图块放大5倍后，标注出的尺寸值不变呢？

三、绘图题

1．绘制内径为500mm、外径为700mm的圆环。

2．绘制内径为0mm、外径为100mm的圆环。

3．利用所学的命令绘制图5.130所示的图形。

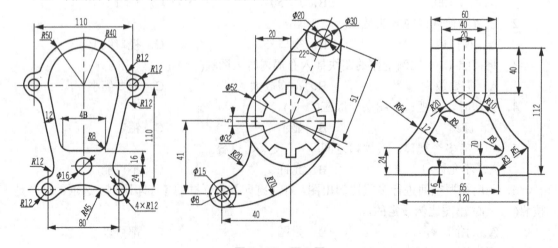

图5.130　题3图

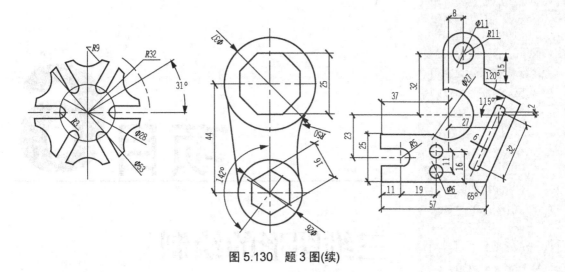

图 5.130　题 3 图(续)

项目 **6**

三维图形的绘制

教学目标

通过学习建筑三维模型的绘制，了解绘制建筑三维模型的步骤，掌握绘制建筑三维模型的基本方法和技巧。

教学目标

能力目标	知识要点	权重
了解绘制建筑三维模型的步骤	绘制建筑三维模型的步骤	10%
能绘制简单的建筑三维模型	绘制建筑三维模型的基本方法和技巧	70%
能将三维模型生成透视图	Dview、三维动态观察	20%

AutoCAD 提供了强大的三维绘图功能，利用这些功能可以绘出形象逼真的立体图形，使一些在二维图形中无法表达的内容清晰而形象地展现出来。三维绘图对形成更完整的设计概念、进行更合理的设计决策是十分必要的。本项目仍以办公楼为例学习建筑三维模型的基本绘制方法和技巧。

6.1 准 备 工 作

1. 空间概念的建立

三维建筑模型和建筑平面图的二维图形的区别是：三维建筑模型是在三维空间上绘制的，每个对象的定位点坐标除了 X 和 Y 方向的数值外，还有 Z 方向的数值；而二维图形只有 X 和 Y 方向的数值，Z 方向的数值为 0。

2. 准备图层

首先，为三维模型新建一个图形文件并将其命名为"办公楼三维模型"，然后打开【图层特性管理器】对话框，建立【墙】、【勒脚】、【玻璃】、【门窗框】、【台阶】和【填充】等图层，如图 6.1 所示。

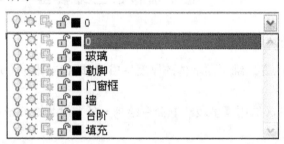

图 6.1 建立图层

3. 准备平面图

(1) 打开"办公楼底层平面图.dwg"图形文件。

(2) 将"办公楼底层平面图.dwg"内除【墙线】、【室外】和【轴线】外的其他图层冻结。

(3) 选择菜单栏中的【编辑】|【复制】命令，在**选择对象：**提示下，输入"All"后按 Enter 键，再次按 Enter 键结束命令。

(4) 选择菜单栏中的【窗口】|【办公楼三维模型】命令，将"办公楼三维模型"设为当前文件，然后选择菜单栏中的【编辑】|【粘贴】命令或按 Ctrl+V 组合键，在**指定插入点：**提示下，在屏幕上任意单击一点作为图形的插入点。

(5) 输入"Z"后按 Enter 键，再输入"E"后按 Enter 键，执行【范围缩放】命令。

(6) 删除散水后将【室外】图层关闭，结果如图 6.2 所示。

这样，通过跨文件复制，将"办公楼底层平面图"引入"办公楼三维模型"图形文件中并加以修改。下面以该平面图为基础，绘制办公楼标准层三维模型。

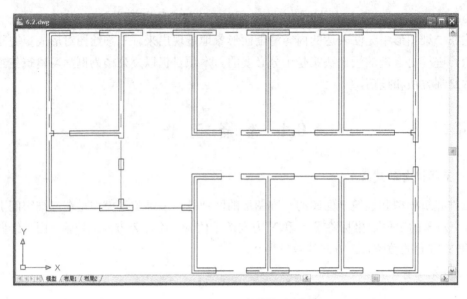

图 6.2　修改后的办公楼底层平面图

6.2　建立墙体的三维模型

1.　对三维墙体的理解

三维墙体是通过改变二维平面墙体的厚度生成的，即把二维平面墙体沿 Z 轴方向拉伸，下面举例说明。

(1) 首先，在绘图区域用【多段线】命令绘制一条宽度为 240mm、长度为 1800mm 的多段线，如图 6.3 所示。

图 6.3　带有宽度的多段线

(2) 在命令行无任何命令的状态下选择该多段线，则出现两个蓝色夹点。

(3) 选择菜单栏中的【修改】|【特性】命令，打开【对象特性管理器】对话框，把【厚度】值修改为"1200"并按 Enter 键确认，如图 6.4 所示。

(4) 关闭对话框，按 Esc 键取消夹点。

(5) 选择菜单栏中的【视图】|【三维视图】|【西南等轴测】命令来观察图形，结果如图 6.5 所示。

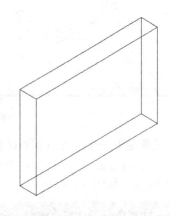

图 6.4　改变多段线的厚度　　　　　　　图 6.5　带有宽度和高度的多段线

特　别　提　示　...

● 在 AutoCAD 中，X 轴方向的尺寸为长度，Y 轴方向的尺寸为宽度，称 Z 轴方向的尺寸为厚度。

....

2. 建立办公楼墙体的三维模型

1) 绘制勒脚部分的墙体

其高度为 600mm。

(1) 打开图"6.6.dwg"并将【勒脚】层设置为当前图层。

(2) 选择菜单栏中的【视图】|【三维视图】|【西南等轴测】命令并用【窗口放大】命令将视图放大，结果如图 6.6 所示。

(3) 打开【对象捕捉】功能并启动【多段线】命令。

① 在**指定起点**：提示下，捕捉如图 6.6 中所示的 A 点作为多段线的起点。

② 在**指定下一个点或** [圆弧(A)/半宽(H)/长度(L)/放弃(U)/宽度(W)]：提示下，输入"W"后按 Enter 键。

③ 在**指定起点宽度 <0.0000>**：提示下，输入"240"后按 Enter 键。

④ 在**指定端点宽度 <240.0000>**：提示下，按 Enter 键执行尖括号内的默认值"240"。这样，将多段线的宽度由"0"改为"240"。

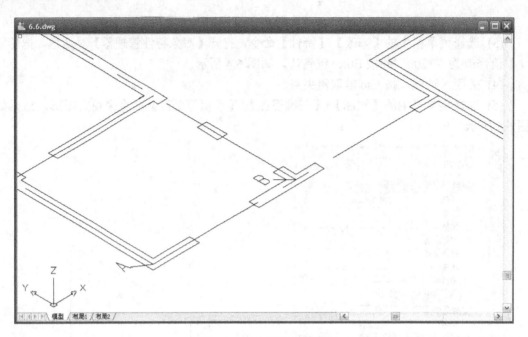

图 6.6　西南等轴测视图

⑤ 在指定下一个点或 [圆弧(A)/半宽(H)/长度(L)/放弃(U)/宽度(W)]：提示下，捕捉如图 6.6 中所示的 B 点作为多段线的终点，按 Enter 键结束命令。结果绘制出一条宽度为"240"的二维多段线，如图 6.7 所示。

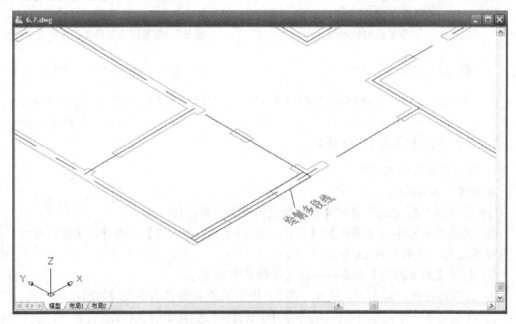

图 6.7　绘制带有宽度的多段线

(4) 利用【对象特性管理器】将厚度修改为"600"，结果如图 6.8 所示。

(5) 用相同的方法生成其他勒脚部分的墙，结果如图 6.9 所示。

(6) 将图 6.9 内圆圈所示部分放大，结果如图 6.10 所示，可以发现在建筑的转角处存有缺口，需用多段线编辑命令将转角两侧的墙体连接在一起。

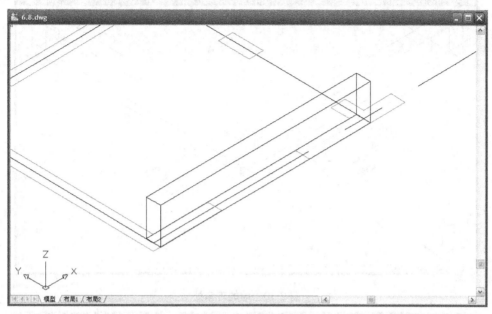

图 6.8　改变墙的厚度

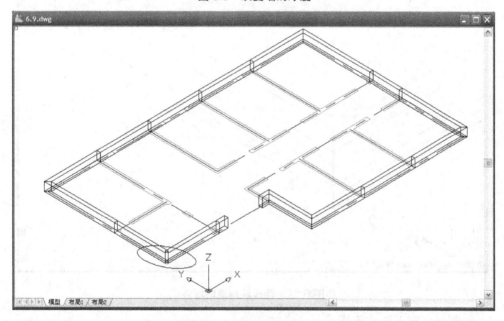

图 6.9　生成勒脚部位的墙

(7) 输入"Pe"后按 Enter 键，启动多段线的编辑命令。

① 在**选择多段线或 [多条(M)]:** 提示下，选择图 6.10 中的 A 墙体。

② 在**输入选项 [闭合(C)/合并(J)/宽度(W)/编辑顶点(E)/拟合(F)/样条曲线(S)/非曲线化(D)/线型生成(L)/反转(R)/放弃(U)]:** 提示下，输入"J"后按 Enter 键。

③ 在**选择对象:** 提示下，选择图 6.10 中的 B 墙体，按 Enter 键结束命令，结果如图 6.11 所示。

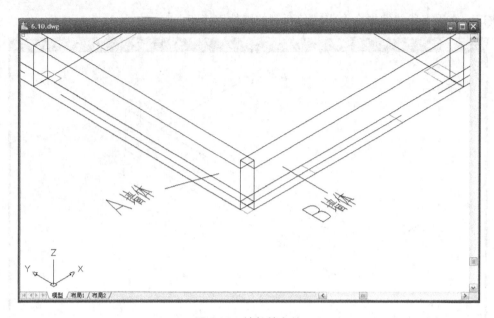

图 6.10　墙的转角处

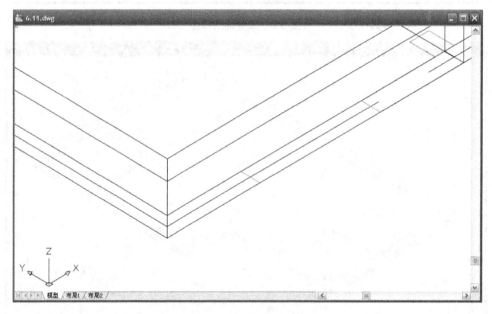

图 6.11　连接转角处的墙体

2) 绘制底层窗下部的墙体

将当前图层切换为【墙】层，然后用相同的方法绘制底层窗下部的墙体，其高度为900mm，结果如图 6.12 所示。

特　别　提　示

● 为便于以后复制三维墙体，将勒脚部位的墙绘制在【勒脚】图层上，将其他墙体都绘制在【墙】图层上。

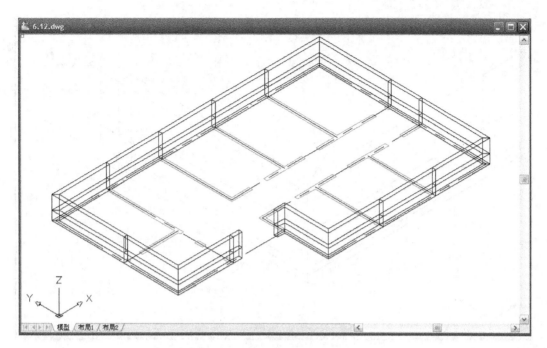

图 6.12   绘制底层窗下部的墙体

3) 绘制窗间墙

窗间墙也可以用上述拉伸多段线的方法绘制，但是比较复杂，这里利用 Elev(高程)命令绘制窗间墙。

(1) 修改 Elev 值。

① 在命令行输入"Elev"后按 Enter 键。

② 在**指定新的默认标高 <0.0000>**：提示下，按 Enter 键，表示当前高程为"0"，即多段线的起点设在 XY 平面上。

③ 在**指定新的默认厚度 <0.0000>**：提示下，输入"1800"，表示当前厚度为"1800"，即窗间墙的高度。

(2) 在命令行输入"PL"后按 Enter 键，启动【多段线】命令。

① 在**指定起点**：提示下，捕捉如图 6.13 中所示的 A 点作为多段线的起点。由于当前线宽为"240"，所以不需修改线的宽度。

② 在**指定下一个点或 [圆弧(A)/半宽(H)/长度(L)/放弃(U)/宽度(W)]**：提示下，捕捉图 6.13 中的 B 点作为多段线的终点，按 Enter 键结束命令，结果如图 6.14 所示。

注意：A 点为起点(其高程位于距离 XY 平面 1500mm 处)，B 点为终点(其高程位于 XY 平面上)。

● **特 别 提 示** ┈┈┈

- 图 6.13 中的 A 点和 B 点并不在一个水平面上，但绘制出的多段线的起点和终点却在一个水平面上，这是因为【多段线】命令是一个二维绘图命令，多段线的 Z 坐标值是由起点的坐标值决定的，所以多段线的终点并不与 B 点相重合，这是绘制三维模型时的一个技巧。

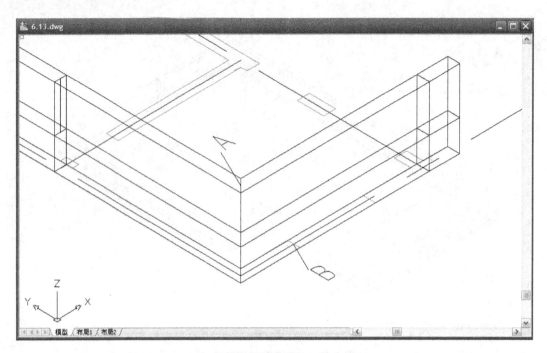

图 6.13　多段线起点和终点的位置

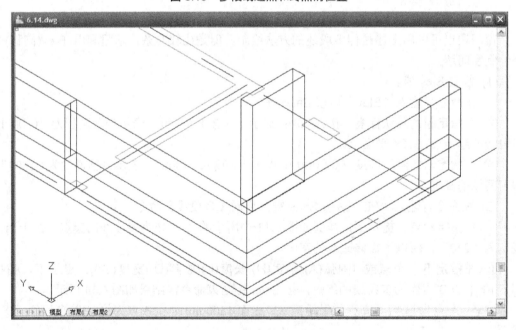

图 6.14　绘制窗间墙

③ 用【多段线】命令绘制其他窗间墙，结果如图 6.15 所示。

4) 绘制窗上部墙体

(1) 仍用 Elev 命令绘制窗上部墙体。

① 在命令行输入"Elev"后按 Enter 键。

② 在**指定新的默认标高 <0.0000>:**提示下，按 Enter 键，表示当前高程为"0"，即

多段线的起点设在 XY 平面上。

③ 在**指定新的默认厚度 <0.0000>**：提示下，输入"600"，表示当前厚度为 600mm，即窗上部墙体的高度。

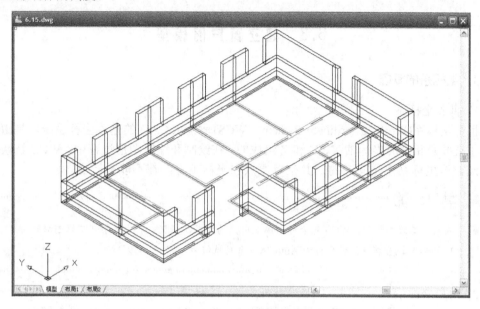

图 6.15　绘制其他窗间墙

(2) 在命令行输入"PL"后按 Enter 键，启动【多段线】命令，此时当前线宽仍为"240"。

① 在**指定起点**：提示下，捕捉宿舍楼的任一个转角点。

② 在**指定下一个点或 [圆弧(A)/半宽(H)/长度(L)/放弃(U)/宽度(W)]**：提示下，依次捕捉宿舍楼的其他转角点，最后在首尾闭合处输入"C"后按 Enter 键结束命令，结果如图 6.16 所示。

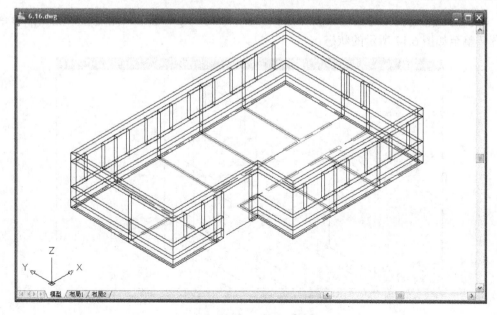

图 6.16　绘制窗上部墙体

在三维建筑模型中，窗户包含窗框和玻璃，这些也是用【多段线】命令绘制的。由于窗框和 XY 平面相互垂直，所以无法在 XY 平面内绘制，需要改变坐标系，使当前坐标系和窗框平面相一致，因此需要先学习用户坐标系。

6.3 建立窗户的模型

6.3.1 坐标系的概念

1) 世界坐标系

世界坐标系(World Coordinate System，WCS)是 AutoCAD 的基本坐标系统，是由 3 个相互垂直并且相交的坐标轴 X、Y 和 Z 组成的。在绘制和编辑图形过程中，WCS 是默认坐标系统，该坐标系统是固定的，其坐标原点和坐标轴方向都不能被改变。

特 别 提 示

● 在绘制二维图形时，WCS 完全可以满足用户的要求，在 XY 平面上绘制二维图形时，只需输入 X 轴和 Y 轴坐标，Z 轴坐标由 AutoCAD 自动赋值为 "0"。

2) 用户坐标系

AutoCAD 还提供了可改变的用户坐标系(User Coordinate System，UCS)以方便用户绘制三维图形，使用户可以重新定义坐标原点的位置，在二维和三维空间里根据自己的需要设定 X、Y 和 Z 的旋转角度，以方便三维模型的绘制。默认状态下，UCS 和 WCS 是重合的。

6.3.2 建立窗框模型

1. 打开图形

将当前图层切换为【门窗框】图层并打开 "6.16.dwg" 图形，用【窗口放大】命令将视图调整至如图 6.17 所示的状态。

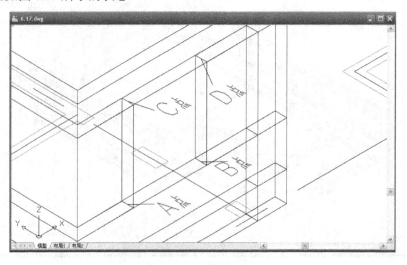

图 6.17 调整视图

2. 改变用户坐标系

(1) 在命令行输入"UCS"后按 Enter 键,执行改变用户坐标系命令。

① 在指定 **UCS** 的原点或 **[面(F)/命名(NA)/对象(OB)/上一个(P)/视图(V)/世界(W)/X/Y/Z/Z 轴(ZA)]** <世界>:提示下,用端点捕捉如图 6.17 所示的 A 点作为新用户坐标系的原点。

② 在指定 **X** 轴上的点或 **<接受>**:提示下,用端点捕捉如图 6.17 所示的 B 点,那么 A 点和 B 点的连线即为新用户坐标系的 X 轴,其方向为由 A 点到 B 点。

③ 在指定 **XY** 平面的点或 **<接受>**:提示下,再次用端点捕捉如图 6.17 所示的 C 点,则 A 点和 C 点的连线即为新用户坐标系的 Y 轴,其方向为由 A 点到 C 点。

新的用户坐标系如图 6.18 所示,其 XY 平面与窗框平面一致,原点在窗洞口的左下角点,Z 轴方向指向屏幕外面。

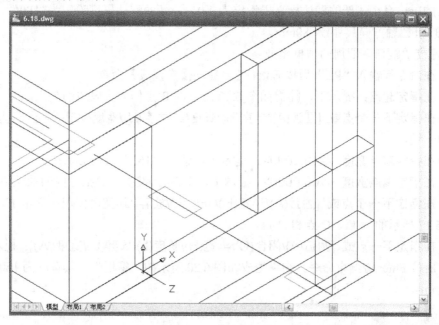

图 6.18　定义用户坐标系

（特）（别）（提）（示）

● 要确定 X、Y 和 Z 轴的正轴方向,可将右手背对着屏幕放置,拇指指向 X 轴的正方向,伸出食指和中指,如图 6.19 所示,食指指向 Y 轴的正方向,中指所指的方向即是 Z 轴的正方向。

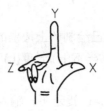

图 6.19　右手定则

(2) 按 Enter 键重复 UCS 命令。

① 在指定 UCS 的原点或 [面(F)/命名(NA)/对象(OB)/上一个(P)/视图(V)/世界(W)/X/Y/Z/Z 轴(ZA)] <世界>：提示下，输入 "NA" 以选择【命名】选项，表示要对刚才定义的用户坐标系命名。

② 在输入选项 [恢复(R)/保存(S)/删除(D)/?]：提示下，输入 "S" 以选择【保存】选项，保存刚才定义的用户坐标系。

③ 在输入保存当前 UCS 的名称或 [?]：提示下，输入 "窗框"，表示该用户坐标系的名称为 "窗框"。

3. 建立窗框模型

1) 改变高程

启动 Elev 命令，新的默认标高仍设定为 "0"，新的默认厚度设定为 "80"，表示窗框的厚度(即 Z 轴方向尺寸)为 80mm。

2) 建立 "洞口" 四周的边框模型

(1) 在命令行输入 "PL" 后按 Enter 键，启动【多段线】命令。

(2) 在指定起点：提示下，捕捉如图 6.17 所示的 B 点作为多段线的起点。

(3) 在指定下一个点或 [圆弧(A)/半宽(H)/长度(L)/放弃(U)/宽度(W)]：提示下，输入 "W" 后按 Enter 键。

(4) 在指定起点宽度 <240.0000>：提示下，输入 "160" 后按 Enter 键。

(5) 在指定端点宽度 <160.0000>：提示下，按 Enter 键执行尖括号内的默认值 "160"。

(6) 在指定下一个点或 [圆弧(A)/半宽(H)/长度(L)/放弃(U)/宽度(W)]：提示下，依次捕捉如图 6.17 所示的 A 点、C 点和 D 点。

(7) 在指定下一点或 [圆弧(A)/闭合(C)/半宽(H)/长度(L)/放弃(U)/宽度(W)]：提示下，输入 "C" 后按 Enter 键结束命令。结果生成如图 6.20 所示的 "窗框"，其宽度为 160mm，厚度为 80mm。

◉ 特 别 提 示 ────────────────────────────────

● 由于多段线是沿着窗洞口的外边界绘制的，所以 160mm 的窗框只有 80mm 露在外面，另一半则在墙内。

────────────────────────────────

4. 建立窗中间窗框的模型

(1) 执行【多段线】命令。

(2) 在指定起点：提示下，捕捉已绘制的上边框的中点作为多段线的起点。

(3) 在指定下一个点或 [圆弧(A)/半宽(H)/长度(L)/放弃(U)/宽度(W)]：提示下，输入 "W" 后按 Enter 键。

(4) 在指定起点宽度 <160.0000>：提示下，输入 "80" 后按 Enter 键。

(5) 在指定端点宽度 <80.0000>：提示下，按 Enter 键执行尖括号内的默认值 "80"。

(6) 在指定下一个点或 [圆弧(A)/半宽(H)/长度(L)/放弃(U)/宽度(W)]：提示下，捕捉已绘制的下边框的中点作为多段线的终点，然后按 Enter 键结束命令，结果如图 6.21 所示。

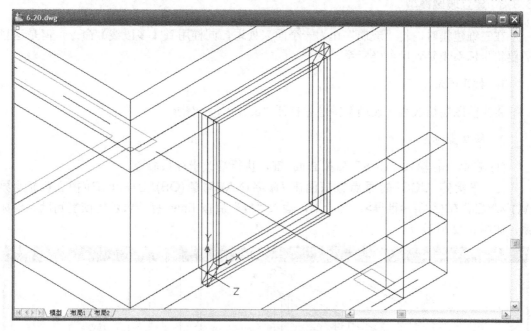

图 6.20　绘制出四周边框

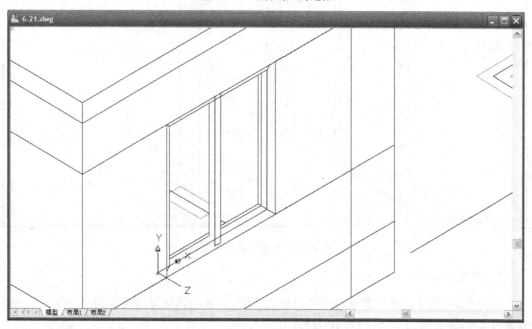

图 6.21　绘制出中间窗框(消隐后图形)

 （特）（别）（提）（示）

- 选择菜单栏中的【视图】|【消隐】命令，可以将三维视图中观察不到的对象隐藏起来，只显示那些不被遮挡的对象。

6.3.3 建立玻璃模型

在三维建模时，将"玻璃"作为一个面来处理，同样用到【多段线】命令，但是这里需要将坐标系恢复到世界坐标系。

1. 打开图形

将当前图层切换为【玻璃】图层并打开"6.21.dwg"图形。

2. 修改坐标系

(1) 在命令行输入"UCS"后按 Enter 键，执行修改坐标系命令。

(2) 在指定 UCS 的原点或 [面(F)/命名(NA)/对象(OB)/上一个(P)/视图(V)/世界(W)/X/Y/Z/Z 轴(ZA)] <世界>：提示下，输入"W"后按 Enter 键，表示将恢复到世界坐标系，如图 6.22 所示。

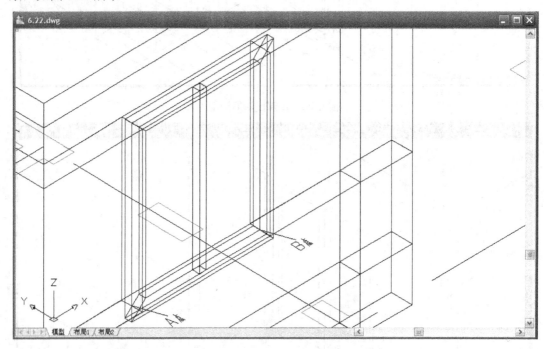

图 6.22 恢复世界坐标系

3. 改变高程

启动 Elev 命令，新的默认标高仍设定为"0"，新的默认厚度设定为"1800"，表示玻璃的厚度(即 Z 轴方向尺寸)为 1800mm。

4. 绘制玻璃

执行【多段线】命令。

(1) 在指定起点：提示下，捕捉如图 6.22 所示的 A 点。

(2) 在指定下一个点或 [圆弧(A)/半宽(H)/长度(L)/放弃(U)/宽度(W)]: 提示下，输入"W"后按 Enter 键。

(3) 在**指定起点宽度 <80.0000>**：提示下，输入"0"后按 Enter 键。

(4) 在**指定端点宽度 <0.0000>**：提示下，按 Enter 键执行尖括号内的默认值"0"，说明"玻璃"只是一个面，没有宽度。

(5) 在**指定下一个点或 [圆弧(A)/半宽(H)/长度(L)/放弃(U)/宽度(W)]:** 提示下，捕捉图 6.22 中的 B 点。

(6) 按 Enter 键结束命令，结果如图 6.23 所示，生成的"玻璃"只是带有 1800mm 厚的多段线的线框。

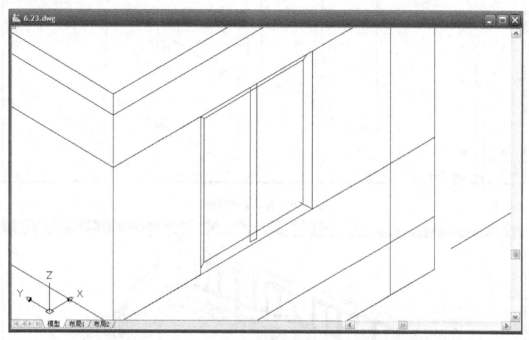

图 6.23　绘制玻璃(消隐后图形)

5. 移动窗框和玻璃

为了更明确地表示窗框、玻璃和墙之间的关系，以及将来渲染时能够产生足够的阴影关系，下面将"窗框"和"玻璃"向后移动 80mm。

(1) 在命令行输入"M"后按 Enter 键，启动【移动】命令。

(2) 在**选择对象**：提示下，选择前面绘制的"窗框"和"玻璃"，并按 Enter 键进入下一步命令。

(3) 在**指定基点或 [位移(D)] <位移>**：提示下，在绘图区域任意单击一点作为移动的基点。

(4) 在**指定基点或 [位移(D)] <位移>**：指定第二个点或 **<使用第一个点作为位移>**：提示下，输入"@0,80,0"，表示将"窗框"和"玻璃"向 Y 轴正方向移动 80mm。

(5) 按 Enter 键结束命令，结果如图 6.24 所示。

用同样的方法可以绘制其他开间的窗或门的三维模型，尺寸相同时还可以用【复制】、【阵列】或【镜像】命令进行复制，结果如图 6.25 所示。

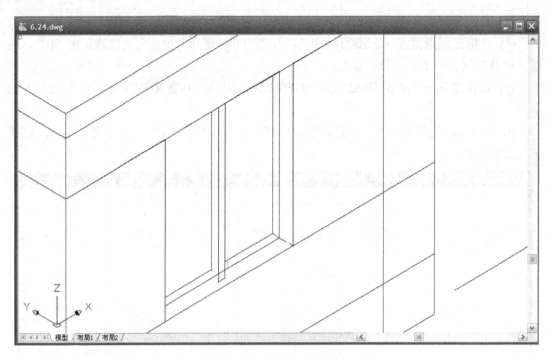

图 6.24　移动窗户模型

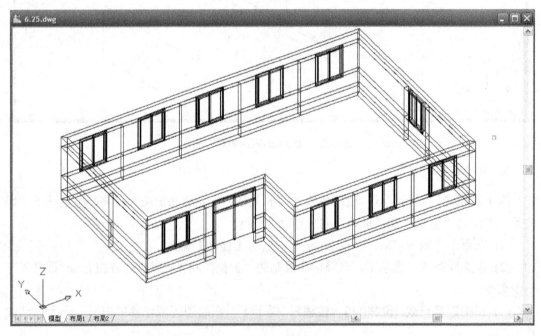

图 6.25　绘制其他开间窗和门

6.3.4　复制三维墙和门窗模型

　　(1) 右击任意工具栏上的一个按钮，弹出工具栏快捷菜单，选择【UCS Ⅱ】选项，调出【UCS Ⅱ】工具栏。

　　(2) 打开【UCS Ⅱ】工具栏中的下拉列表(如图 6.26 所示)，选择【窗框】选项，这样用户坐标系则切换到【窗框】坐标系。

(3) 选择菜单栏中的【工具】|【快速选择】命令，打开【快速选择】对话框，其中的参数设置如图 6.27 所示，然后单击【确定】按钮关闭对话框。结果所有三维墙体上都出现蓝色夹点，如图 6.28 所示。

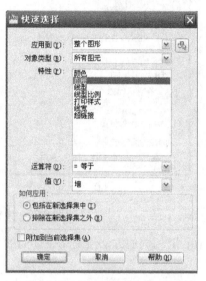

图 6.26　切换坐标系的显示　　　　　图 6.27　【快速选择】对话框

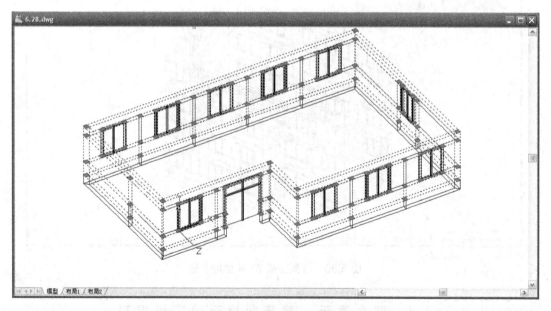

图 6.28　利用【快速选择】命令选择首层墙

(4) 反复使用【快速选择】命令，【快速选择】对话框中的参数设置如图 6.29 所示，然后单击【确定】按钮关闭对话框，这样就依次选中了所有门窗框及玻璃三维图形。按住【shift】键把首层大门的门框及玻璃从选择集中剔除。

(5) 在命令行输入"Ar"后按 Enter 键，打开【阵列】对话框，参数为 4 行、1 列、行偏移为 3300mm，阵列生成 2～4 层的墙、窗。

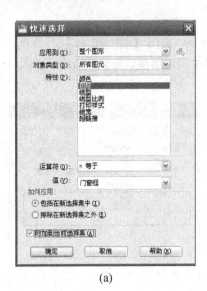 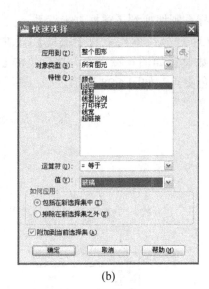

(a)   (b)

图 6.29　【快速选择】对话框中的设置

　　(6) 用相同的方法绘制②～③间的 2～4 层的窗下部墙体、窗框及玻璃，结果如图 6.30 所示。

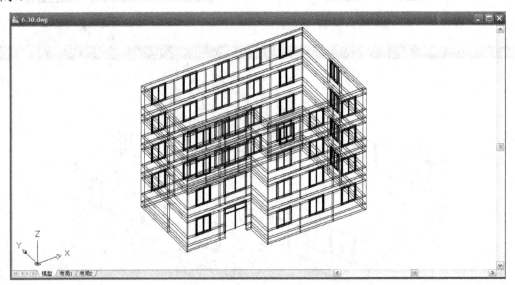

图 6.30　阵列生成 2～4 层墙、窗

6.4　建立地面、楼板和屋面的三维模型

6.4.1　改变 UCS 和高程

1. 修改坐标系

(1) 在命令行输入"UCS"后按 Enter 键，执行修改坐标系命令。

(2) 在指定 UCS 的原点或 [面(F)/命名(NA)/对象(OB)/上一个(P)/视图(V)/世界(W)/X/Y/Z/Z 轴(ZA)] <世界>：提示下，输入"W"后按 Enter 键，表示将恢复到世界坐标系。

2. 改变高程

(1) 在命令行输入"Elev"后按 Enter 键。

(2) 在指定新的默认标高 <0.0000>：提示下，按 Enter 键。

(3) 在指定新的默认厚度 <80.0000>：提示下，输入"0"，表示当前厚度为 0mm。

6.4.2　改变当前图层和视图

(1) 改变当前图层：建立【屋面】图层并将其设为当前层，然后将【门窗框】、【玻璃】、【勒脚】、【墙线】和【轴线】图层关闭。

(2) 选择菜单栏中的【视图】|【三维视图】|【俯视】命令，将视图调整为俯视图状态，结果如图 6.31 所示。

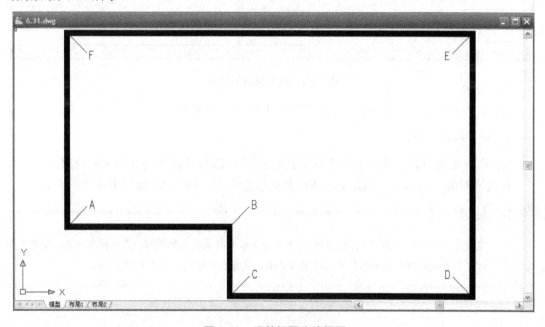

图 6.31　调整视图为俯视图

6.4.3　建立三维模型

1. 绘制地面、楼板和屋面轮廓

(1) 在命令行输入"PL"后按 Enter 键，启动【多段线】命令。

(2) 在指定起点：提示下，捕捉如图 6.31 所示的 A 点作为多段线的起点，当前线宽为 0mm。

(3) 在指定下一个点或 [圆弧(A)/半宽(H)/长度(L)/放弃(U)/宽度(W)]：提示下，依次捕捉图 6.31 中的 B、C、D、E 和 F 点。

(4) 在指定下一点或 [圆弧(A)/闭合(C)/半宽(H)/长度(L)/放弃(U)/宽度(W)]：提示下，输入"C"后按 Enter 键。

(5) 将【墙】图层关闭，结果如图 6.32 所示。

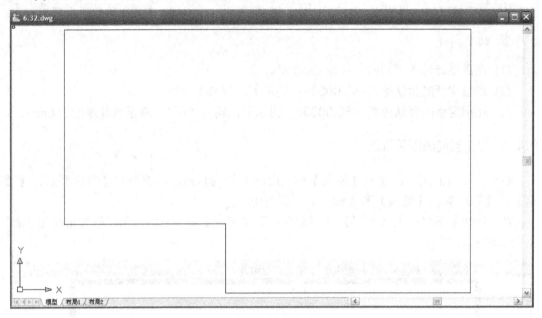

图 6.32　绘制屋面的轮廓

将刚才绘制的屋面轮廓向外偏移 120mm 后擦除源对象

2. 将多段线变成面域

(1) 单击【绘图】工具栏上的【面域】图标 ，选择多段线绘制的屋面轮廓。
在**选择对象**：提示下，选择多段线绘制的屋面轮廓，按 Enter 键结束命令。

特 别 提 示

● 宽度为"0"的多段线绘制的图形相当于用金属丝所折成的几何图形，只有轮廓信息，没有内部
信息；面域则相当于一张具有几何形状的纸，存有内部信息，如图 6.33 所示。

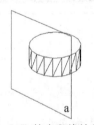

(a) 宽度为"0"的多段线绘制的图形

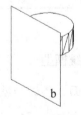

(b) 面域

图 6.33　多段线和面域的区别

(2) 选择菜单栏中的【视图】|【三维视图】|【西南等轴测】命令，将视图调整为轴测
视图状态，结果如图 6.34 所示。

(3) 选择菜单栏中的【绘图】|【建模】|【拉伸】命令。

① 在**选择要拉伸的对象**：提示下，选择图 6.34 中多段线变成的面域，按 Enter 键。

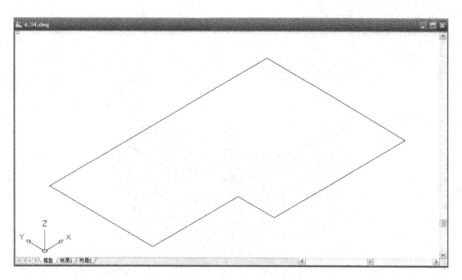

图 6.34　调整视图

② 在**指定拉伸的高度或 [方向(D)/路径(P)/倾斜角(T)]**：提示下，输入"100"，指定将面域向上拉伸 100mm，结果如图 6.35 所示。

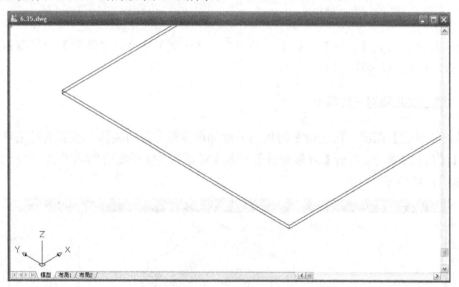

图 6.35　拉伸屋面板

3. 移动形成屋面

(1) 在命令行输入"M"后按 Enter 键，启动【移动】命令。

(2) 在**选择对象**：提示下，选择拉伸后的图形。

(3) 在**指定基点或 [位移(D)] <位移>**：提示下，在绘图区域任意单击一点作为【移动】命令的基点。

(4) 在**指定基点或 [位移(D)] <位移>**：指定第二个点或 **<使用第一个点作为位移>**：提示下，输入"@0,0,13200"。

(5) 将【墙】、【勒脚】、【门窗框】和【玻璃】图层打开，结果如图 6.36 所示。

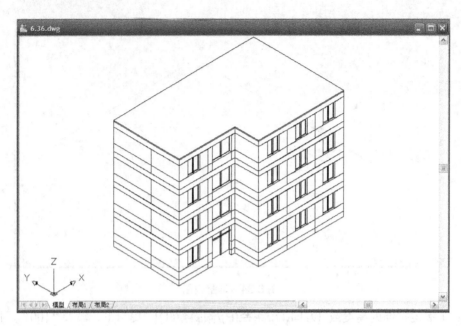

图 6.36　建立屋面模型

4. 利用屋面阵列生成地面和楼板

将坐标系切换到【窗框】坐标系，然后启动【阵列】命令，【阵列】对话框内的参数为：4 行、1 列、行偏移−3300。

6.4.4　建立女儿墙的三维模型

关闭【屋面】图层，在无命令的状态下选择顶层窗上部的墙体，然后选择菜单栏中的【修改】|【特性】命令，打开【对象特性管理器】对话框，将厚度由"600"修改为"1200"，结果如图 6.37 所示。

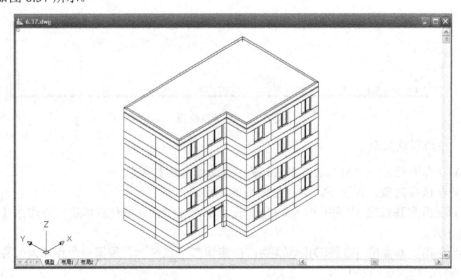

图 6.37　建立女儿墙的三维模型(消隐后图形)

6.5 绘 制 台 阶

6.5.1 网络造型和三维实体的区别

如前所述，绘制三维墙、三维窗户都是用网格造型的方法，生成的三维对象是由许多面组成的，没有内部信息。实体造型不同于网格造型，使用实体造型生成的三维对象被当成一个具体的具有物理属性的单独对象来应用。可以利用【建模】工具栏(如图 6.38 所示)上的图标绘制长方体、圆柱体及圆锥体等实体，也可拉伸二维图形形成实体。另外 AutoCAD 还提供了布尔运算命令，利用该命令可以对两个以上的实体进行合并、修剪等编辑操作。布尔运算是组合实体生成复杂实体的重要方法。

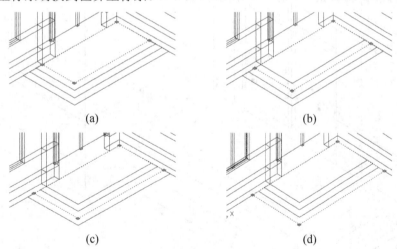

图 6.38 【建模】工具栏

6.5.2 准备工作

(1) 将【台阶】图层设为当前图层，同时打开【室外】图层。

(2) 将"台阶"修改成如图 6.39 所示的 4 个封闭的矩形。

(3) 将坐标系切换到世界坐标系。

(a)

(b)

(c)

(d)

图 6.39 修改平面"台阶"

6.5.3 建立台阶模型

(1) 选择菜单栏中的【绘图】|【建模】|【拉伸】命令，执行【拉伸】命令。

① 在**选择要拉伸的对象**：提示下，选择最里面的矩形。

② 在**指定拉伸的高度或 [方向(D)/路径(P)/倾斜角(T)]**：提示下，输入"600"，表示向 Z 轴正方向拉伸 600mm，结果如图 6.40 所示。

(2) 用相同的方法拉伸另外 3 个矩形，中间的矩形分别向 Z 轴正方向拉伸 450mm 和 300mm，最外面的矩形向 Z 轴正方向拉伸 150mm，结果如图 6.41 所示。

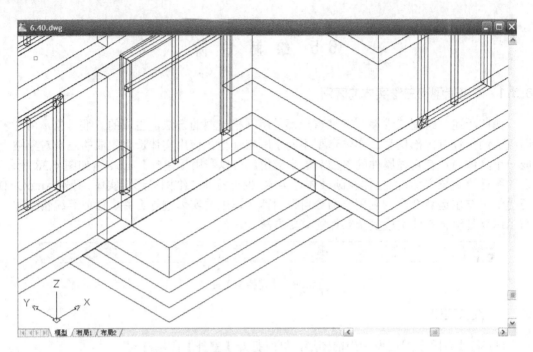

图 6.40 拉伸最里面的矩形

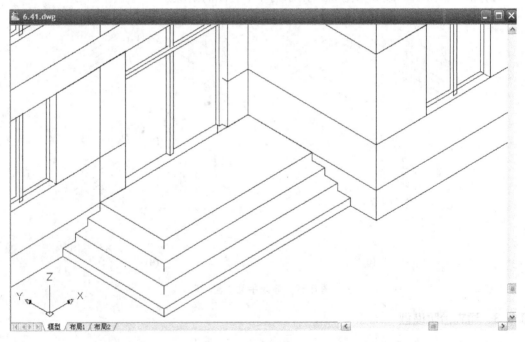

图 6.41 被拉伸后的"台阶"

6.5.4 进行布尔运算

(1) 选择菜单栏中的【修改】|【实体编辑】|【并集】命令，执行布尔运算。

(2) 在**选择对象**：提示下，选择刚才拉伸的全部"台阶"。

(3) 按 Enter 键结束命令，结果如图 6.42 所示。对比图 6.41 和图 6.42 中台阶显示的区别。

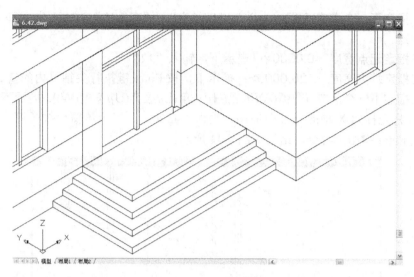

图 6.42　进行布尔运算后的台阶

6.6　绘制窗台线和窗眉线

6.6.1　准备工作

(1) 将坐标系切换到【窗框】坐标系，并将【墙】图层设置为当前层。

(2) 使用 Elev 命令修改高程：设置默认标高为"0"，默认厚度为"120"。

6.6.2　建立窗台线和窗眉线模型

1. 建立底层窗台线模型

(1) 在命令行输入"PL"后按 Enter 键，启动【多段线】命令。

(2) 在指定起点：提示下，捕捉图 6.43 中的 A 点作为多段线的起点。

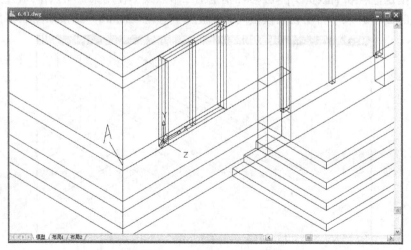

图 6.43　捕捉 A 点作为多段线的起点

(3) 在**指定下一个点或** [圆弧(A)/半宽(H)/长度(L)/放弃(U)/宽度(W)]：提示下，输入"W"后按 Enter 键。

(4) 在**指定起点宽度** <0.0000>：提示下，输入"120"。

(5) 在**指定端点宽度** <120.0000>：提示下，按 Enter 键执行尖括号内的值。

(6) 在**指定下一个点或** [圆弧(A)/半宽(H)/长度(L)/放弃(U)/宽度(W)]：提示下，打开【正交】功能，将光标向 X 轴的正方向拖动，输入"4320"，表示该窗台线长度为4320mm。

(7) 按 Enter 键结束命令，结果如图 6.44 所示。

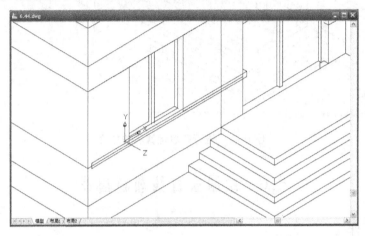

图 6.44　绘制窗台

2．移动底层窗台线模型

(1) 向 Z 轴正方向移动 120mm。

① 在命令行输入"M"后按 Enter 键，启动【移动】命令。

② 在**选择对象**：提示下，选择刚才建立的窗台线模型。

③ 在**指定基点或** [位移(D)] <位移>：提示下，在绘图区域任意单击一点作为移动的基点。

④ 在**指定基点或** [位移(D)] <位移>：指定第二个点或 <使用第一个点作为位移>：提示下，输入"@0,0,120"，表示将窗台线模型向 Z 轴正方向移动 120mm，结果如图 6.45 所示。

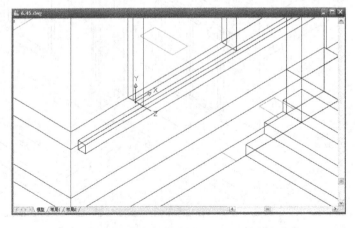

图 6.45　向 Z 轴正方向移动 120mm 后的窗台线

(2) 用【移动】命令将窗台线向 X 轴负方向移动 120mm，结果如图 6.46 所示。

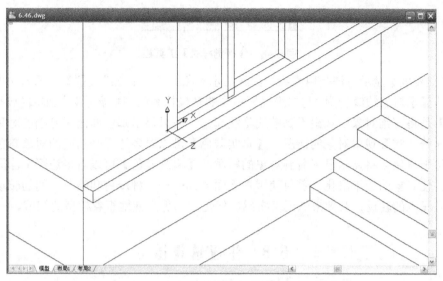

图 6.46　向 X 轴负方向移动 120mm 后的窗台线

3. 其他窗台线和窗眉线

用相同的方法生成其他窗台线和窗眉线，结果如图 6.47 所示。

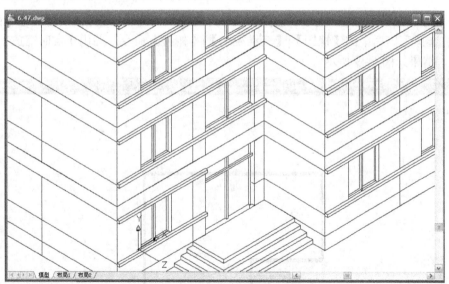

图 6.47　建立窗台线和窗眉线模型

6.7　着　色　处　理

由于绘制三维模型的线比较多，有时很难分辨建模元素之间的空间关系，因此，AutoCAD 提供了几种对三维对象进行着色的方法。使用这些方法对观察三维模型以及对三维模型效果显示有很大的帮助。

AutoCAD 提供了一套着色方法，即使用【视觉样式】工具栏，如图 6.48 所示。

图 6.48　【视觉样式】工具栏

【二维线框】显示方法是用直线和曲线显示对象边缘；【三维线框】显示方法也是用直线和曲线显示对象边缘轮廓，与二维线框不同的是坐标系的图标显示为三维着色形式；【三维隐藏】是将三维对象中观察不到的线隐藏起来，而只显示那些前面无遮挡的对象，这种限制方法符合实际观察对象的情况；【真实着色】可以对多边形平面间的对象着色，并使对象的边平滑化，将显示已附着到对象的材质。【概念着色】可以对多边形平面间的对象着色，并使对象的边平滑化。着色使用古氏面样式———一种冷色和暖色之间的转场而不是从深色到浅色的转场，其效果缺乏真实感，但是可以更方便地查看模型的细节。

6.8　生成透视图

三维建模都是在轴测视图中操作的，当对模型进行渲染时，需要带有透视效果的透视图，这样就需要设置合适的三维视点。

1. 建立地平面模型

打开图 6.47 所示模型，为了在渲染时能够产生建筑的阴影，这里需要建立地平面模型。

(1) 选择菜单栏中的【视图】|【三维视图】|【俯视】命令，并用【实时缩放】命令调整视图，结果如图 6.49 所示。

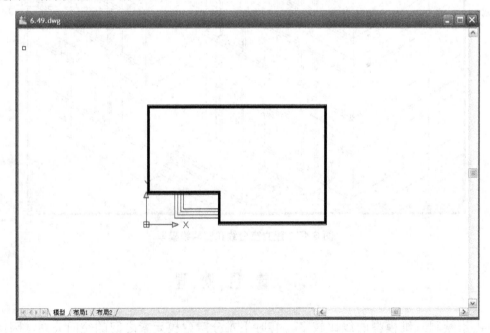

图 6.49　调整视图

(2) 在命令行输入"Rec"后按 Enter 键，启动【矩形】命令，绘制如图 6.50 所示的矩形。

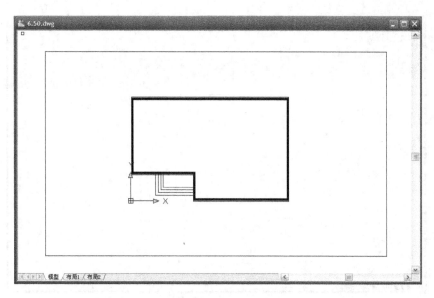

图 6.50　绘制矩形

(3) 由于矩形属于多段线，只有轮廓信息而没有内部信息，所以需要将矩形变成面域。在命令行输入"Reg"后按 Enter 键，启动【面域】命令，在**选择对象：**提示下，选择矩形后按 Enter 键结束命令。

(4) 选择菜单栏中的【视图】|【三维视图】|【西南等轴测】命令，将视图调整至轴测图状态，结果如图 6.51 所示。

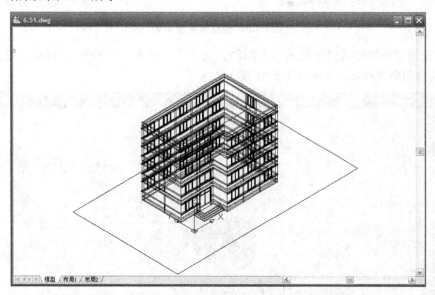

图 6.51　建立地平面模型

2. 设置三维视点

(1) 在命令行输入"Dview"后按 Enter 键，执行【设置三维视点】命令。

(2) 在**选择对象或 <使用 DVIEWBLOCK>：**提示下，按 Enter 键，表示将 AutoCAD 的三维建筑实例作为设置三维视点时显示的目标对象，结果如图 6.52 所示。

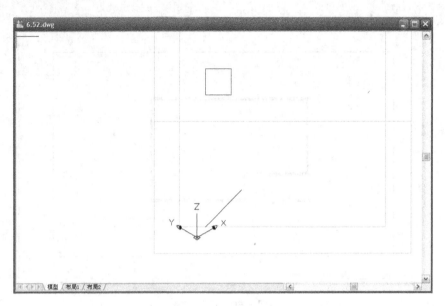

图 6.52　显示的目标对象

(3) 在输入选项[相机(CA)/目标(TA)/距离(D)/点(PO)/平移(PA)/缩放(Z)/扭曲(TW)/剪裁(CL)/隐藏(H)/关(O)/放弃(U)]：提示下，输入"d"以选择【距离】选项，表示将改变视点和目标对象的距离，此时绘图区域上方出现一个表示视点距离的滑动条，如图 6.53 所示。

图 6.53　视点距离滑动条

(4) 在指定新的相机目标距离 <1.732>：提示下，输入"200000"，表示视点到目标对象的距离为 200000mm，结果如图 6.54 所示。

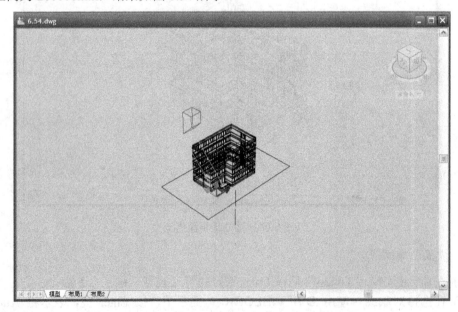

图 6.54　视点距离调整至"200000"的视图

(5) 在输入选项[相机(CA)/目标(TA)/距离(D)/点(PO)/平移(PA)/缩放(Z)/扭曲(TW)/剪裁
(CL)/隐藏(H)/关(O)/放弃(U)]：提示下，输入"CA"，选择相机(即视点)的位置。

(6) 在指定相机位置，输入与 XY 平面的角度，或 [切换角度单位(T)] <35.2644>：提
示下，移动光标使视点向下移动，以人眼的高度来观察模型，结果如图 6.55 所示。

(7) 按 Enter 键结束命令。

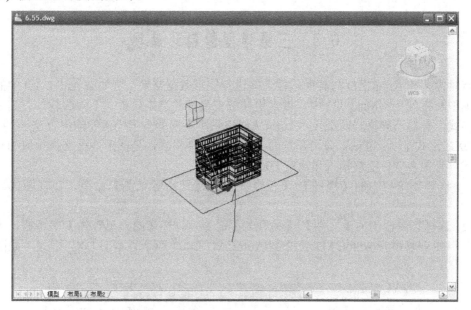

图 6.55　改变视点位置

在透视图中，除使用【设置三维视点】命令调整视点的位置和透视角度外，还可以使
用【三维动态观察】命令。下面用该命令将视图调整至如图 6.56 所示的效果。

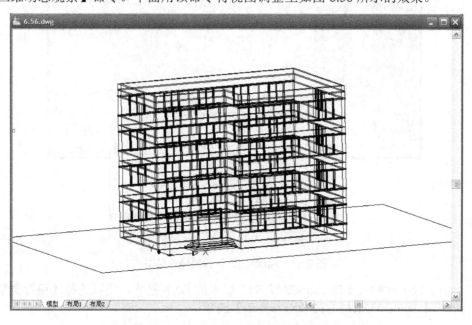

图 6.56　用【三维动态观察】命令调整后的模型

特别提示

● 在透视图中，AutoCAD 不承认用鼠标在绘图区域单击的点，所以不能在透视图中进行任何鼠标操作，也不能用【实时缩放】和【平移】命令进行视图缩放。

6.9 三维模型的格式转换

有时需要在 AutoCAD 与其他软件之间进行图形数据交换，例如将 AutoCAD 中的三维建筑模型转换到 3ds Max 软件中，以求更精细更逼真的渲染效果。不同的软件有其独特的文件格式，针对不同格式的文件，AutoCAD 提供了不同的数据输入和输出方法。

DXF 格式是 AutoDesk 公司开发的一种图形文件格式，是图形数据交换领域的一种标准格式，有很多软件能够输入和输出 DXF 格式。

(1) 选择菜单栏中的【视图】|【三维视图】|【西南等轴测】命令，使视图成为轴测视图。

(2) 选择菜单栏中的【文件】|【另存为】命令，打开【图形另存为】对话框，【文件类型】下拉列表中有 AutoCAD R12 到 AutoCAD 2007 四个版本的 DXF 格式，如图 6.57 所示。

图 6.57　AutoCAD 保存的格式类型

(3) 由于很多软件只支持 AutoCAD R12 版本的 DXF 格式，所以选择【保存类型】下拉列表中的【AutoCAD R12/LT2 DXF(*.dxf)】选项。

(4) 单击【确定】按钮关闭对话框。

项目小结

本项目主要介绍了通过绘制带有宽度和厚度的多段线来绘制三维墙体的最基本的方法和技巧，其中用【多段线】命令设置其宽度，用 Elev 命令设置其厚度，这种方法在建筑构建的建模中经常被采用。

本项目还介绍了用户坐标系 UCS 的概念以及在用户坐标系下绘制窗框等图形的方法。用户坐标系在三维建模中是一个非常重要的概念，学习中要掌握用户坐标系的定义方法以及用户坐标系和世界坐标系之间的切换方法。

通过台阶的绘制介绍了常用的通过拉伸二维图形生成三维实体的方法，以及布尔运算。本项目还介绍了透视图的生成和三维模型格式的转换。

习题

一、单选题

1. 在 AutoCAD 中，Z 轴方向的尺寸称为(   )。
   A. 厚度　　　　　　　　　B. 长度　　　　　　　　　C. 高度
2. 多段线的 Z 坐标值是由(   )的坐标值决定的。
   A. 中点　　　　　　　　　B. 起点　　　　　　　　　C. 终点
3. 网络造型和三维实体的区别为网络造型没有(   )。
   A. 内部信息　　　　　　　B. 外部信息　　　　　　　C. 内部和外部信息
4. 用户(   )在透视图中进行鼠标操作。
   A. 不能　　　　　　　　　B. 能　　　　　　　　　　C. 不一定

二、简答题

1. 简述 Elev 命令的作用。
2. 简述【快速选择】对话框中【附加到当前选择集】复选框的作用。
3. 简述多段线和面域的区别。
4. 根据右手定则，在三维空间中围绕某坐标轴进行旋转的正方向是怎样确定的？

附录A

AutoCAD 常用命令快捷输入法

表 A1　AutoCAD 常用命令快捷输入法

序号	命令	快捷命令	命令说明	序号	命令	快捷命令	命令说明
1	LINE	L	直线	39	DIMLINEAR	DLI	线性标注
2	XLINE	XL	参照线	40	DIMCONTINUE	DCO	连续标注
3	MLINE	ML	多线	41	DIMBASELINE	DBA	基线标注
4	PLINE	PL	多段线	42	DIMALIGNED	DAL	对齐标注
5	POLYGON	POL	正多边形	43	DIMRADIUS	DRA	半径标注
6	RECTANG	REC	矩形	44	DIMDIAMETER	DDI	直径标注
7	ARC	A	画弧	45	DIMANGULAR	DAN	角度标注
8	CIRCLE	C	画圆	46	DIMARC	DAR	弧长标注
9	SPLINE	SPL	样条曲线	47	DIMCENTER	DCE	圆心标注
10	ELLIPSE	EL	椭圆	48	QLEADER	LE	引线标注
11	INSERT	I	插入图块	49	DIMQ		快速标注
12	MAKE BLOCK	B	创建块	50	DIMEDIE		编辑标注
13	WRITE BLOCK	W	写块	51	DIMTEDIT		编辑标注文字
14	POINT	PO	画点	52	DIMSTYLE		标注更新
15	HATCH	H	填充	53	DIMSTYLE	D	标注样式
16	REGION	REG	面域	54	HATCHEDIT	HE	编辑填充
17	TEXT	DT	单行文本	55	PEDIT	PE	编辑多段线
18	MTEXT	T	多行文本	56	SPLINEDIT	SPE	编辑样条曲线
19	ERASE	E	删除	57	MLEDIT		编辑多线
20	COPY	CO	复制	58	ATTEDIT	ATE	编辑属性
21	MIRROR	MI	镜像	59	BATTMAN		块属性管理器
22	OFFSET	O	偏移	60	DDEDIT	ED	编辑文字
23	ARRAY	AR	阵列	61	LAYER	LA	图层管理
24	MOVE	M	移动	62	MATCHPROP	MA	特性匹配
25	ROTATE	RO	旋转	63	PROPERTIES	CH MO	对象特征
26	SCALE	SC	比例缩放	64	NEW	Ctrl+N	新建文件
27	STRETCH	S	拉伸	65	OPEN	Ctrl+O	打开文件
28	TRIM	TR	修剪	66	SAVE	Ctrl+S	保存文件
29	EXTEND	EX	延伸	67	UNDO	U	回退一步
30	BREAK	BR	打断	68	PAN	P	平移
31	JOIN	J	合并	69	ZOOM+✓	Z+✓	实时缩放
32	CHAMFER	CHA	直角	70	ZOOM+W	Z+W	窗口缩放
33	FILLET	F	圆角	71	ZOOM+P	Z+P	前一视图
34	EXPLODE	X	分解	72	ZOOM+E	Z+E	范围缩放
35	LIMITS		图形界限	73	DIST	DI	测量距离
36	COPYCLIP	Ctrl+C	跨文件复制	74	AREA		测量面积
37	PASTCLIP	Ctrl+V	跨文件粘贴	75	MEASURE	ME	定距等分
38	帮助主体	F1		76	DIVIDE	DIV	定数等分

附录 B

某办公楼底层平面图

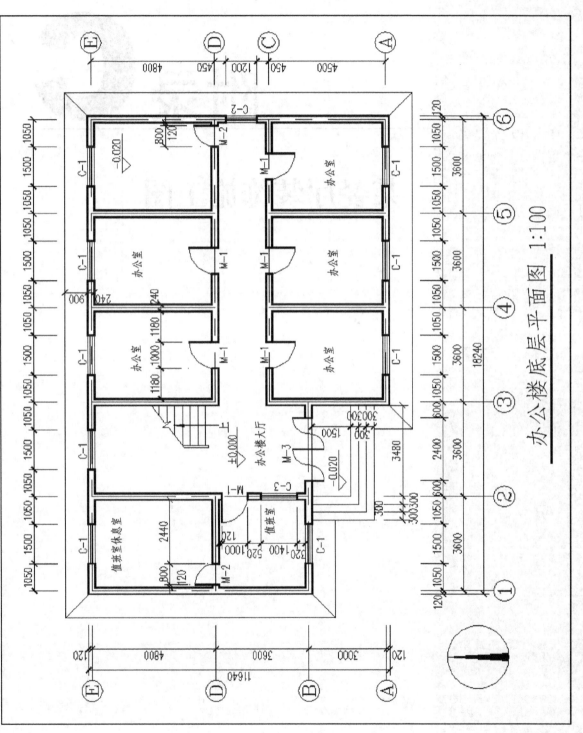

办公楼底层平面图 1:100

图 B1　办公楼底层平面图

附录 C

某餐厅装饰施工图

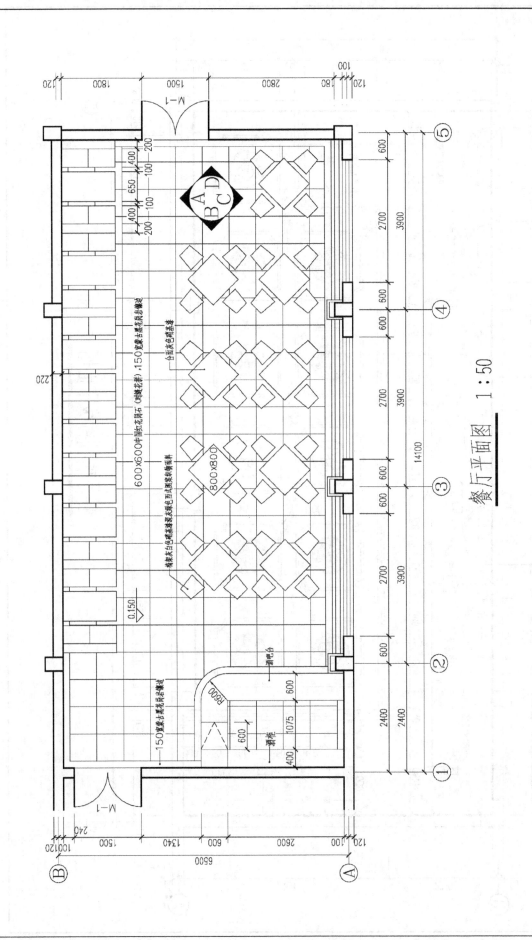

餐厅平面图 1:50

图 C1 餐厅平面布置图

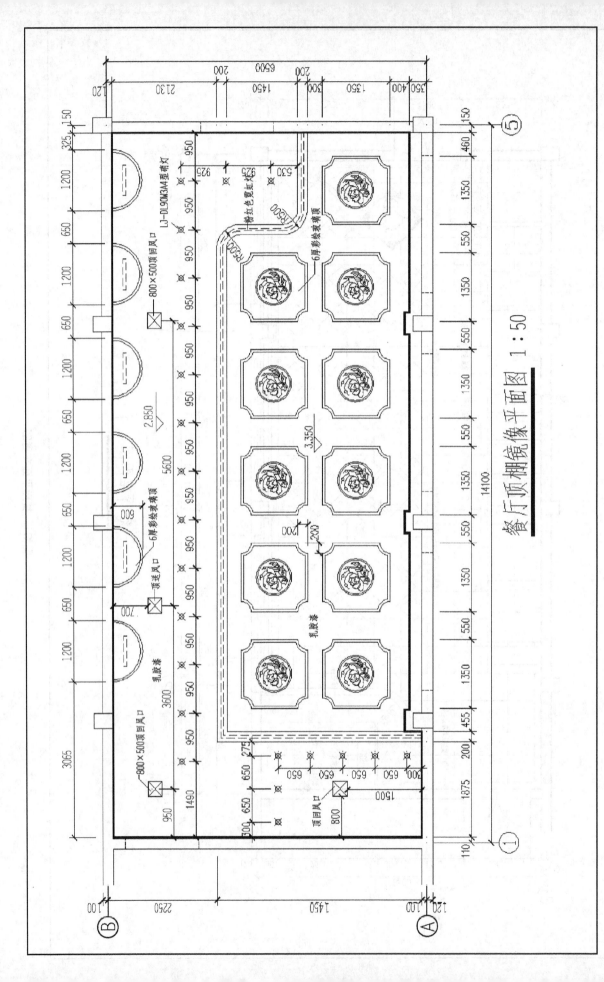

图 C2　餐厅顶棚镜像平面图

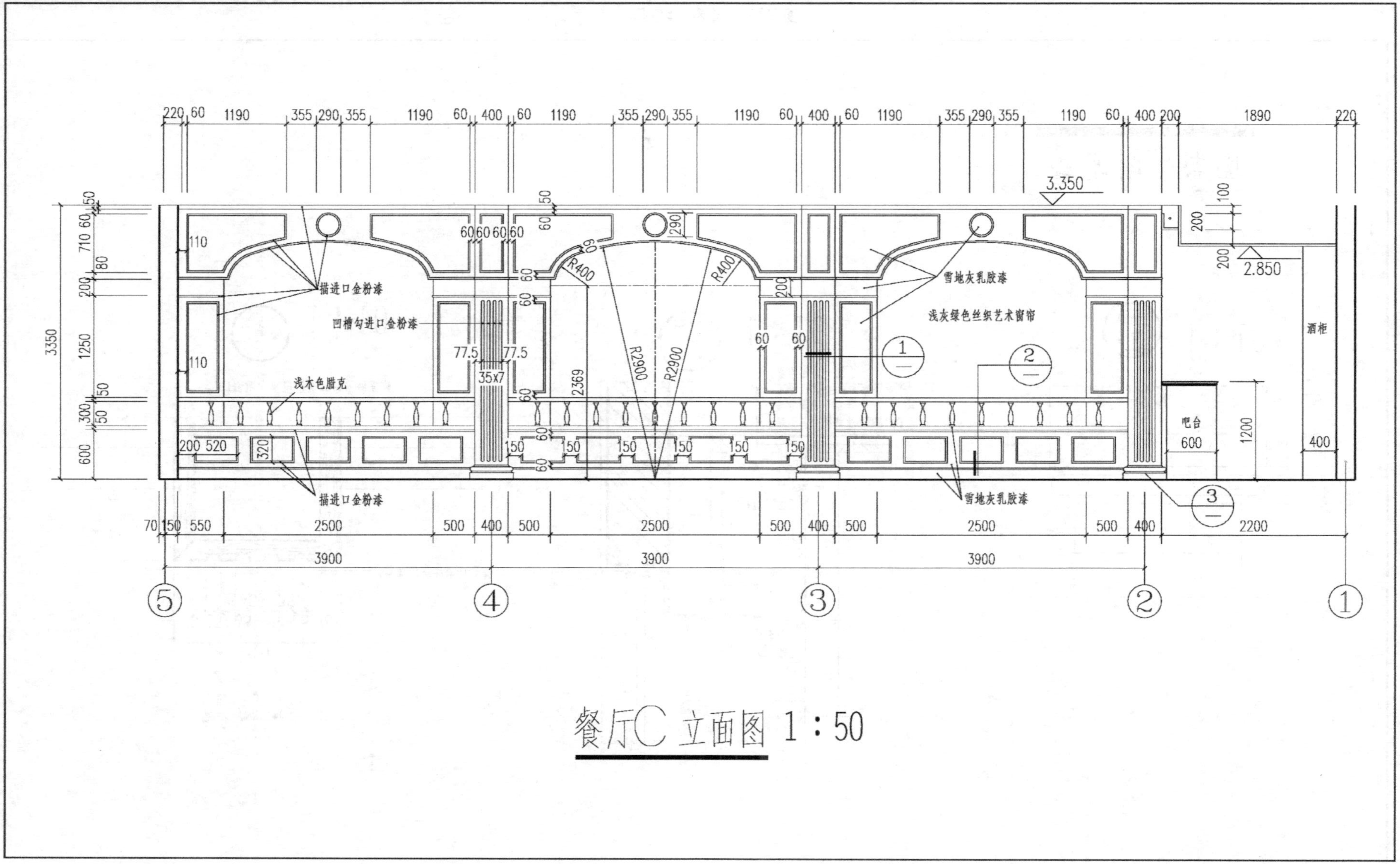

图C3　餐厅C立面图

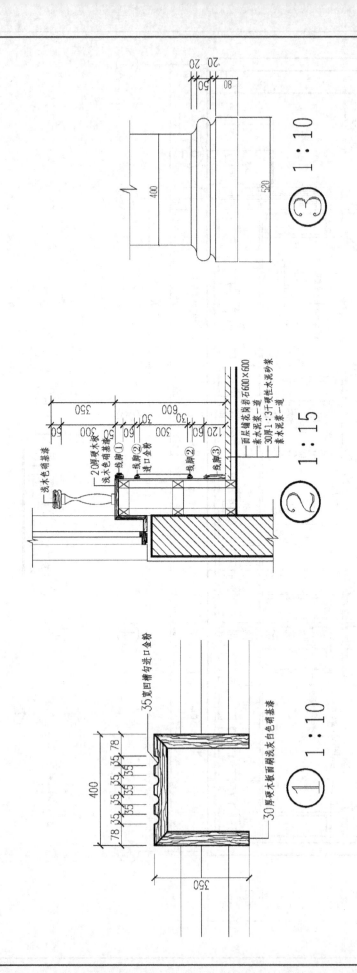

装饰构造详图

③ 1:10

② 1:15

① 1:10

图 C4 装饰构造详图

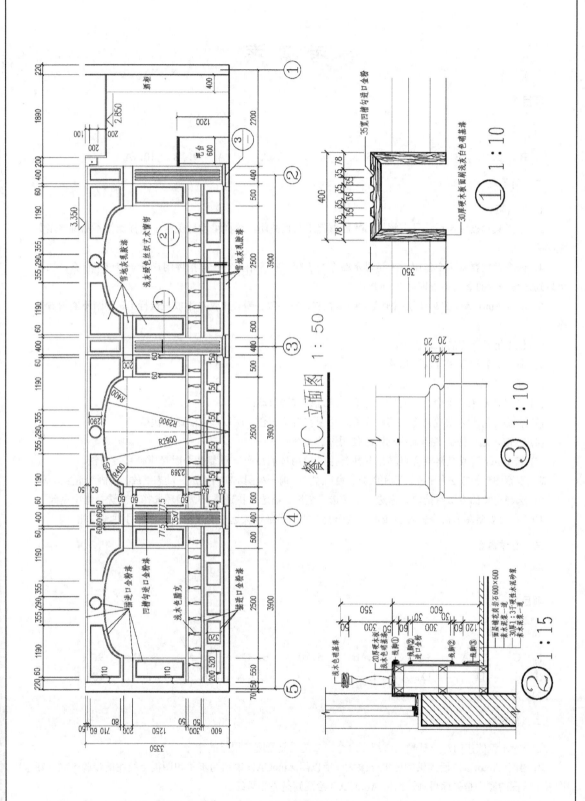

餐厅C 立面图 1:50

① 1:10

③ 1:15

② 1:15

图 C5 布图

参 考 答 案

项目 1

一、单选题

1. B 2. C 3. A 4. A 5. C 6. B 7. A 8. A 9. B 10. A

二、简答题

1. 2. (略)

3. 当工具栏被锁定后，只有解锁后才能够将工具栏关闭，这样可以避免由于鼠标操作不熟练将工具栏弄丢。

4. 命令行主要有两个作用，一是显示命令的步骤，它像指挥官一样指挥用户下一步该干什么；二是可以通过命令行的滚动条查询命令历史记录。

5. 学习 AutoCAD 的标准绘图坐姿为双腿直立，左手放在键盘上，右手放在鼠标上，眼睛不断地看命令行。

6. 位于屏幕下方的状态栏上。

7. 命令的启动方法有以下几种：

(1) 单击工具栏上的图标，这种方法比较直观；

(2) 通过菜单来启动命令，有些命令必须通过该方法启动；

(3) 在命令行输入快捷命令来启动命令，由于左右手配合，所以该方法比较快捷；

(4) 右击，通过快捷菜单来启动刚刚使用过的命令；

(5) 按 Enter 键或空格键会自动重复执行刚刚使用过的命令，重复命令时经常使用该方法。

8. 观察图形的方法有平移、范围缩放、窗口缩放、前一视图、实时缩放、动态缩放、重画和重生成等。

9. 选择对象的方法有拾取、窗选、交叉选、全选、栏选、快速选择、循环选择和从选择集中剔除。

10. 利用观察图形命令去观察图形，图形变大或缩小是近大远小的原理，图形尺寸并没变化。

三、自学内容

(略)

项目 2

一、单选题

1. C   2. A   3. A   4. B   5. B   6. C   7. A   8. B   9. C
10. C   11. A   12. A   13. A   14. C   15. A   16. C   17. C   18. B
19. A   20. A

二、简答题

1. Enter 键的作用：一是确认或结束命令，二是重复刚刚使用过的命令。

2. 由于 AutoCAD 所提供的图纸无限大，所以用 AutoCAD 绘图的步骤和图板上绘图的步骤不同。在图板上绘图的顺序是先缩再画，而用 AutoCAD 绘图则是先画再缩。

3. 设定当前层的方法有 3 种，分别是：【图层特性管理器】、【图层控制】选项窗口、【将对象的图层置为当前】按钮。

4．查询图形对象所位于的图层有 4 种方法，分别是：用【图层特性管理器】查询，用【图层控制】选项查询，用【对象特征管理器】查询，用快捷特性面板查询。

5．如果绘制出的轴线显示的不是中心线时，应做以下检查：

(1) 在【图层特性管理器】对话框中的【轴线】图层的线型是否加载为 CENTER(中心线)或 DASHDOT(点划线)；

(2) 当前层是否为【轴线】图层；

(3) 【线型管理器】对话框中的【全局比例因子】是否修改。

6．【偏移】命令 3 步走的具体步骤是：设定偏移距离、偏移谁、往哪偏。

7．默认状态下多线的当前设置：对正=上，比例=20.00，样式= STANDARD

8．直角坐标的输入方法为：@X，Y。

9．极坐标的输入方法为：@长度<角度。

10．为减少修改，用多线命令绘制墙体的步骤为：先外后内，先长后短，先编辑后分解。

11．图层关闭后，该层上的图形对象不能在屏幕上显示或由绘图仪输出。重新生成图形时，可以被重新生成。执行全选时，被关闭图层上的对象能被选中。

图层冻结后，该层上的图形对象不能在屏幕上显示或由绘图仪输出。重新生成图形时，不会被重新生成。执行全选时，被冻结图层上的对象不能被选中。

12．如果当前层是一个被关闭或冻结的图层，在绘图时屏幕上不显示被绘制的图形。

13．如果某图层是一个被锁定的图层，在编辑或修改该层上的图形时，无法选中被锁定的图层上的图形。

14．【打断】命令是将一条线从中间掰掉一段，而【打断于点】命令则是将一条线从某个位置断开。

15．执行"C"命令绘制出的是首尾相连的多段线，而用捕捉的方法绘制出的是首尾不相连的多段线。

16．用多段线编辑命令改变多段线的线宽。

17．【拉伸】命令只能将 X 或 Y 单向变长或缩短，【比例】命令是将 X 和 Y 等比例放大或缩小。比例因子=新的尺寸/旧的尺寸。

18．【复制】、【拉伸】等编辑命令中的基点起定位作用。

19．不相同。

20．(略)

三、自学内容

(略)

四、绘图题

(略)

项目 3

一、单选题

1．A　2．A　3．A　4．C　5．A　6．B　7．A　8．C　9．A

10．B　11．B　12．A　13．A　14．A　15．C　16．C　17．B　18．A

19．A　20．A

二、简答题

1．所有符号类对象出图后(打印在图纸上)的尺寸是一定的，但在 AutoCAD 内的尺寸(即出图前的尺寸)是不定的，是随着出图比例而变化的。

2．设置当前文字样式的方法有以下几种：

(1) 在【文字样式】对话框中设置；

(2) 在【样式】工具栏内设定当前字体样式；

(3) 在【多行文字编辑器】内设置。

3．文字的旋转角度和【文字样式】对话框中的文字倾斜角不同：文字的旋转角度是指一行文字相对于水平方向的角度，文字本身没有倾斜，而文字的倾斜角度是指文字本身倾斜的角度。

4．利用【单行文字】或【多行文字】命令，在 AutoCAD 内输入设计说明等大量文字内容比较麻烦。可以在 Word 内将设计说明写好，复制到多行文字的输入框内，再根据需要进行修改。

5．涉及"当前"概念的有：①图层；②多线；③文字；④标注；⑤表格。

6．标注轴线之间距离的第二道尺寸线的第一个尺寸是用【基线】标注命令标注出来的，而第二道尺寸线的其他标注是用【连续】标注命令标注出来的。

7．尺寸标注可以做以下方面的修改：①改文字的内容；②用夹点编辑调整文字的位置；③修改尺寸界限的位置。

8．测量房间面积的命令是【Area】，测量直线长度的命令是【Di】。

9．提高绘图效率 、节省磁盘空间、便于图形的修改。

10．将经常使用的属性值或较难输入的属性值设定为默认值。

11．有写块和创建块两种方法。

12．基点的作用是当图块插入时，通过基点将被插入的图块准确地定位，所以必须理解基点的作用，并应学会正确地确定基点的位置。

13．插入比例=新尺寸/旧尺寸

14．菜单栏中的【工具】|【块编辑器】命令是对用 Make Block、Write Block 命令做好的图块(即图块库内的图块)进行修改。

15．适合如教室、宿舍等相同空间重复布置，且门或窗的位置、大小和编号和位置相同时。

16．一个图块可以设定多个属性。

17．(1) 用插入对象的方法链接：

① 在 AutoCAD 打开图形文件，选择菜单栏中的【插入】|【OLE 对象】命令；

② 选择【插入对象】对话框中的 Microsoft Word 对象类型，单击【确定】按钮，则自动打开 Microsoft Word 程序。在 Word 界面中创建所需表格或打开一个含有表格的 Word 文档文件；

③ 关闭 Word 窗口，回到 AutoCAD 图形文件，刚才所绘制的表格即显示在图形文件中，可以拖动表格四角的夹点来改变表格的大小。

(2) 用复制、粘贴的方法链接：

① 首先在 Word 或 Excel 程序中做好表格，然后将表格全部选中，按 Ctrl+C 组合键执行复制命令；

② 回到 AutoCAD 图形文件，按 Ctrl+V 组合键执行粘贴命令。其他操作方法同插入对象的方法。

18．AutoCAD 的设计中心可以看成一个中心仓库，在这里，设计者既可以浏览自己的设计，又可以借助他人的设计思想和设计图形。AutoCAD 的设计中心能管理和再利用设计对象和几何图形，只需简单拖曳，就能轻松地将设计图中的符号、图块、图层、字体、布局和格式复制到另一张图中，省时省力。

19．AutoCAD 的设计中心能管理和再利用设计对象、几何图形。只需简单拖曳，就能轻松地将设计图中的符号、图块、图层、字体、布局和格式复制到另一张图中，省时省力。

三、自学内容

(略)

四、绘图题

(略)

项目4

一、单选题

1. B 2. A   3. A   4. C   5. A   6. B   7. B   8. B

9. C 10. C   11. B   12. A   13. B   14. C   15. B

二、简答题

1．【打断】命令是将一条线从中间断掉一段，而【打断于点】命令则是将一条线从某个位置断开。

2．起定位作用。

3．在【点样式】对话框中，如果选择【相对于屏幕设置大小】单选按钮，则设置的点的大小为屏幕的百分之几，由于这个相对尺寸比较抽象，因此使用较少；如果选择【按绝对单位设置大小】单选按钮，则设定的是点大小的绝对尺寸，例如点的大小为 100 单位(mm)，就能立即用手表示出 100mm 的大小。

4．系统变量 SKPOLY 为"0"时，用 Sketch 命令绘制的随意图形由一些碎线组成，不便于图形修改；SKPOLY 的系统变量为"1"时，用 Sketch 命令绘制的随意图形为一根多段线，便于图形修改。

5．要求是封闭的区域。

6．【捕捉】命令是捕捉栅格点的，而【对象捕捉】命令是用于捕捉图形的特征点的。

7．制作 1∶1 的模板和 1∶100 的模板有以下不同：

(1) 线型比例的设置不同：1∶1 的模板内的【线型管理器】对话框中的【全局比例因子】为 1；1∶100 的模板内的【线型管理器】对话框中的【全局比例因子】为 100；

(2) 设置标注样式不同：1∶1 的模板内的标注样式的全局比例因子为 1；1∶1 的模板内的标注样式的全局比例因子为 100。

(3) 符号类图块尺寸不同：1∶1 的模板内符号类图块尺寸为原尺寸；1∶100 的模板内图块尺寸需要放大 100 倍。

由于两个模板的比例不同，所以使用方法也不一样。

8．菜单栏中的【编辑】|【复制】或【编辑】|【带基点的复制】命令将图形复制到剪贴板上，是跨文件的复制。【编辑】|【复制】命令的复制基点默认在文件的左下角点，不允许修改；【编辑】|【带基点的复制】允许根据需要确定复制基点，便于文件粘贴时准确地定位。

9．copy 命令是用于文件内部的图形复制命令，快捷键 Ctrl+C 的作用是跨文件的复制。

10．通过拖动光标确定线的方向，通过用键盘输入指定线的长度的方法画线。

11．【文字样式】对话框和【标注样式管理器】对话框内勾选【注释性】复选框后，文字高度应输入"出图后"的文字高度。

三、自学内容

(略)

四、绘图题

(略)

项目 5

一、单选题

1．C　　2．A　　3．B　　4．A　　5．B　　6．A　　7．A　　8．B　　9．B　　10．B

二、简答题

1．【清理】命令可以清理未经使用的图层、多线样式、图块、文字样式、线型、表格样式和标注样式等。

2．绘制轴线、基础墙，绘制大放脚，绘制构造柱，进行符号和尺寸标注。

3．将实线变成虚线的方法有以下 3 种：

(1) 利用【对象特征】工具栏上的【线型】控制下拉列表；

(2) 利用【对象特征】管理器；

(3) 利用特性匹配(格式刷)。

它们之间区别：(1)和(2)任何时候都可以利用，(3)只有当图中存有至少一条虚线(源对象)时才能使用，(3)比(1)和(2)便捷。

4．有两种方法：用【对象特征管理器】和格式刷。

5．用 Di 命令既可测得直线的长度，又可测得直线的角度。

6．70mm。

7．布局好像一张不透明的白纸蒙在模型空间上，在这张白纸上开孔，就可以看到开孔的位置上的模型空间内的图形，其他部位模型空间内的图形是被白纸覆盖遮挡的。这里提到的"孔"的概念在 AutoCAD 内称为"视口"。

8．布局像一张不透明的白纸蒙在模型空间上，如果没有视口，相当于在这张白纸上没有挖孔，这样图形完全被一张不透明的白纸所覆盖，所以看不到图形。

9．出图比例为 1∶50 的图，在模型空间内插入 1∶1 比例制作的图块时，须将图块放大 50 倍。

10．"1-1 断面图"被做成图块后，组成图块的内容被锁定，所以图形变大而标注出的尺寸值不变。

三、绘图题

(略)

项目 6

一、单选题

1．A　　2．B　　3．A　　4．A

二、简答题

1．Elev 命令用于设定将要绘制的多段线的厚度。

2．可以通过【附加到当前选择集】复选框将通过【快速选择】命令选择的对象添加到已有的选择集中。

3．多段线只有轮廓信息，没有内部信息，而面域既有轮廓信息又有内部信息。

4．在三维空间中，围绕某坐标轴进行旋转的正向是符合右手定则的。例如，将右手大姆指指向 X 轴的正向，其他四指握向掌心，那么这 4 个手指的握旋方向就是围绕 X 轴进行旋转的正向。

参 考 文 献

[1] 郭慧. AutoCAD 建筑制图教程[M]. 北京：中国建筑工业出版社，2009.

[2] 陈保胜，陈中华. 建筑装饰构造资料集[M]. 北京：中国建筑工业出版社，1995.

[3] 高志清. AutoCAD 2000 建筑设计范例精粹[M]. 北京：中国水利水电出版社，2000.

[4] 陈通. AutoCAD 2000 中文版入门与提高[M]. 北京：清华大学出版社，2000.

[5] 敖仕恒，等. AutoCAD 2006 中文版建筑设计实例精讲[M]. 北京：人民邮电出版社，2006.

[6] 邵谦谦，等. AutoCAD 2006 中文版建筑制图应用教程[M]. 北京：电子工业出版社，2005.

[7] 中华人民共和国住房和城乡建设部. GB/T 50001—2010 房屋建筑制图统一标准[S]. 北京：中国计划出版社，2011.

[8] 中华人民共和国住房和城乡建设部. GB/T 50104—2010 建筑制图标准[S]. 北京：中国计划出版社，2011.

北京大学出版社高职高专土建系列规划教材

序号	书名	书号	编著者	定价	出版时间	印次	配套情况	
基础课程							
1	工程建设法律与制度	978-7-301-14158-8	唐茂华	26.00	2012.7	6	ppt/pdf	
2	建设工程法规	978-7-301-16731-1	高玉兰	30.00	2012.8	10	ppt/pdf/答案/素材	★
3	建筑工程法规实务	978-7-301-19321-1	杨陈慧等	43.00	2012.1	3	ppt/pdf	★
4	建筑法规	978-7-301-19371-6	董伟等	39.00	2012.4	2	ppt/pdf	★
5	AutoCAD 建筑制图教程(第2版)	978-7-301-21095-6	郭 慧	35.00	2013.1	1	ppt/pdf/素材	★
6	AutoCAD 建筑绘图教程	978-7-301-19234-4	唐英敏等	41.00	2011.7	2	ppt/pdf	★
7	建筑CAD项目教程(2010版)	978-7-301-20979-0	郭 慧	38.00	2012.9	1	pdf/素材	
8	建筑工程专业英语	978-7-301-15376-5	吴承霞	20.00	2012.11	7	ppt/pdf	★
9	建筑工程制图与识图	978-7-301-15443-4	白丽红	25.00	2012.8	8	ppt/pdf/答案	★
10	建筑制图习题集	978-7-301-15404-5	白丽红	25.00	2012.4	6	pdf	
11	建筑制图(第2版)	978-7-301-21146-5	高丽荣等	29.00	2012.11	1	ppt/pdf	★
12	建筑制图习题集	978-7-301-15586-8	高丽荣	21.00	2012.4	5	pdf	
13	建筑工程制图(第2版)(含习题集)	978-7-301-21120-5	肖明和	48.00	2012.8	1	ppt/pdf	★
14	建筑制图与识图	978-7-301-18806-4	曹雪梅等	24.00	2012.2	4	ppt/pdf	★
15	建筑制图与识图习题册	978-7-301-18652-7	曹雪梅等	30.00	2012.4	3	pdf	★
16	建筑构造与识图	978-7-301-14465-7	郑贵超等	45.00	2012.9	11	ppt/pdf/答案	★
17	建筑制图与识图	978-7-301-20070-4	李元玲	28.00	2012.8	2	ppt/pdf	
18	建筑制图与识图习题集	978-7-301-20425-2	李元玲	24.00	2012.3	2	ppt/pdf	★
19	建筑工程应用文写作	978-7-301-18962-7	赵立等	40.00	2012.6	2	ppt/pdf	★
20	建筑工程专业英语	978-7-301-20003-2	韩薇等	24.00	2012.1	1	ppt/ pdf	★
21	建设工程法规	978-7-301-20912-7	王先恕	32.00	2012.7	1	ppt/ pdf	
22	新编建筑工程制图	978-7-301-21140-3	方筱松	30.00	2012.8	1	ppt/ pdf	★
23	新编建筑工程制图习题集	978-7-301-16834-9	方筱松	22.00	2012.9	1	pdf	
24	建筑构造	978-7-301-21267-7	肖 芳	34.00	2012.9	1	ppt/ pdf	
施工类							
25	建筑工程测量	978-7-301-16727-4	赵景利	30.00	2012.8	7	ppt/pdf /答案	★
26	建筑工程测量	978-7-301-15542-4	张敬伟	30.00	2012.4	8	ppt/pdf /答案	★
27	建筑工程测量	978-7-301-19992-3	潘益民	38.00	2012.2	1	ppt/ pdf	★
28	建筑工程测量实验与实习指导	978-7-301-15548-6	张敬伟	20.00	2012.4	7	pdf/答案	
29	建筑工程测量	978-7-301-13578-5	王金玲等	26.00	2011.8	3	pdf	
30	建筑工程测量实训	978-7-301-19329-7	杨凤华	27.00	2012.4	2	pdf	★
31	建筑工程测量(含实验指导手册)	978-7-301-19364-8	石 东等	43.00	2012.6	2	ppt/pdf/答案	★
32	建筑施工技术	978-7-301-21209-7	陈雄辉	39.00	2012.9	1	ppt/pdf	★
33	建筑施工技术	978-7-301-12336-2	朱永祥等	38.00	2012.4	7	ppt/pdf	
34	建筑施工技术	978-7-301-16726-7	叶 雯等	44.00	2012.7	4	ppt/pdf /素材	★
35	建筑施工技术	978-7-301-19499-7	董伟等	42.00	2011.9	2	ppt/pdf	★
36	建筑施工技术	978-7-301-19997-8	苏小梅	38.00	2012.1	1	ppt/pdf	★
37	建筑工程施工技术(第2版)	978-7-301-21093-2	钟汉华等	48.00	2012.10	1	ppt/pdf	★
38	基础工程施工	978-7-301-20917-2	董伟等	35.00	2012.7	1	ppt/pdf	★
39	建筑施工技术实训	978-7-301-14477-0	周晓龙	21.00	2012.4	5	pdf	★
40	房屋建筑构造	978-7-301-19883-4	李少红	26.00	2012.1	2	ppt/pdf	★
41	建筑力学	978-7-301-13584-6	石立安	35.00	2012.2	6	ppt/pdf	★
42	土木工程实用力学	978-7-301-15598-1	马景善	30.00	2012.1	3	pdf/ppt	★
43	土木工程力学	978-7-301-16864-6	吴明军	38.00	2011.11	2	ppt/pdf	★
44	PKPM软件的应用	978-7-301-15215-7	王 娜	27.00	2012.4	4	pdf	★
45	工程地质与土力学	978-7-301-20723-9	杨仲元	40.00	2012.6	1	ppt/pdf	★
46	建筑结构	978-7-301-17086-1	徐锡权	62.00	2011.8	2	ppt/pdf /答案	★
47	建筑结构	978-7-301-19171-2	唐春平等	41.00	2012.6	2	ppt/pdf	
48	建筑力学与结构	978-7-301-15658-2	吴承霞	40.00	2012.4	9	ppt/pdf/答案	★
49	建筑力学与结构	978-7-301-20988-2	陈水广	32.00	2012.8	1	pdf/ppt	
50	建筑材料	978-7-301-13576-1	林祖宏	35.00	2012.6	9	ppt/pdf	★
51	建筑结构基础	978-7-301-21125-0	王中发	36.00	2012.8	1	ppt/pdf	★
52	建筑结构原理及应用	978-7-301-18732-6	史美东	45.00	2012.8	1	ppt/pdf	
53	建筑材料与检测	978-7-301-16728-1	梅 杨等	26.00	2012.11	8	ppt/pdf/答案	★
54	建筑材料检测试验指导	978-7-301-16729-8	王美芬等	18.00	2012.4	4	pdf	
55	建筑材料与检测	978-7-301-19261-0	王 辉	35.00	2012.6	3	ppt/pdf	★
56	建筑材料与检测试验指导	978-7-301-20045-8	王 辉	20.00	2012.1	1	ppt/pdf	★
57	建设工程监理概论(第2版)	978-7-301-20854-0	徐锡权等	43.00	2012.7	1	ppt/pdf /答案	
58	建设工程监理	978-7-301-15017-7	斯 庆	35.00	2012.4	5	ppt/pdf /答案	★
59	建设工程监理概论	978-7-301-15518-9	曾庆军等	24.00	2012.12	5	ppt/pdf	
60	工程建设监理案例分析教程	978-7-301-18984-9	刘志麟等	38.00	2011.7	1	ppt/pdf	★
61	地基与基础	978-7-301-14471-8	肖明和	39.00	2012.4	7	ppt/pdf/答案	★

序号	书名	书号	编著者	定价	出版时间	印次	配套情况	
62	地基与基础	978-7-301-16130-2	孙平平等	26.00	2012.1	2	ppt/pdf	
63	建筑工程质量事故分析	978-7-301-16905-6	郑文新	25.00	2012.10	4	ppt/pdf	★
64	建筑工程施工组织设计	978-7-301-18512-4	李源清	26.00	2012.9	4	ppt/pdf	★
65	建筑工程施工组织实训	978-7-301-18961-0	李源清	40.00	2012.11	3	ppt/pdf	★
66	建筑施工组织与进度控制	978-7-301-21223-3	张廷瑞	36.00	2012.9	1	ppt/pdf	★
67	建筑施工组织项目式教程	978-7-301-19901-5	杨红玉	44.00	2012.1	1	ppt/pdf/答案	
68	生态建筑材料	978-7-301-19588-2	陈剑峰等	38.00	2011.10	1	ppt/pdf	
69	钢筋混凝土工程施工与组织	978-7-301-19587-1	高 雁	32.00	2012.5	1	ppt/pdf	
70	数字测图技术应用教程	978-7-301-20334-7	刘宗波	36.00	2012.8	1	ppt	
71	钢筋混凝土工程施工与组织实训指导(学生工作页)	978-7-301-21208-0	高 雁	20.00	2012.9	1	ppt	
			工 程 管 理 类					
72	建筑工程经济	978-7-301-15449-6	杨庆丰	24.00	2012.7	10	ppt/pdf/答案	★
73	建筑工程经济	978-7-301-20855-7	赵小娥等	32.00	2012.8	1	ppt/pdf	
74	施工企业会计	978-7-301-15614-8	辛艳红等	26.00	2012.2	4	ppt/pdf/答案	★
75	建筑工程项目管理	978-7-301-12335-5	范红岩等	30.00	2012.4	9	ppt/pdf	★
76	建设工程项目管理	978-7-301-16730-4	王 辉	32.00	2012.4	3	ppt/pdf/答案	★
77	建设工程项目管理	978-7-301-19335-8	冯松山等	38.00	2012.8	2	pdf/ppt	
78	建设工程招投标与合同管理(第2版)	978-7-301-21002-4	宋春岩	38.00	2012.8	1	ppt/pdf/答案/试题/教案	★
79	工程项目招投标与合同管理	978-7-301-15549-3	李洪军等	30.00	2012.11	6	ppt	★
80	建筑工程招投标与合同管理	978-7-301-16802-8	程超胜	30.00	2012.9	1	pdf/ppt	
81	工程项目招投标与合同管理	978-7-301-16732-8	杨庆丰	28.00	2012.4	5	ppt	★
82	建筑工程商务标编制实训	978-7-301-20804-5	钟振宇	35.00	2012.7	1	ppt	★
83	工程招投标与合同管理实务	978-7-301-19035-7	杨甲奇等	48.00	2011.8	2	pdf	★
84	工程招投标与合同管理实务	978-7-301-19290-0	郑文新等	43.00	2012.4	2	ppt/pdf	★
85	建设工程招投标与合同管理实务	978-7-301-20404-7	杨云会等	42.00	2012.4	1	ppt/pdf/答案/习题库	
86	工程招投标与合同管理	978-7-301-17455-5	文新平	37.00	2012.9	1	ppt/pdf	★
87	建筑施工组织与管理	978-7-301-15359-8	翟丽旻等	32.00	2012.7	8	ppt/pdf/答案	★
88	建筑工程安全管理	978-7-301-19455-3	宋 健等	36.00	2011.9	1	ppt/pdf	
89	建筑工程质量与安全管理	978-7-301-16070-1	周连起	35.00	2012.1	3	ppt/pdf/答案	
90	施工项目质量与安全管理	978-7-301-21275-2	钟汉华	45.00	2012.10	1	ppt/pdf	
91	工程造价控制	978-7-301-14466-4	斯 庆	26.00	2012.11	8	ppt/pdf	★
92	工程造价管理	978-7-301-20655-3	徐锡权等	33.00	2012.7	1	ppt/pdf	
93	工程造价控制与管理	978-7-301-19366-2	胡新萍等	30.00	2012.1	1	ppt/pdf	★
94	建筑工程造价管理	978-7-301-20360-6	柴 琦等	27.00	2012.3	1	ppt/pdf	
95	建筑工程造价管理	978-7-301-15517-2	李茂英	24.00	2012.1	4	pdf	
96	建筑工程计量与计价	978-7-301-15406-9	肖明和等	39.00	2012.8	10	ppt/pdf/答案/教案	★
97	建筑工程计量与计价实训	978-7-301-15516-5	肖明和等	20.00	2012.11	6	pdf	
98	建筑工程计量与计价——透过案例学造价	978-7-301-16071-8	张 强	50.00	2012.7	4	ppt/pdf	★
99	安装工程计量与计价	978-7-301-15652-0	冯 钢	38.00	2012.9	8	ppt/pdf/答案	★
100	安装工程计量与计价实训	978-7-301-19336-5	景巧玲等	36.00	2012.7	2	pdf/素材	★
101	建筑水电安装工程计量与计价	978-7-301-21198-4	陈连姝	36.00	2012.9	1	ppt/pdf	★
102	建筑与装饰装修工程工程量清单	978-7-301-17331-2	翟丽旻等	25.00	2012.8	3	pdf/ppt/答案	
103	建筑工程清单编制	978-7-301-19387-7	叶晓容	24.00	2011.8	1	ppt/pdf	★
104	建设项目评估	978-7-301-20068-1	高志云等	32.00	2012.1	1	ppt/pdf	★
105	钢筋工程清单编制	978-7-301-20114-5	贾莲英	36.00	2012.2	1	ppt / pdf	
106	混凝土工程清单编制	978-7-301-20384-2	顾 娟	28.00	2012.5	1	ppt / pdf	
107	建筑装饰工程预算	978-7-301-20567-9	范菊雨	38.00	2012.5	1	pdf/ppt	★
108	建设工程安全监理	978-7-301-20802-1	沈万岳	28.00	2012.7	1	pdf/ppt	★
109	建筑工程安全技术与管理实务	978-7-301-21187-8	沈万岳	48.00	2012.9	1	pdf/ppt	★
110	建筑工程资料管理	978-7-301-17456-2	孙 刚等	36.00	2012.9	1	pdf/ppt	

序号	书名	书号	编著者	定价	出版时间	印次	配套情况	
			建筑装饰类					
111	中外建筑史	978-7-301-15606-3	袁新华	30.00	2012.11	7	ppt/pdf	★
112	建筑室内空间历程	978-7-301-19338-9	张伟孝	53.00	2011.8	1	pdf	★
113	室内设计基础	978-7-301-15613-1	李书青	32.00	2011.1	2	ppt/pdf	
114	建筑装饰构造	978-7-301-15687-2	赵志文等	27.00	2012.11	5	ppt/pdf/答案	★
115	建筑装饰材料	978-7-301-15136-5	高军林	25.00	2012.4	3	ppt/pdf/答案	
116	建筑装饰施工技术	978-7-301-15439-7	王 军等	30.00	2012.11	5	ppt/pdf	★
117	装饰材料与施工	978-7-301-15677-3	宋志春等	30.00	2010.8	2	ppt/pdf/答案	★
118	设计构成	978-7-301-15504-2	戴碧锋	30.00	2012.10	1	ppt/pdf	
119	基础色彩	978-7-301-16072-5	张 军	42.00	2011.9	2	pdf	★
120	建筑素描表现与创意	978-7-301-15541-7	于修国	25.00	2012.11	3	pdf	★
121	3ds Max 室内设计表现方法	978-7-301-17762-4	徐海军	32.00	2010.9	1	pdf	
122	3ds Max2011 室内设计案例教程(第2版)	978-7-301-15693-3	伍福军等	39.00	2011.9	1	ppt/pdf	
123	Photoshop 效果图后期制作	978-7-301-16073-2	脱忠伟等	52.00	2011.1	1	素材/pdf	★
124	建筑表现技法	978-7-301-19216-0	张 峰	32.00	2011.7	1	ppt/pdf	
125	建筑速写	978-7-301-20441-2	张 峰	30.00	2012.4	1	pdf	★
126	建筑装饰设计	978-7-301-20022-3	杨丽君	36.00	2012.2	1	ppt/素材	
127	装饰施工读图与识图	978-7-301-19991-6	杨丽君	33.00	2012.5	1	ppt	
128	建筑装饰CAD项目教程	978-7-301-20950-9	郭 慧	35.00	2013.1	1	ppt/素材	
129	居住区景观设计	978-7-301-20587-7	张群成	47.00	2012.5	1	ppt	★
130	居住区规划设计	978-7-301-21013-4	张 燕	48.00	2012.8	1	ppt	★
131	园林植物识别与应用	978-7-301-17485-2	潘利等	34.00	2012.9	1	ppt	★
132	设计色彩	978-7-301-21211-0	龙黎黎	46.00	2012.9	1	ppt	★
			房地产与物业类					
133	房地产开发与经营	978-7-301-14467-1	张建中等	30.00	2012.7	5	ppt/pdf/答案	★
134	房地产估价	978-7-301-15817-3	黄 晔等	30.00	2011.8	3	ppt/pdf	★
135	房地产估价理论与实务	978-7-301-19327-3	褚菁晶	35.00	2011.8	1	ppt/pdf/答案	★
136	物业管理理论与实务	978-7-301-19354-9	裴艳慧	52.00	2011.9	1	ppt/pdf	★
137	房地产营销与策划	978-7-301-18731-9	应佐萍	42.00	2012.8	1	ppt/pdf	★
			市政路桥类					
138	市政工程计量与计价(第2版)	978-7-301-20564-8	郭良娟等	42.00	2012.7	1	pdf/ppt	
139	市政桥梁工程	978-7-301-16688-8	刘 江等	42.00	2012.10	2	ppt/pdf/素材	
140	路基路面工程	978-7-301-19299-3	偶昌宝等	34.00	2011.8	1	ppt/pdf/素材	
141	道路工程技术	978-7-301-19363-1	刘 雨等	33.00	2011.12	1	ppt/pdf	
142	建筑给水排水工程	978-7-301-20047-6	叶巧云	38.00	2012.2	1	ppt/pdf	
143	市政工程测量(含技能训练手册)	978-7-301-20474-0	刘宗波等	41.00	2012.5	1	ppt/pdf	
144	公路工程任务承揽与合同管理	978-7-301-21133-5	邱 兰等	30.00	2012.9	1	ppt/pdf/答案	
145	道桥工程材料	978-7-301-21170-0	刘水林等	43.00	2012.9	1	ppt/pdf	
			建筑设备类					
146	建筑设备基础知识与识图	978-7-301-16716-8	靳慧征	34.00	2012.11	8	ppt/pdf	★
147	建筑设备识图与施工工艺	978-7-301-19377-8	周业梅	38.00	2011.8	2	ppt/pdf	★
148	建筑施工机械	978-7-301-19365-5	吴志强	30.00	2011.10	1	pdf/ppt	★
149	智能建筑环境设备自动化	978-7-301-21090-1	余志强	40.00	2012.8	1	pdf/ppt	★

请登录 www.pup6.cn 免费下载本系列教材的电子书(PDF 版)、电子课件和相关教学资源。
欢迎免费索取样书，并欢迎到北京大学出版社来出版您的大作，可在 www.pup6.cn 在线申请样书和进行选题登记，也可下载相关表格填写后发到我们的邮箱，我们将及时与您取得联系并做好全方位的服务。
联系方式：010-62750667，yangxinglu@126.com，linzhangbo@126.com，欢迎来电来信咨询。